数学与科学史丛书

从博弈问题到方法论学科
——概率论发展史研究

徐传胜　著

山东省社会科学规划研究项目
陕西省重点学科资助项目

U0283447

科 学 出 版 社
北 京

内 容 简 介

　　本书是国内首部全面讨论概率论发展与先进数学技术的学术专著，较全面、翔实地概述了概率论的发展历史。从最初的博弈分析问题到现今方法论综合性学科，全书勾勒出概率论兴起、发展和壮大的清晰脉络，并简要介绍了当前概率论学科的主要研究方向和发展动态。本书也试图从概率论教学角度诠释概率思想，以期让更多的读者从中受益。

　　本书适合概率论与数理统计工作者、科学技术史研究者、大学数学专业师生和科学哲学爱好者阅读。

图书在版编目(CIP)数据

从博弈问题到方法论学科：概率论发展史研究 / 徐传胜著.
—北京：科学出版社，2010.7

　　（数学与科学史丛书）

　　ISBN 978-7-03-027835-7

　　Ⅰ.①从…　Ⅱ.①徐…　Ⅲ.①概率论 – 数学史 – 研究

Ⅳ.①O211

　　中国版本图书馆 CIP 数据核字（2010）第 103518 号

丛书策划：孔国平 / 责任编辑：孔国平　郭勇斌　樊　飞　王国华
责任校对：郑金红 / 责任印制：赵　博 / 封面设计：陈　敬

科学出版社出版
北京东黄城根北街 16 号
邮政编码：100717
http://www.sciencep.com
北京凌奇印刷有限责任公司印刷
科学出版社出版　各地新华书店经销

*

2010 年 7 月第　一　版　　开本：850×1168 1/32
2024 年 3 月第八次印刷　印张：12
字数：278 000

定价：68.00 元
（如有印装质量问题，我社负责调换）

总　　序

中华民族正濒临伟大复兴的前夕，科学技术是第一生产力，科技力量的强大无疑是实现民族复兴的决定性关键因素。

中国科学技术源远流长，在历史上众多方面有无数重大贡献，绝非仅仅是通过丝绸之路传至西方的所谓"四大发明"而已。由于本人是数学工作者，试就中国古代对数学的贡献略志数语如下。

提起数学，我们通常会想到古希腊欧几里得逻辑推理的演绎体系与相应的定理证明。在它的影响下，形成了绚丽多彩的现代数学。古希腊对数学的这种影响与成就，自然是不可磨灭而应该为国人所向往与虚心学习的。

与欧几里得体系不同，中国古代的数学家重视实际问题的解决，由此自然导致多项式方程（组）的求解与相应算法的发现。对方程研究的不断深化，也逐步导致正负数、分数即有理数、（开方型）无理数，以及不尽小数即一般无理数的引入及其计算与极限等规律的发现。这在公元 263 年刘徽的《九章算术注》中即已完成。而在欧洲，则直至 19 世纪 Weierstrass 与 Cantor 等时代，才以繁复而不甚自然的形式实现了实数系统的完成，其中还出现过所谓的数学危机。

不仅如此，我国宋元时期天元概念的引入与天元术的创立，其成就之一是导致解多变量多项式方程组的一般思路与具体方法。20 世纪 70 年代我国的数学家们正是由于研习中国古代数学的启发，建立了解多项式方程组的一般方法，并由此创立了数学的机械化体系，取得从理论以至实际的多方面应用。特别是成功地应用于（初等与微分）几何定理的机器证明，为计算机时代脑力劳动的机械化开其先河。这不能不归功于中国古代数学所蕴含的思想与方法的深邃内容。

在科学、技术，以至医药、农牧业、地理与制图、水利、工程与机械制造等诸多方面，中国古代也有着辉煌的成就。试以天文学为例，我国是天文学发达最早的国家之一，早在新石器时代中期，我们的祖先已开始观天象，并用以定方位、定时间、定季节。我国历代都有历法，相传黄帝时代即已有之。不仅如此，历代还设置观察天文现象的专职官吏，传说颛顼时代就已有"火正"的官。

由于制历与天象观察都需要数学的帮助，因而中国古代数学的许多成就往往散见于历代的天文历法与有关著作之中。例如，有着悠久发展历史的招差术，主要见于历代的历法之中，在元代历法中实际上已有接近于微积分中麦克劳林级数的内容。

本丛书主编曲安京教授是天文学史方面有突出贡献的著名专家，中国古代天文成就的详情可参看本丛书中曲安京所著《中国历法与数学》和《中国数理天文学》两书。至于其他方面，可参阅李约瑟的《中国科学技术史》及国内出版介绍中国科学技术史的有关著作。

聊志数语，以贺本丛书在曲安京教授的精心策划之下，取得巨大的成功。

2005 年 12 月 22 日

前　言

概率论自 1654 年创立以来，已由最初的博弈分析问题发展成为现今的方法论综合性学科。作为科学探索的特色方法，概率推理以其显著功效引发了概率理论在科学研究中的爆炸性增长。尤其是近 10 多年来，概率论与其他学科不断交叉融合而形成了一些新的学科分支和增长点，这从 ICM[①] 报告中可略见一斑。在 ICM2002，20 个 1 小时报告中有 6 个涉及概率论，19 组 45 分钟的报告有 9 组与概率论相关。而在 ICM2006，与概率论有关的报告有增无减，特别在 4 位菲尔兹（Fields）奖得主中，至少有 2 位的工作直接与概率论相关。这充分说明，概率论学科不仅汇入了数学主流，且逐步走向数学前沿而引领数学科学的发展。

从认识论角度看，概率论为数学及其他科学提供了观测和研究的新角度、新观点。许多数学的概念、技巧和方法，晦涩难懂，不好理解，但尝试用概率论的某些概念来解读和诠释，就会有新的感悟和启迪。例如，测度是一种泛函，而在概率论中测度是分布，分布是物理直观的统计性质，这样就可用统计观点理解抽象的泛函性质，因为泛函分析中的不少概念都可在概率论中找到对应；概率论可用很直观的语言表述位势，并给出其解的形式，因而可用概率论方法求解偏微分方程；概率空间对理解物理现象有着重要意义，而且一旦概率空间确定，概率论就不再纠缠于哲学或实用的双重思辨。令人惊叹的是，概率论不仅研究随机现象，也研究确定性数学，且有时比确定性数学更精细。现今越来越多的数学家利用概率论的观点和技术解决传统数学中的一些问题，如陈木法院士利用耦合技巧解决了一系列的特征值估计问题。

---

① 国际数际数学家大会（International Congress of Mathematicians）。

科学史发展表明：概率思想是统计学的理论基础，是物理学、遗传学和信息论的重要工具，是金融学、地球科学、神经学、人工智能和通信网络等学科的常用方法。故概率论既是一门核心数学学科，更是观测世界的一种基本方法。虽然概率的物理概念似乎清楚而直观，但并不易于理解和公式化，概率思想及其演化过程较为微妙，直至今天概率的定义尚存在争议。因此，对概率思想的研究现已成为数学家和数学史家关注的热点之一。

1. 近代概率论史研究

英国数学家、数学教育家、数学史家艾萨克·托德亨特[①] (Isaac Todhunter, 1820～1884) 于 1865 年出版的《概率的数学理论发展史——从帕斯卡至拉普拉斯时代》(*A History of the Mathematical Theory of Probability from the Times of Pascal to That of Laplace*) 是系统研究概率论史的第一部著作。该书讨论了从帕斯卡 (B. Pascal, 1623～1662) 时代到拉普拉斯 (Pierre-Simon Marquis de Laplace, 1749～1827) 时代的几乎所有概率学者的论著，对相关论文、著作进行了翻译、校对、整理和注释等工作。[②]

英国统计学家卡尔·皮尔逊[③] (Karl Pearson, 1857～1936) 的著作《理性、科学和宗教思想发展中的 17 和 18 世纪的统计学》(*The History of Statistics in the 17th and 18th Centuries against the Changing Background of Intellectual, Scientific, and Religious Thought*) 首次从社会文化背景考察了概率论和统计学的发展史。

---

① 托德亨特主张在数学课程中把《几何原本》放在中心位置，所编写的《代数》和《欧几里得》再版达 15 次以上。他对变分法也有所研究，其关于间断解理论的论文曾获得英国皇家学会的 1871 年亚当斯（Adams）奖。

② Todhunter I. A History of the Mathematical Theory of Probability from the Times of Pascal to That of Laplace. Cambridge and London：Macmillan, 1865；New York：Chelsea, 1993.

③ 皮尔逊认为，托德亨特太专注于代数问题而忽视了历史上重大事件对学科发展所产生的影响。他还建议，为避免变得陈腐，大学教师应每年开设一门从未讲授过的课程。

美国芝加哥大学统计系教授斯蒂格勒（S. M. Stigler）于 1986 年出版的著作《1900 年前的统计学发展：不确定性的测量》（*The History of Statistics：The Measurement of Uncertainty before 1900*）研究了 1900 年以前的统计学工作①。

哥本哈根大学理论统计系教授、丹麦统计史学家安德斯·赫德（Anders Hald）出版了其概率论研究的姊妹篇《1750 年前概率论与数理统计的应用和发展史》（*A History of Probability and Statistics and Their Applications before 1750*）② 和《1750～1930 年的数理统计学发展史》（*A History of Mathematical Statistics from 1750 to 1930*）③。这部达 1300 页的宏著，对 16 世纪至 20 世纪初概率论和数理统计所发生的重大理论变革做了研究。

《概率论的创立》（*The Emergence of Probability*）④ 由加拿大多伦多大学的哲学教授哈金（Ian Hacking）所著，该书对数学概率论概念的建立过程进行了较为详尽的探讨。

戴尔（Andrew I. Dale）是南非 Natal 大学教授，他以逆概率思想为主线，对几十位概率学者的工作进行了研究，出版了《逆概率的历史：从托马斯·贝叶斯到卡尔·皮尔逊》（*A History of Inverse Probability：from Thomas Bayes to Karl Pearson*）⑤。该书引用了大量拉丁文、法语等原始文献，使读者感到有些困难。

苏联数学家科尔莫戈罗夫（А. Н. Колмогоров，1903～1987 年）和苏联数学史家尤什克维奇（А. П. Юшкевич，1906～1993）的宏著《19 世纪的数学》（*Mathematics of the 19th*

①　Stigler S M. The History of Statistics：The Measurment of Uncertainty before 1900. Cambridge：Cambridge University Press，1986.

②　Hald A. A History of Probability and Statistics and Their Applications before 1750. New York：Wiley，1990.

③　Hald A. A History of Mathematical Statistics from 1750 to 1930. New York：Wiley，1998.

④　Hacking I. The Emergence of Probability. Cambridge：Cambridge University Press，1975.

⑤　Dale A I. A History of Inverse Probability：from Thomas Bayes to Karl Pearson. New York：Springer-Verlag，1991.

Century）讨论了圣彼得堡数学学派对概率论的卓越贡献。

格涅坚科（Б. В. Гнеденко，1912～1995）的著作《俄罗斯的概率论发展史》（*Развитие Теории Вероятностей в России*）①、什托卡洛（И. З. Штокало）的《祖国数学史》（*История Отечественной Математики*）② 和尤什克维奇的著作《1917 年前的俄罗斯数学史》（*История Русской Математики перед 1917*）对圣彼得堡数学学派成员的概率思想进行了一定的研究和论述。舍伊宁（O. B. Sheynin）研究了布尼亚可夫斯基（В. Я. Буняковский，1804～1889）和马尔可夫（A. A. Markov，1856～1922）对概率论的贡献③，而欧卡·舍伊宁（Oscar Sheynin）研究了切比雪夫（P. L. Chebyshev，1821～1894）的概率讲义，他们从纯数学的角度探讨了圣彼得堡数学学派成员对一些概率问题的解决方案。

我国最早的概率论著作是华衡芳（1833～1902）和英国传教士傅兰雅（John Fryer，1839～1928）的译著《决疑数学》，严敦杰（1917～1988）、郭世荣和王幼军等已对其做了出色的考证研究。吴文俊院士主编的《世界著名数学家传记》收录了帕斯卡、费马（P. de Fermat，1601～1665）、雅各布·伯努利（Jacob Bernoulli，1654～1705）、丹尼尔·伯努利（Daniel Bernoulli，1700～1782）、切比雪夫和马尔可夫等，对他们的生平及主要数学贡献做了简要介绍。李文林先生主编的《数学珍宝——历史文献

---

① Гнеденко Б В. Развитие Теории Вероятностей в России. Москва：Издательство Академии Наук СССР，1948.

② Штокало И З. История Отечественной Математики. Киев：Издательство Науква Думка，1967.

③ 尤什克维奇 1960 年当选为国际科学史研究院院士，1965～1968 年任该院院长。舍伊宁 1994 年当选为院士。科尔莫戈罗夫 1977 年被选为名誉院士，什托卡洛 1978 年被选为名誉院士。国际科学史研究院的总部设在巴黎，所有院士都享有终身称号，其出版刊物为《科学史档案》（*Archeion Archivio Storico Della Scienza*），而从 1947 年 11 月又推出该杂志的新系列《国际科学史档案》（*Archives Internationales d'Histoire des Sciences—Nouvelle série d' Archeion*）。

精选》收录并翻译了帕斯卡与费马的《关于概率论的通信》、雅各布·伯努利的《论大数定理》、拉普拉斯的《分析概率论》绪论、切比雪夫的《论均值与一般大数定理》等文章。王幼军在2007年出版了《拉普拉斯概率理论的历史研究》。

概率论诞生于西方，资料限制和文化背景的差异使得国内学者对概率思想发展史的研究尚处于起步阶段，已有研究成果大多没有真正掌握概率论学科背后的文化传统和思想基础，普遍缺乏对"史"的反思，这就给准确理解概率思想制造了很大障碍。数学史的结论是以可靠史料与科学分析为基础的。正如吴文俊院士所倡导的"古证复原"思想：一切应在幸存至今的原著基础上得出，所有结论应利用古人当时的知识、辅助工具和惯用推理方法而得出。

2. 本书特色

对近现代概率思想史的研究，不仅需要搞清楚历史上的概率论是如何创造出来的，还需要扩展到概率论的历史，把概率论史上的"点"连成"线"，对数学家为什么要创造那些新的概率思想方法进行深入研究。[①] 在研读相关概率论原始文献的基础上，笔者通过分析相关概率思想发展的研究资料，对其演化过程进行了较为系统的探讨。本书主要特色为：

（1）研究模式新颖，以"为什么概率"为切入点。相关研究大多注重于讨论概率论学者的研究成果，尚未从"为什么"的角度，对问题进行系统考察和分析。审视概率思想的数学文化和社会文化背景，可对概率论的众多不同方面形成整合观念，有助于理解数学与文学、艺术、政治、经济、伦理、宗教等诸多领域间的联系。

（2）采用综合研究分析方法，对相关概率思想的发展进行

---

① 曲安京. 中国数学史研究范式的转换. 中国科技史杂志, 2005, 26 (1): 50 ~ 58.

纵向和横向比较。运用内史和外史相结合、学派整体和数学家相结合、史料和比较相结合、概率思想和文化背景相结合等方法探讨了数学家对概率论所作贡献及其概率思想的演化过程。

（3）注重学科间的交叉和融合，讨论了相关概率思想与哲学及其他相关学科的联系。哲学的三大要素（量和质的转化、对立的相互渗透、否定之否定）都蕴含着随机数学思想，偶然性和必然性、规律和因果关系等在古代已列入哲学家的研究议程。试图从概率论哲学视角揭示概率思想的发展轨迹，展示概率论与其他学科相结合的理论意义。

（4）注重提炼概率思想的教育价值。通过 20 多年的概率论课程教学实践，笔者深刻体会到概率文化在教学中的价值，仅讲授"枯燥无味的概率公式"和"难以理解的定理"与通过鲜活事例而赋予概率公式生命的传授其教学效果是截然不同的。本书试图从概率论教学角度诠释概率思想，以期让更多的读者从中受益。

3. 本书主要内容

概率论的发展虽源于多种因素，但总脱离不了先进的数学技术。从数学技术角度分析，概率论可划分为四个发展阶段：

（1）萌芽时期（远古至 1653 年），以计数为工具，研究赌博和占卜中的一些问题。

（2）古典概率论（1654～1811 年），以代数分析方法、组合方法为研究工具，主要研究离散型随机变量。

（3）分析概率论（1812～1932 年），以特征函数、微分方程、差分方程等为研究工具，主要研究连续型随机变量。

（4）现代概率论（1933 年至今），以集合论和测度论为主要研究工具，概率论呈多元化发展趋势。

划时代的标志性著述为：

（1）帕斯卡与费马关于概率论的通信。一般认为，帕斯卡与费马的第三封通信标志着概率论的诞生。

（2）拉普拉斯的《分析概率论》。该书系统总结了古典概率论的理论体系，开创了概率论发展的新阶段，实现了概率论由组合技巧向分析方法的过渡。

（3）科尔莫戈罗夫的《概率论基础》。该书奠定了近代概率论的基础，建立了概率论公理化体系，使概率论从半物理性质的科学演化为严格的数学分支。

全书共分为 8 章。

第一章对概率论的形成和发展做了初步探讨，主要论述了帕斯卡和费马的概率思想，以及对惠更斯（C. Huygens，1629 ~ 1695）《论赌博中的计算》的研究。

第二章论述了古典概率论的发展，对雅各布·伯努利的《猜度术》、棣莫弗（A. de Moiver，1667 ~ 1754）的《机会学说》，以及贝叶斯（Thomas Bayes，1702 ~ 1761）的逆概率思想进行了探讨。

第三章主要论述了拉普拉斯、泊松（S. D. Poisson，1781 ~ 1840）、比埃奈梅（I. J. Bienayme，1796 ~ 1878）、高斯（C. F. Gauss，1777 ~ 1855）和勒让德（A. M. Legendre，1752 ~ 1833）的概率思想及其对概率论学科发展的贡献。

第四章讨论了圣彼得堡数学学派对大数定理和中心极限定理理论的相关研究。

第五章论述了马尔可夫的概率思想及马尔可夫链的相关理论。

第六章讨论了概率论的公理化过程。科尔莫戈罗夫开创了现代概率论的新时代，给出了第一个合理的概率论公理化体系。本章还论述了莫斯科概率论学派对概率论的其他贡献。

第七章考察了概率论在中国的传播和发展。对《决疑数学》、我国概率论与数理统计领域的先驱以及当代国内概率学者的研究动态等均做了一定的论述。

第八章论述了概率论发展的新时代。介绍了当前概率论的主要研究方向，并讨论了概率论学科与其他一些相关学科的交叉融合及其广泛应用性。

4. 致谢

在本书的撰写过程中，得到西北大学曲安京教授的大力支持和耐心指导。能够忝列在先生门下，是我莫大的荣幸。曲安京先生是我的博士生导师，其做事风格和做人原则无不体现着大家风范。先生不远万里从异国他乡给我带回了大量参考资料，对我的学习生活也提供了多方面的关照。本书的框架构成、定稿乃至参考文献的格式等，每个环节都渗透着先生的心血。

在北京查询资料期间，得到中国科学院数学与系统科学研究院李文林研究员的大力支持。李文林先生对本书的撰写给予了许多创造性建议，作者借此机会向李文林先生致以崇高的敬意和深深的感激。

内蒙古师范大学的罗见今教授，河北师范大学的邓明立教授，西北大学的姚远编审、杨宝珊博士、袁敏博士、吕建荣博士和赵继伟博士，曲阜师范大学的陆书环教授、冯振举博士，临沂师范学院的鲁运庚教授、王明琦博士、傅尊伟博士等都对本书提出了一些中肯的建议，使作者获益匪浅。谨向所有关心支持和帮助过作者的各位师长、同窗和友人致以衷心的谢意，对于他们的一贯扶植，作者铭记终生。

还要感谢我的妻子于瑞珍和女儿徐洁，没有她们的支持，本书是不可能付梓的。

本书的出版得到山东省社会科学规划研究项目（项目编号：08JDC125）的资助。向为本书出版付出辛勤劳动的郭勇斌、樊飞等编辑表示谢意！向山东省社会科学规划办公室的同志表示谢意！特别感谢参考文献的各位作者，他们为本书提供了丰富的史料。

由于写作时间有限，书中定有不少不足之处，恳请方家斧正。

作　者
2009 年 11 月

目　　录

第一章　概率论的创立

或然之事是很可能发生之事。

——亚里士多德，《修辞学》

一般认为，概率论学科诞生于 1654 年 7 月 29 日。这天，帕斯卡给费马发出他们间的第三封通信，其中圆满解决了"点数问题"（problem of points），同时征求费马的意见。通信中讨论了有关分赌本问题的解法，包含一些在当时看来很先进且直到现在仍广为使用的思想方法和数学技巧。而惠更斯的《论赌博中的计算》第一次把概率论建立在公理、命题和问题上而构成较完整的理论体系。这就使概率计算脱离了初期的单纯计数而转向较为精确的阶段，从而奠定了概率论的基础。

第一节　从投掷问题到概率论的创立[①]

通常认为概率论起于骰子应用，源于点数问题（又称分赌本问题）。所谓点数问题是：A，B 两人赌博，其技巧相当，约定谁先胜 s 局则获全部赌金。若进行到 A 胜 s_1 局而 B 胜 s_2 局（$s_1 < s$，$s_2 < s$）时，因故停止，赌金应如何分配才公平？[②]

不少数学家对点数问题进行了相关研究。历经近 200 年的时间，经过几代数学家的辛勤努力，该问题最终由帕斯卡和费马圆满解决，并将其推广到一般情形。

---

① 原载纯粹数学与应用数学，2007，23（4）：453~457. 有改动。
② 李文林. 数学史教程. 北京：高等教育出版社，2004.

一、骰子与概率论萌芽

希腊史诗作者荷马说，赌博和运气源于时间之始，那时主神宙斯、海神波赛冬与冥神哈德斯以抽签来分享宇宙。

据考证，骰子的前身应为动物的距骨。像羊、鹿等有蹄动物，其距骨近似于 1 立方英寸①的立方体，横断面两端都呈圆形，一端稍凸，另一端稍凹，其中基本无骨髓，因而坚硬耐磨，可擦得很亮。在史前遗址挖掘中，经常发现一大堆距骨和有颜色的小石子。可推测其用途为计数或占卜。在古埃及第一王朝（约公元前 3500 年）以前，距骨已用于游戏中，其中一个游戏是用人作棋子，人在棋盘上移动的步子由抛掷距骨的下落情况来决定。在一幅埃及的墓穴画中，一个棋盘放置在一个贵族面前，一块距骨在抛掷前被巧妙地平衡在其手指上。

约在公元前 1200 年，一种刻有标记的立方体骰子已产生了。第一个原始的骰子很可能就是将距骨的两相对圆面磨制而得。此时骰子的各个面已被钻了一些浅的小凹坑做成不同的标记。

纪元之初的犹太文献——《塔木德经》记录了拉比们在犹太法律方面所做的讨论，其中包含利用加法定理和乘法定理确定复合事件的概率。这表明那时人类已直觉理解了一些概率基本概念并应用于决策理论上。②

罗马皇帝及其悠闲的大臣们都爱好赌博。据说，克劳迪乌斯（Claudius，公元前 10 ~ 前 54）就非常迷恋于掷骰子，甚至还著书《怎样在掷骰子中取胜》，可惜该书没有流传下来。

关于随机事件，早在古希腊的雅典时期就已被注意到了。"吕园学派"的创始人——亚里士多德（Aristotle，公元前 384 ~

---

① 1 英寸 = 2.54 厘米。

② Rabinovitch N L. Probability and Statistical Inference in Ancient and Medieval Jewish Literature. Toroto：University of Toronto Press，1973.

前 322）对事件进行了研究，并将其分成三类：

（1）确定事件即必然发生的事件。

（2）可能性事件即在大多数情形下发生的事件。

（3）难以预料和未知的事件，其发生纯粹是由偶然性引发的。

亚里士多德认为机会中的可能结果属于第三类，它是由上帝控制的，因而难以用于科学研究。用今日术语来说，第一类事件就是必然事件，第二类事件是大概率事件，而第三类事件中含有一些小概率事件。亚里士多德的事件分类被罗马时期的哲学家及学者所采用。我国春秋时期也已有关于必然性与偶然性的可考词语。

据记载，约公元 960 年，怀博尔德（Wibold）大主教已能正确列举出掷两颗骰子可能出现的 21 种不同组合数和掷三颗骰子可能出现的 56 种不同组合数。由于这些方式不是"等可能的"，因而不能成为计算概率的依据。现存最早关于掷骰子排列数的记述源于 13 世纪的一首拉丁诗歌《维拉图》（De Vetula）中，"若 3 颗骰子点数全相同，则对每个点数仅有 1 种方式；若 2 颗骰子点数相同，则有 3 种方式；若 3 颗骰子点数都不同，则有 6 种方式"。由此得出掷 3 颗骰子共有 216 种可能方式。[①]

从古希腊所取得的科学成就来看，希腊学者发现频率的有关问题在其科研能力范围之内。可能以下原因而未果：

（1）当时的随机发生器不具备均匀性，相关数据的分析有误。

（2）认为随机现象的结果是神的意志的体现，偶然性是神与卜者的交流。

（3）数学技术尚未达到一定的先进程度，没有一套代数符号系统。

---

① 徐传胜．概率论简史．数学通报，2004，（10）：36～39．

二、点数问题与概率论孕育

直至抛弃向神祈祷或运气的想法，概率论方才开始发展。

保险公司收集的数据成为概率论初期所利用的原始材料。14世纪意大利等国率先建立了海运保险公司。这些公司通过计算各种风险，收取相应的保险金。自16世纪始，不少国家也出现了海运保险公司，17世纪其他保险形式也相继诞生。

统计资料促进了概率论基本概念的形成。17世纪，荷兰、西班牙、法国、英国、德国出现了各种参考手册，上面记载着教区居民结婚、参加洗礼、举行葬礼的登记数。这是在瘟疫流行时所引进的记述方式，最早可追溯至1517年。之后增加记录了出生、死亡人口的性别及死亡原因等。基于这些统计资料出现了一些概念，如在某阶段死亡的可能性，能活到某年龄的机会等。因此，在各个历史时期里，不同程度地进行着收集、分析统计数据的活动。直到资本主义出现，系统而足够广泛的统计研究才开始。那时贸易和货币交易，尤其是和保险有关的业务得以迅速发展，而且各种新机构相继建立。

数学观测理论刺激了概率论的发展。文艺复兴时期自然科学迅猛发展，观测和实验的重要性也日益增加。处理观测结果的方法，特别是估计观测中出现的误差，成为数学家研究的课题。学者们强烈反对中世纪的生活方式，努力创造尽可能与古希腊、罗马时代相似的新生活方式。他们不再以经院哲学家的眼光看古人，而是直接求助于原始资料，学习古人重视实践的研究方法。

哲学思想影响了概率论的早期发展。偶然性和必然性之间的相互关系、规律和因果关系等问题都是古代研究的对象，长期以来就列在哲学家的研究范畴。在早期有关哲学著作中，"概率"是个相当模糊的概念。客观的、统计的概率简称"客观概率"，用来描述一些随机现象的性质；而主观的、人性的概率简称"主观概率",用来测量人们的信念程度以及对未知领域的间接推测。

概率(probability)与机遇(chance)两词的用法在最初有严格的区别:前者用于主观概率而后者用于客观概率,直至18世纪才渐统一。"胜率"或"胜负比"(odds)是早期"机遇"的代替词,但两者的数值是有区别的。即胜负比 $m/n \leftrightarrow$ 胜率 $m/(m+n)$。至16世纪初,意大利数学家在讨论赌博问题时逐渐达成共识,即在计算时将所有结果均需分解成一些等可能的情况,然后计数实现某特定结果的等可能数,后者与前者之比即为该结果的概率。此即古典概率定义的雏形。

点数问题最早见于意大利数学家帕乔利(L. Pacioli,1445~1517)的《算术、几何及比例性质摘要》中。该书记载:A,B两人进行一场公平赌博,约定先赢得 $s=6$ 局者获胜。而在 A 胜 $s_1=5$ 局且 B 胜 $s_2=2$ 局时中断。帕乔利认为该赌博最多需要再进行 $2(s-1)+1=11$ 局,因而赌金分配方案应为 $s_1/(2s-1)$ 与 $s_2/(2s-1)$ 之比,即 $s_1/s_2 = 5/2$。其原因何在,帕乔利没做任何解释。可推测帕乔利的解法不含任何组合理论和概率思想。

1539 年,卡尔达诺[①](G. Cardano,1501~1576)通过实例指出帕乔利的分配方案是错误的。他认为,对于 A 有利的情形

---

① 卡尔达诺以发现三次代数方程的通解而在数学史上颇为知名,但他对概率论的贡献却鲜为人知。他获得医学博士学位,但因其是私生子加之性格怪异而几次被拒绝加入米兰医生学会。他具有传播知识的强烈欲望,著有医学、数学、天文学、物理学、机会游戏、象棋、谋杀、道德、智慧等方面的书籍。卡尔达诺一生可谓充满悲剧,1546 年妻子去世(中年丧妻),1560 年儿子因谋杀儿媳被处死刑(老年失子),而他自己 1570 年被指控信奉异教邪说而接受宗教法庭的审判(牢狱之灾)。卡尔达诺的一生主要精力在赌博上,正如他在自传中所写,他无节制地献身于赌场,大概有 40 余年沉浸于棋盘,25 年迷恋于掷骰子,不好意思地说,几乎每天都在赌场。这是一个旷世难遇的大赌博家,他真可谓嗜赌如命。据说他与别人打赌,预言自己将于某时死去,到了这一刻,为了赢得胜利竟以自杀方式荒唐地结束了自己的生命。

是：若再赌 1 场则 A 胜；若赌 2 场，则 B 先胜 A 后胜；若赌 3
场，则 B 胜 2 场而 A 胜最后 1 场；若赌 4 场，B 胜 3 场而 A 胜
最后 1 场。只有在赌 4 场 B 全胜时才对 B 有利。于是得出应按
$(1+2+3+4)/1$ 来分。

1556 年，塔塔利亚① （Niccolo Fontana, 1499~1557，绰号
Tartaglia）也批评了帕乔利的解法，并甚至怀疑能找到数学解答
的可能性。"类似问题应属于法律而非数学，故无论如何分配都
有理由上诉。"② 不过，他也提出了一种解法：若 $s_1 > s_2$，则 A
除取回自己的赌金还要取 B 赌金的 $(s_1 - s_2)/s$。假设两人的赌
金相等，则分配比例为

$$[s + (s_1 - s_2)]/[s - (s_1 - s_2)]$$

1603 年，弗雷斯坦尼（Forestanni）导出分配规则：首先 A
和 B 各按 $s_1/(2s-1)$ 和 $s_2/(2s-1)$ 的比例来分配赌金，然后再
把余下的赌金平均分配。这样 A 所得赌金部分为

$$\frac{s_1}{2s-1} + \left(1 - \frac{s_1 + s_2}{2s-1}\right)\bigg/2 = \frac{s_1}{2s-1} + \frac{2s-1-(s_1+s_2)}{2(2s-1)}$$

$$= \frac{2s-1+s_1-s_2}{2(2s-1)}$$

同理 B 所得赌金部分为

$$\frac{2s-1-s_1+s_2}{2(2s-1)}$$

即 A 与 B 分配比为

$$\frac{2s-1+s_1-s_2}{2s-1-s_1+s_2}$$

---

① 塔塔利亚于 1541 年得到一般三次方程的解法，在 1545 年告知卡尔达诺，
《大术》的出版引发了一场发明权的争辩。塔塔利亚最重要的著作是《数的度量通
论》，这是当时初等数学的大全。另外，他还翻译过欧几里得、阿基米德等的著作。

② Ore O. Pascal and the invention of probability theory. American Mathematical
Monthly, 1960, 67: 414.

此结果与塔塔利亚的结果相比是把 s 代换成 $2s-1$。

在诸多求解中，只有卡尔达诺意识到分配原则不应依赖于 (s, s_1, s_2)，而应和赌徒离全胜所差的局数 $a=s-s_1$ 和 $b=s-s_2$ 有关。尽管他所给解答有误，但向正确方向迈进了一步。

卡尔达诺的《论机会游戏》是现存有关概率论的第一部著作（图1-1）。可惜该书直到1663年才出版，而那时其他概率论著作已问世，这就削弱了该书在概率论发展中的影响。该书共分32章，从道德、理论和实践等方面对赌博问题做了较为全面的探讨。该书语言风趣幽默，含有不少赌场轶事，读起来引人入胜。由第20章的注释知，1564年，此书正在撰写中，至于何时完成没有提及。在第5章给出他研究赌博的原因：

图1-1　《论机会游戏》的封面

赌博是一种社会邪恶，不少人染上此恶习，正如生理上的疾病需要研究一样，赌博这种社会弊病也完全有理由来研究之、治疗之。①

关于掷骰子问题的大多研究结果呈现在该书第 9 ~ 15 章和第31 ~ 32 章。书中的理论多数以例子形式出现，不少情况以实验获得结果，这就难免存在一些错误的解答。对于不能解决的问题，卡尔达诺试图以近似方法求解，其数学思想类似于雅各布。在第 14 章他明确指出，如骰子是均匀的，则 6 个面出现的概率相等。与前人一样，他将"机遇"定义为"有利场合数"与"全部等可能数"之比。作为一个赌徒，他经常用"胜负比"代替"机遇"。在正确计数掷两颗骰子、三颗骰子所有等可能出现结果的基础上，卡尔达诺给出一些计算复合事件概率的例子。如在掷三颗骰子时，计算出现 1 点的概率、出现偶数点的概率等。可见他已将加法定理应用其中。至于乘法定理，他起初好像有些模糊，但很快就找到了正确的解决方法，并得到一些重要结果。如若设 t 为一次随机试验中所有等可能出现数，r 为某事件有利场合数，则其胜负比为 $r/(t-r)$。将试验重复进行 n 次，则胜负比为 $r^n/(t^n-r^n)$。令 $p=r/t$，则结果为 $p^n/(1-p^n)$，这是今天所用形式。他将上述结果用于掷三颗骰子的游戏中，因点数 1 至少出现 1 次的有利场合数为 91，而全部等可能数为216，将试验重复三次，则其胜负比为

$$91^3/(216^3-91^3)=753571/9324125$$

卡尔达诺还导出了从 n 个不同的元素中至少取 2 个元素的组合数为 2^n-n-1。至 1570 年，他又给出从 n 个不同元素中取 k 个元素的组合数，并列举出由 $n=1$ 到 $n=11$ 的所有结果。另外，他还证明了

$$C_n^k = \frac{n-k+1}{k}C_n^{k-1}$$

---

① Hald A. A History of Probability and Statistics and Their Applications before 1750. New York：Wiley，1990.

并导出

$$C_n^k = n(n-1)\cdots(n-k+1)/(1\cdot 2\cdots k)$$

最近研究表明，早在 1321 年，法国人格森（Levi ben Gerson）就利用完全数学归纳法导出 $n!$ 表达式及组合公式，卡尔达诺是否知道这个结果我们就不得而知了。令人奇怪的是，作为具有丰富赌博经验的数学家，卡尔达诺在书中只字未提经验数字以及相关的频率，"以频率估计概率"，他是没有意识到还是不屑一顾尚待考究。

近代自然科学创始人之一伽利略（G. Galileo, 1564~1642）的"有关骰子点数的一个发现"是概率论史上的第二篇论文。据考证该文撰写于 1613~1623 年，1718 年第一次发表在伽利略的文集中。

论文主要解决的问题为：同时掷下三颗骰子，出现点数和为 9 与出现点数和为 10 均有 6 种情形，为何长期观察表明点数和为 10 比点数和为 9 要出现的多？为了解决该问题，伽利略列出点数和为 3~10 的各种情形，他发现出现点数和为 9 的 6 种情形为 (1, 2, 6)，(1, 3, 5)，(1, 4, 4)，(2, 2, 5)，(2, 3, 4) 和 (3, 3, 3)，其排列数为 6+6+3+3+6+1=25 种。

而出现点数和为 10 的 6 种情形为 (1, 3, 6)，(1, 4, 5)，(2, 2, 6)，(2, 3, 5)，(2, 4, 4) 和 (3, 3, 4)，其排列数为 6+6+3+6+3+3=27 种。所以从理论上讲点数和为 10 应比点数和为 9 出现的次数要多。

令人惊奇的是，掷三颗骰子点数和为 10 的概率为 27/216，点数和为 9 的概率为 25/216，其间差异如此之小，如何被人观察得知，稍有统计知识的人都知道，这在成千上万的大量观察中才有可能发现这一差别，像卡尔达诺这样的大赌家都尚未发现，是何人所提这一问题，不少学者对此深感兴趣。

三、概率论的创立

数学史家克莱因（Morris Kline，1908~1992）曾说："数学和科学中的巨大发展，几乎总是建立在几百年中许多人所做点滴贡献的基础上。需要有一个人来走那最高最后的几步，这个人要能足够敏锐地从纷乱的猜测和说明中清理出前人有价值的说法，有足够的想象力把这些碎片重新组织起来，并且足够大胆地制定一个宏伟的计划。"帕斯卡和费马就是走最后这几步的数学大师，他们皆是集大成者。

1654年，赌徒梅勒向帕斯卡提出了几个在赌场上所遇到的问题，其中就有点数问题。由于这些问题涉及组合理论及有关的概率知识，被誉为"数学神童"的帕斯卡当场没能给出解答。他与费马以通信的方式对该问题进行了较为详尽的讨论。

与前人类似，他们没有使用"概率"术语，而是用"机遇"；也是列举了所有等可能情形，计数有利场合数。与前人不同的是，他们运用了组合理论，广泛使用了诸如加法定理、乘法定理和全概率公式之类的基本公式；引进了赌博中"值"的概念（三年后，惠更斯将"值"改称"期望"），它等于赌注乘以获胜的概率。他们分别利用二项分布和负二项分布的思想圆满解决了点数问题。

帕斯卡还引进了递推法和差分方程作为解决数学问题的新工具。可见这组通信深化了前人关于组合概率的研究，在某种程度上可以说，接近了近代概率论领域的水平。因此，概率论史家以这组通信作为概率论诞生的标志。正如对概率论作出卓越贡献的法国数学家泊松所说："由某广有交游者向严肃的冉森派所提出的一个博弈问题乃是概率演算的起源。"

1. 帕斯卡的概率论思想

帕斯卡诞生于法国奥弗涅省克勒蒙特的省议员之家。3岁丧母，8 岁时举家迁往巴黎。父亲是位数学爱好者，曾以发现"帕斯卡蜗牛线"而闻名于巴黎科学界。他经常带领儿子参加各种科学聚会，特别是梅森（M. Mersenne，1588～1648）学院的活动（这个组织于 1666 年发展成法国科学院）。这极有助于开发帕斯卡的数学天赋，以致他很早就表现出非凡的数学才能。他认为："数学是对精神的最高锻炼。"① 不幸的是，他短短的一生大多时间在肉体上承受着剧烈的神经痛折磨，而精神上又为宗教事务所困扰。②

为解决点数问题，帕斯卡与费马在 1654 年 7～10 月通信 7 封，其中帕斯卡写给费马 3 封。第一封信是帕斯卡写给费马的，可惜已丢失，但从费马的回信可推测，其主要内容是解决点数问题但给出了一个错误答案。第二封是费马的回信，没有签署日期，他以掷 8 次骰子为例，讨论了赌金补偿问题。7 月 29 日帕斯卡回信给费马，这是他们间的第三封通信（有些学者错误地认为这是第一封），信中肯定了费马的解答，并圆满解决了点数问题。第四封信是费马的回信，也已丢失，但从帕斯卡 8 月 24 日的回信知，其内容是费马给出了点数问题的另一解答。8 月 29 日和 9 月 25 日费马写信给帕斯卡对点数问题做了进一步的探讨。

关于帕斯卡的概率论思想主要体现在第三封信中。由该信

---

① 帕斯卡 12 岁时就完全独立地发现了许多初等平面几何的定理。16 岁时，发现了"帕斯卡六边形定理"，并导出 400 余条圆锥曲线的性质，以致笛卡儿（R. Descartes，1596～1650）曾一度怀疑这是老帕斯卡的杰作。1648 年，受德沙格（G. Desargues，1591～1661）的影响，写出了射影几何学的专著。由于不断遭受病魔的折磨，他于 1650 年开始献身于宗教活动，认为自己所从事的数学和科学活动得罪了上帝。其作品《外地短扎》和《思绪》都是有关宗教的书籍，可谓法国文学作品的典范。

② 在生命最后的时间里，帕斯卡把有尖刺的腰带缠在腰上。若他认为有何对神不虔诚的想法从脑海出现，就用肘撞击腰带来刺痛身体。弥留之际，他还用微弱的声音说："愿上帝与我同在。"

可知，帕斯卡当时正卧病在床，承认自己原来的解答有误。他对费马的解答很满意，认为这是此类问题的首次正确答案。并写道："无论在图卢兹还是在巴黎，真理是唯一的。"信中先以特例说明了其对问题的解法。

若 A，B 两人都投放 32 枚金币，并以先得 3 分者为赢。

（1）假设 A 已得 2 分，B 只有 1 分。掷下一次时，若 A 胜，则他将得全部 64 枚金币；若 B 胜，则他们将各自取回 32 枚金币。因此，A 所得金额应为 32 + 32/2 = 48。

（2）假设 A 已得 2 分，B 得 0 分。掷下一次时，若 A 胜，则他将得全部 64 枚金币；若 B 胜，则结果同（1）。因此，A 所得金额应为 48 + 16/2 = 56。

（3）假设 A 已得 1 分，B 得 0 分。掷下一次时，若 A 胜，则结果同（2）；若 B 胜，则各得 32 枚金币。因此，A 所得金额应为 32 + (56 − 32)/2 = 44。[①]

他在"论算术三角形"中给出一般结论。若某人输时得赌金为 s；而赢时得赌金 $s + t$，则赌博中断时，应得赌金 $s + t/2$。可见，帕斯卡实际上用的是条件期望公式：

$$E(X) = [E(X/A) + E(X/\bar{A})]/2$$

"为使问题明朗化"，帕斯卡给出了一般解法。简洁见，引进一些现代记号。假设 A，B 在每局获胜的概率均为 1/2，而在赌博中断时，A，B 各缺少 a，b 个胜局而获得最后胜利，记 A 取胜的概率为 $e(a, b)$，则有边界条件：

$$e(0,b) = 1, \qquad e(a,0) = 0, \qquad e(a,a) = 1/2$$

且有

$$e(a,b) = [e(a-1,b) + e(a,b-1)]/2$$

这是一简单的偏差分方程，其中用到了全概率公式。为解该差

---

① 李文林. 数学珍宝——历史文献精选. 北京：科学出版社，2000.

分方程，帕斯卡利用了算术三角形中的一些结果。① 帕斯卡用数学归纳法推证了有关性质，并于 1654 年撰文"论算术三角形"（该文发表于 1665 年，因而不少学者错误地认为该文写于 1654 年后）。借助算术三角阵，帕斯卡利用数学归纳法得到

$$e(a,b) = \frac{D_{a+b-1,b-1}}{D_{a+b-1}} \quad (a+b=2,3,\cdots) \quad\quad (1\text{-}1)$$

这里分子表示算术三角形中第 $a+b-1$ 行最后 b 项之和，而分母为第 $a+b-1$ 行的所有数字之和，故为 2^{a+b-1}。

证明 因 $a+b=2$ 时，上式显然成立。假设 $a+b=k$ 时式子成立，则有

$$e(a,k+1-a) = \frac{e(a-1,k+1-a)+e(a,k-a)}{2}$$

$$= \frac{D_{k-1,k-a}+D_{k-1,k-a-1}}{2D_{k-1}}$$

$$= \frac{D_{k,k-a}}{D_k}$$

故式（1-1）成立。因此，由数字三角阵的对称性可得

$$e(a,b) = \sum_{i=a}^{a+b-1} C_{a+b-1}^i \left(\frac{1}{2}\right)^{a+b-1} = \sum_{i=0}^{b-1} C_{a+b-1}^i \left(\frac{1}{2}\right)^{a+b-1}$$

上式为二项分布 $B(a+b-1,1/2)$ 前 b 项之和。现将结果用于上述特例：

在情形（1）、（2）、（3）中，其概率表达式分别为

$$a=1, \quad b=2, \quad e(a,b) = \frac{C_2^0+C_2^1}{2^2} = \frac{3}{4}$$

$$a=1, \quad b=3, \quad e(a,b) = \frac{C_3^0+C_3^1+C_3^2}{2^3} = \frac{7}{8}$$

---

① 最早出现在我国北宋数学家贾宪约 1050 年撰写的著作《黄帝九章算术细草》之中，故国内称之为"贾宪三角"。

$$a = 2, \qquad b = 3, \qquad e(a,b) = \frac{C_4^0 + C_4^1 + C_4^2}{2^4} = \frac{11}{16}$$

因此，A 得赌金分别为 $64 \times 3/4 = 48$，$64 \times 7/8 = 56$，$64 \times 11/16 = 44$。

帕斯卡的研究例示了两种意义，即作为理解在偶然性过程中频率稳定的方式和确定信任的合理程度方法。他对概率论的贡献主要为：

（1）给出了有关组合理论的证明以及明确解释了它们之间的关系。组合理论早在卡尔达诺时代就已存在了，但其诠释在帕斯卡之前是模糊的。帕斯卡的证明思路较为独特，以下式

$$C_{n+1}^k = C_n^k + C_n^{k-1}$$

为例说明。设由 n 个元素及某特殊元素 A 组成的 $n+1$ 个元素集合，从中取 k 个元素的组合有两种形式：一种不含 A；另一种全含 A。第一种情形有 C_n^k 种方法；而第二种有 C_n^{k-1} 种方法，因 A 已选定，仅在 n 元素中选 $k-1$ 个即可。

（2）正确运用数学归纳法推导有关组合规律。如证明了

$$C_n^k = \sum_{j=k-1}^{n-1} C_j^{k-1} \ \text{及} \ C_n^0 + C_n^1 + \cdots + C_n^n = 2^n$$

（3）正确运用全概率公式及条件概率公式，并能建立差分方程，用递推法求解。

（4）正确发现二项分布表达式并能运用其相关思想。

（5）以组合理论解决了点数问题，并将其推广到一般情形，开创了概率论的先河。

2. 费马的概率论思想

费马生于图卢兹的波蒙－德洛马涅的殷实家庭，通晓法语、意大利语、西班牙语、拉丁语和希腊语。同帕斯卡一样，他在家中接受早期教育。与帕斯卡痛苦、困扰、短暂的一生相比，费马的一生就相当幸福、平静和长寿了，且费马的数学研究也

不像帕斯卡那样时断时续，而是几乎连续不断地有所创造。他开创了数论的新天地；分享了解析几何的发明权；对微积分诞生的贡献仅次于牛顿（Isaac Newton，1642～1727）和莱布尼茨（Gottfried Wilhelm Leibniz，1646～1716）；对物理学也作出了重要贡献。①

在费马给帕斯卡的第一封信中，讨论了两人掷 8 次骰子中每一局的"值"。费马认为，若放弃掷第一次的机会，则应得全部赌金的 1/6 作为补偿（因骰子任一面向上的概率均为 1/6）；若再放弃掷第二次的机会，则应得所剩赌金的 1/6，即全部赌金的 5/36 作为补偿。一般来说，第 k 次的补偿金为

$$p_k = \frac{1}{6}\left(\frac{5}{6}\right)^{k-1} \qquad k = 1,2,\cdots,8$$

故 8 次中"补偿金"之和为

$$\frac{1}{6}\left[1 + \frac{5}{6} + \left(\frac{5}{6}\right)^2 + \cdots + \left(\frac{5}{6}\right)^7\right] = 1 - \left(\frac{5}{6}\right)^8 = 0.767$$

可见，费马的"值"实际上就是在每局赢的概率。而"补偿值"之和则为在这 8 次投掷中至少胜一次的概率。按照现代的术语，费马在这里实际上给出了一个几何分布：

$$P(X = k) = p(1 - p)^{k-1} \qquad k = 1,2,\cdots,8$$

这里 $p = 1/6$。若赌徒掷 3 次没有成功，那么掷第 4 次成功的概率是多少？帕斯卡认为应是 125/1296。费马认为这是错误的，按照其原则赌徒第 4 次成功的概率仍为 1/6，与他前面不成功的

---

① 1631 年，费马在奥尔良获得民法学士学位，然后回到图卢兹并终生在这附近从事法律工作。1648 年，被提升为图卢兹地方议院的王室法律顾问。他不是一个出色的律师，这也许是因他花费了大量时间在他的至爱——数学上。虽然从未离开过家乡，但他与同时代的数学家以通信的方式广泛联系着，经常暗示其通信伙伴他又发现了解决某数学问题的新方法，有时还勾勒出这些方法的轮廓。尽管费马丰富了诸多数学分支领域，但他拒绝发表其任何发现，因这样会迫使他完成每个细节并可能卷入纷争中，而这又导致了一些发明权的争议（如与笛卡儿的解析几何发明权）。直至 1679 年，费马的手稿及书信才由其儿子整理出版。

次数无关，"不管从理论上说还是从常识上讲，掷每一次的值都是相等的"。可见费马已经意识到各次投掷间的相互独立性。

虽然费马给帕斯卡的信丢失，但在 8 月 24 日的回信中，帕斯卡较详细地描述了费马对点数问题的解答。费马也认为，如两赌徒离全胜所差局数分别为 a，b，则最多再进行 $a + b - 1$ 局即可定胜负。假设赌博继续进行，则有 2^{a+b-1} 个等可能结果。如 $(a, b) = (2, 3)$ 时，则有 $2^4 = 16$ 等可能结果。若以 A 表示"A 胜"、B 表示"B 胜"，16 种情形为

AAAA AAAB AABA ABAA BAAA ABAB ABBA BABA

BBAA BAAB AABB BBBA BBAB BABB ABBB BBBB

其中 A 的有利场合数为 11，因此，$e(2, 3) = 11/16$。[①]

帕斯卡回信说，费马的解法很安全。他也首先想到如此求解，但嫌其麻烦就另辟新径了。帕斯卡还说他已把费马的解法转告给巴黎的一些数学家。有些人对此持怀疑态度，尤其是罗贝瓦尔（G. P. de Roberval）认为这一些皆在虚构中进行，因而不可确信。帕斯卡还利用递推法计算 $e(a, b)$，得到一个关于 $e(a, b) - e(a + 1, b)$ 的表，并将 $b = 6$，$a = 1, 2, \cdots, 6$ 的点数问题列表给予解答。在 8 月 29 日的回信中，费马承认不理解这些表格的某些性质，因而更不理解下式的含义：

$$2[e(a, b) - e(a + 1, b)] = C_{a+b-1}^{a}\left(\frac{1}{2}\right)^{a+b-1}$$

在 9 月 25 日费马给帕斯卡的信中，对其解法给出两点注释：

（1）在虚构的赌博中讨论点数问题并不影响赌金的分配结果。

（2）可将结果推广到更多局情形。

---

① Hald A. A History of Probability and Statistics and Their Applications before 1750. New York：Wiley, 1990.

同时，费马进一步解释了其解法，对于 $(a, b)=(2, 3)$ 的情形可如下考虑：A 能够在再进行 2 局、3 局和 4 局中取胜的排列方式为

AA；ABA，BAA；ABBA，BABA，BBAA

每个排列都含有 2 个 A 且有一个在最后位置。这样在进行 2 局时，有 2^2 种可能，其中只有 1 种对 A 有利；在进行 3 局时，有 2^3 种可能，其中有 2 种对 A 有利；在进行 4 局时，有 2^4 种可能，其中有 3 种对 A 有利，故

$$e(2,3) = \frac{1}{2^2} + \frac{2}{2^3} + \frac{3}{2^4} = \frac{11}{16}$$

一般的

$$e(a,b) = \sum_{i=0}^{b-1} C_{a-1+i}^{a-1} \left(\frac{1}{2}\right)^{a+i}$$

可以看到，费马的概率论思想与帕斯卡的主要区别是：

（1）充分认识到随机事件间的相互独立性。

（2）应用概率的加法公式及组合理论解决问题。

（3）发现了几何分布及负二项分布[①]，并运用其思想解决相关问题。

（4）虽点数问题的求解过程简洁，无需过多的数学证明，易于理解。但仅适于两选手间的比赛，而不能推广到更多个选手情形。

帕斯卡和费马把赌博问题转变成数学问题，用数学演绎法和排列组合理论得出正确解答。这项研究为概率空间的抽象奠定了基础，尽管这种总结直至 1933 年才由科尔莫戈罗夫做出。一般概率空间的概念，是对概率的直观想法的彻底公理化。从纯数学观点看，有限概率空间似乎显得平淡无奇，而一旦引入了随机变量和数学期望，它们就成为神奇的世界了。帕斯卡和

---

① 现代人错误地称之为帕斯卡分布。

费马的贡献便在于此。

圆满合作使帕斯卡和费马建立了深厚友谊，彼此欣赏对方的才华。在 1660 年 7 月的信中，费马热情洋溢地邀请帕斯卡会面，"我非常想热烈地拥抱你，并奢望和你聊上几天几夜"。在 8 月 10 日的回信中，帕斯卡表达了对费马的尊重，"一旦身体允许，我立刻就会飞到图卢兹，绝不会让您为我迈出一步"。然而最终两人未能见面。

第二节　惠更斯与概率论的奠基①

概率史界认为，帕斯卡与费马 1654 年的通信标志着概率论的诞生，但其通信直至 1679 年才完全公布于世，本书认为惠更斯② 1657 年 9 月出版的《论赌博中的计算》（*On Reckoning at Games of Chance*）标志着概率论的诞生，因该书是出版最早的概率论著作。

虽然惠更斯讨论的也是赌博问题，但他仅以赌博作为理论模型，而不是论文的全部意义。他明确提出："尽管在一个纯粹

<hr/>

① 原载《自然辩证法通讯》，2006，28（6）：76~80. 与曲安京合作，有改动。

② 惠更斯是 17 世纪欧洲科学界的中心人物之一。他 1629 年 4 月 14 日出生于海牙的一个富豪之家。其父知识渊博，擅长数学研究，同时又是一杰出的诗人和外交家，常与科学家往来。惠更斯自幼受到了父亲的熏陶，喜欢学习和钻研科学问题。他聪明好学，思维敏捷，多才多艺，13 岁时就自制一架车床。父亲亲热地称赞儿子为"我的阿基米德"。16 岁时，惠更斯进莱顿大学攻读法律和数学，后来转到布雷达大学学习法律和数学。学习了古典数学的内容以及韦达、笛卡儿等创立的数学方法。数学老师范舒藤指导他学习当时的著名数学家、哲学家的数学著作及哲学著作。惠更斯从中感悟到数学的奥妙，而对数学很感兴趣。26 岁时获得法学博士学位。惠更斯曾受到笛卡儿的直接指导。笛卡儿对他极为赞赏，并预言："在这个领域内，他的成就将超出所有的前辈。"在梅森的推荐下，惠更斯以"荷兰的阿基米德"的身份进入了学术界。

运气的游戏中结果是不确定的，但一个游戏者或赢或输的可能性却可以确定。"可能性用的是"probability"，其意义与今天的概率几无差别。正是惠更斯的这种思想使得"可能性"成为可度量、计算和具有客观实际意义的概念。

一、数学文化背景

1655 年秋，惠更斯第一次访问巴黎。他遇到罗贝瓦尔及梅勒恩（Mylon），获知去年有一场关于点数问题的讨论，但不知其具体解决方法及结果。由于罗贝瓦尔对此问题毫无兴趣，因而惠更斯对费马和帕斯卡的讨论结果几乎一无所知。

1656 年 4 月，回国后的惠更斯独立解决了这些概率问题，并将手稿送给其恩师范舒藤（F. v. Schooten，1615 ~ 1660）审阅，同时书信罗贝瓦尔寻求几个概率问题的解答。此时范舒藤正在筹印其《数学习题集》，因而他建议惠更斯将此文印刷发表，并亲自替学生将文章译成拉丁文。同时，由于惠更斯没有收到罗贝瓦尔的信，便又书信梅勒恩，通过卡卡维（P. de Carcavi，1600 ~ 1684）将信转给费马。

在 1656 年 6 月 22 日的回信中，费马给出与惠更斯相一致的解决方案，但无详细证明过程。此外，费马又向惠更斯提出了 5个概率问题，惠更斯把其中 2 个问题收录在其著作中。阅信后，惠更斯很快解出这些问题，并于 7 月 6 日将结果送给卡卡维而转交梅勒恩、帕斯卡和费马以确定解答正确与否。卡卡维在 9月 28 日的回信中肯定了惠更斯的解答，并给出帕斯卡和费马对点数问题的解决方案。惠更斯在 10 月 12 日给卡卡维的回信中也提出一个解决方法。

在 1657 年 3 月书稿的最后一次校订时，惠更斯将其论文增加为 14 个命题和 5 个问题。惠更斯给范舒藤的一封信作为该书的前言。前言是全书的思想基础，他指出："我相信，只要仔细研究这个课题，就会发现它不仅与博弈有关，而且蕴含着有趣而深刻的推理原则。"并惋惜地说："法国的杰出数学家已解决了这些问题，无人会把这个发明权授予给我。"其内容被编排在范舒藤之书的 519 ~ 534 页。该书出版于 1657 年 9 月，而荷兰文版出版于 1660 年，英文版出版于 1692 年，德文版出版于 1899年，法文版出版于 1920 年，意大利文版出版于 1984 年。该书一经出版就立即得到学术界的认可及重视，在欧洲作为概率论的标准教材长达 50 余年之久。雅各布、沃利斯（J. Wallis，1616 ~1703）、莱布尼茨等对该书大加赞赏，这就足以说明该书的权威性和前瞻性。

二、惠更斯的 14 个概率命题

《论赌博中的计算》的写作方式很像一篇现代的概率论论文。文章的结构是引言、1 个公理、14 个命题和 1 个推论以及 5个练习。先从关于公平赌博的一条公理出发，推导出有关数学期望的 3 个基本定理，利用这些定理和递推公式，解决了点数问题及其他博弈问题。

1. 14 个概率命题

公理 每个公平博弈的参与者愿意拿出经过计算的公平赌注冒险而不愿拿出更多的数额。即赌徒愿意押的赌注不大于其获得赌金的数学期望数。

命题 1 若在赌博中获得赌金 a 和 b 的概率相等，则数学期望值为 $(a+b)/2$。

命题 2 若在赌博中获得赌金 a、b 和 c 的概率相等，则数学期望值为 $(a+b+c)/3$。

命题 3 若在赌博中分别以概率 p 和 q（$p \geqslant 0$，$q \geqslant 0$，$p+q=1$）获得赌金 a 和 b，则数学期望值为 $pa+qb$。

命题 4 假设两人一起赌博，离全胜所差局数分别为 1、2时，其赌注应如何分？

命题 5 假设两人一起赌博,离全胜所差局数分别为 1、3 时,其赌注应如何分?

命题 6 假设两人一起赌博,离全胜所差局数分别为 2、3 时,其赌注应如何分?

命题 7 假设两人一起赌博,离全胜所差局数分别为 2、4 时,其赌注应如何分?

命题 8 假设三人一起赌博,离全胜所差局数分别为 1、1、2 时,其赌注应如何分?

命题 9 假设 n 个人一起赌博,离全胜所差局数分别为 r_1, r_2, $\cdots$, r_n 时,其赌注应如何分?

命题 10 一颗骰子连掷多少次有利于"至少出现一个 6 点"?

命题 11 两颗骰子连掷多少次有利于"至少出现一对 6 点"?

命题 12 一次掷多少颗骰子有利于"至少出现一对 6 点"?

命题 13 A、B 两人赌博,将两颗骰子掷一次,若其点数和为 7 则 A 赢,为 10 则 B 胜,为其他点则平分赌注。试求两人分配赌注的比例。

命题 14 A、B 两人轮流掷两颗均匀的骰子,若 A 先掷出 7 点,则 A 胜;若 B 先掷出 6 点,则 B 胜。B 先掷,求 A 获胜的概率。[①]

2. 创立数学期望

惠更斯所给的公理至今仍有争议。所谓公平赌注的数额并不清楚,它受许多因素的影响。国家经营的彩票成功证实了恰恰相反的结论,更不用说拉斯维加斯和大西洋的赌场了。但惠更斯由此所得关于数学期望的 3 个命题具有重要理论意义。这

---

① Huygens C. De Ratiociniis In Ludo Aleae. Leiden:Louis Elsevier, 1675.

是数学期望第一次被提出，由于当时概率的概念尚不明确，后来被拉普拉斯用数学期望来定义古典概率。在概率论的现代表述中，概率是基本概念，数学期望则是二级概念，但在历史发展过程中却顺序相反。

今天看来可作为数学期望定义的命题，对惠更斯来说，他必须以演绎方式给出其证明，这是受古希腊数学演绎精神的影响，当时对数学公认处理方法是从尽可能少的公理推导出其他内容。

命题1的证明为：假设在一公平的赌博中，胜者愿意拿出部分赌金分给输者。若两人的赌注均为 x，胜者给输者的为 a，因而所剩赌金为 $2x - a = b$，故 $x = (a + b)/2$。

命题2的证明类似于命题1。

命题3的证明：考虑有 $p + q$ 人参加的赌博，赌注均为 x 元。若某人胜，他愿意付给其中 q 人每位 b 元，而这 q 人中有人胜也付给他 b 元；余 $p - 1$ 人中有人胜同意付他 a 元，他若胜则付给对方 a 元。则有

$$(p + q)x - qb - (p - 1)a = a, \qquad x = \frac{pa + qb}{p + q}$$

可见其证明过于繁杂，雅各布在《猜度术》中给出简洁证明：

假设在一抽彩奖券中，有 p 张奖金 a 元，q 张奖金 b 元，$p + q$ 人各购一张，则他们共获奖金 $pa + qb$ 元。由于每个人的数学期望值相等，故其值为 $(pa + qb)/(p + q)$。

帕斯卡与费马在通信中所说的"值"已于概率无本质区别，而惠更斯将"值"改称为"数学期望"更是一个进步（在该书荷兰版中，惠更斯仍沿用"值"的概念）。

将命题3推广：若某人在一赌博中分别以概率 $p_1, p_2 \cdots$，$p_k (p_i \geq 0, \sum_{i=1}^{k} p_i = 1)$ 获得赌金 $a_1, a_2, \cdots, a_k$，则其数学期望为

$$p_1a_1 + p_2a_2 + \cdots + p_ka_k = \sum_{i=1}^{k} p_ia_i$$

这就是现代教科书中离散型随机变量数学期望的定义。

3. 求解点数问题

惠更斯深刻认识到点数问题的重要性，因而在其著作中有 6 个问题涉及该问题。命题 4 ~ 命题 7 都是有关两人的点数问题，而命题 8 和命题 9 将问题推广到三人及若干个人。为简洁及一般化，下用现代术语进行叙述。

惠更斯的解决思路为：赌徒分得赌注的比例等于其获胜的概率。假设赌徒在每局获胜的概率不变，且各局间相互独立。这样就可以归结为一般问题：

设随机试验每次成功的概率为 p，重复独立进行该试验若干次，求在 b 次失败前取得 a 次成功的概率。

惠更斯认识到点数问题的关键与已胜局数无关，而与离全胜所差局数相关。设 A 离全胜所差局数为 $a = s - s_1$，而 B 为 $b = s - s_2$，则至多再进行的局数为 $a + b - 1$。

设 $e(a, b)$ 为 a 次成功发生在 b 次失败前的概率，即 A 获胜的概率。若第 1 次试验成功，则需在后面的试验中 $a - 1$ 次成功发生在 b 次失败前；若第 1 次试验失败，则需在后面的试验中 a 次成功发生在 $b - 1$ 次失败前。由全概率公式得差分方程

$$e(a,b) = pe(a-1,b) + (1-p)e(a,b-1)$$

且有边界条件：

$$e(0,b) = 1, \qquad e(a,0) = 0$$

惠更斯的解法与帕斯卡类似，利用递推法得

$$\sum_{k=a}^{a+b-1} C_{a+b-1}^k p^k (1-p)^{a+b-1-k} = p^a \sum_{k=a}^{a+b-1} C_{k-1}^{a-1} (1-p)^{k-a}$$

因惠更斯假设 A、B 水平相当，故这里 $p = 1/2$，所求概率可简化为

$$e(a,b) = \sum_{k=a}^{a+b-1} C_{a+b-1}^k \left(\frac{1}{2}\right)^{a+b-1} = \sum_{k=0}^{b-1} C_{a+b-1}^k \left(\frac{1}{2}\right)^{a+b-1}$$

上式为二项分布 $B\,(a+b-1,\ 1/2)$ 前 b 项之和。

命题 4~命题 7 分别为 $(a,\ b) = (1,\ 2)$，$(1,\ 3)$，$(2,\ 3)$，$(2,\ 4)$。

对于命题 8，惠更斯利用命题 2 给出差分方程：

$$e(a,b,c) = [e(a-1,b,c) + e(a,b-1,c) + e(a,b,c-1)]/3$$

并列表给出 17 个 $e(a,\ b,\ c)$ 的值，进而求解。而今利用三项分布公式即可解决。

对于命题 9 惠更斯首先讨论了 $n = 3$ 时的几种简单情况。如 $r_1 = 1$，$r_2 = 2$，$r_3 = 2$，总赌金为 a。如再赌一局，若 A 胜则 B、C 所得为 0；若 B 胜，则由命题 8 可知 B 所得为 $4a/9$；若 C 胜，则由命题 8 可知 B 所得为 $a/9$。由命题 2 可得 B 的期望为

$$\frac{1}{3}\left(0 + \frac{4a}{9} + \frac{a}{9}\right) = \frac{5a}{27}$$

因此，C 的期望也为 $5a/27$，A 的期望为 $17a/27$。

惠更斯指出，当 r_i 较大时，赌本分配的比例可据 r_i 较小时赌本分配的比例算出，其递推方程为

$$e(r_1,r_2,\cdots,r_n) = \frac{1}{n}[e(r_1-1,r_2,\cdots,r_n) + e(r_1,r_2-1,\cdots,r_n)$$
$$+ \cdots + e(r_1,r_2,\cdots,r_n-1)]$$

点数问题推广后也可应用于当今一些体育比赛问题。如 A、B 两队进行某种比赛，已知每局 A 胜的概率为 0.6，C 胜的概率为 0.4。可采用 3 局 2 胜制或 5 局 3 胜制进行比赛，问哪种比赛制度对 A 有利？

再如，A、B 进行某项比赛，设 A 得失 1 分的概率分别为 p 和 q（$q = 1-p$），且每得失 1 分相互独立，比赛规定：先得 n 分者获胜，但若出现 $n-1$ 平，则此后比对方多得 2 分者获胜，求 A 获胜的概率。

点数问题可转化为古典概型中的三大概型之一的摸球问题。即从装有 m 个白球 n 个黑球的袋子中有放回摸球，求在摸到 a 次黑球前摸到 b 次白球的概率。由此又可以转化为大量的应用问题，而二项分布、几何分布、负二项分布等常见离散型分布均可由点数问题引申出来，所以点数问题的圆满解决是概率论诞生的标志之一。

4. 讨论赌注问题

当时赌徒梅勒问帕斯卡的另一个问题是：据经验知，一颗骰子连掷 4 次"至少出现一个 6 点"的概率大于 1/2；两颗骰子掷一次的结果 6 倍于一颗骰子掷一次的结果，则两颗骰子掷 24 次"至少出现一对 6 点"的概率也应大于 1/2，但赌场的经验并非如此，应如何解释？梅勒愤怒地谴责数学，粗暴地断言，算术是自相矛盾的。

惠更斯对此也进行了深刻讨论，并将其分解成命题 10、命题 11 和命题 12。他利用命题 3 及递推法求解上述问题。命题 10 的解法为：

设某人押在一颗骰子连掷 n 次"至少出现一个 6 点"的赌注为 t，其数学期望为 e_n，则有 $e_1 = t/6$ 及递推公式：

$$e_{n+1} = \frac{1}{6}t + \frac{5}{6}e_n \qquad n = 1, 2, \cdots$$

可得

$$e_2 = \frac{11}{36}t, \qquad e_3 = \frac{91}{216}t, \qquad e_4 = \frac{671}{1296}t$$

即当 $n = 4$ 时，其概率值为 $671/1296 > 1/2$，胜负比为 $671 : 625$。可见至少连掷 4 次对赌徒有利。

而今，利用对立事件极易求解该题。因投掷一次不出 6 点的概率为 5/6，则由独立性知连掷 n 次都不出 6 点的概率为 $(5/6)^n$，故所求概率为

$$P = 1 - \left(\frac{5}{6}\right)^n$$

事实上，由惠更斯的递推公式可得

$$e_n = \left[1 - \left(1 - \frac{1}{6}\right)^n\right]t \qquad n = 1,2,\cdots$$

但他没有明确给出。类似地可求解命题 11，其递推方程为

$$e_{n+1} = \frac{1}{36}t + \frac{35}{36}e_n \qquad n = 1,2,\cdots$$

这里

$$e_1 = t/36, \qquad e_2 = 71t/1296$$

为加快求解速度，惠更斯直接由 e_2 求 e_4，所用公式为

$$e_4 = \frac{71t + 1225e_2}{1296} = \frac{178991t}{1679616}$$

进而得到 e_8，e_{16}，e_{24}，算出 $n = 24$ 时，其胜负比稍微小于 $1:1$；而当 $n = 25$ 时，其胜负比大于 $1:1$。

　　按今日术语可得掷 n 次双骰时，"至少出现一对 6 点"的概率为

$$p = 1 - \left(\frac{35}{36}\right)^n$$

　　当 $n = 24$ 时，$p = 0.4914$；当 $n = 25$ 时，$p = 0.5055$。这与惠更斯的结果一致。注意到

$$\lim_{n \to \infty}\left[1 - \left(\frac{35}{36}\right)^n\right] = 1$$

　　可知随着 n 的增加，其概率值在变大。这说明当重复随机试验次数无限增大时，小概率事件必然会发生的。这也是"有志者事竟成"的概率解释。

　　命题 12 是前两个命题的一般化，惠更斯将其转化为一颗骰子连掷多少次有利于"至少出现一对 6 点"。假设如前，由命题 10 知，掷两次时至少有一个 6 点的期望为 $11t/36$。$e_2 = t/36$。据命题 3 则得

$$e_{n+1} = \frac{1}{6}\left(\frac{11t}{36}\right) + \left(\frac{5}{6}\right)e_n \qquad n = 2,3,\cdots$$

可得 $e_3 = 16t/216$，及 e_4 的值。当 $n = 10$ 时，其胜负比大于 $1:1$。

显然，由递推公式可得一般形式：

$$e_{n+1} = p(1 - q^n)t + qe_n \qquad n = 2,3,\cdots$$

至此，梅勒所提出的问题圆满解决。

5. 独创分析法

在命题 13 中，惠更斯首先求出所述三种结果的可能情形分别为 6，3，27。仅考虑前两种情形，有 $(6/9)\,t + (3/9) \times 0 = 2t/3$，由命题 3，得 A 的数学期望为

$$\frac{9}{36}\left(\frac{2t}{3}\right) + \frac{27}{36}\left(\frac{t}{2}\right) = \frac{13t}{24}$$

因而 A、B 分配赌注的比例是 $13:11$。

今若用数学期望的定义则极易求解该题。设 X 表示 A 所获赌注比例数，有

$$P(X = 1/2) = 27/36, \qquad P(X = 1) = 6/36$$

$$E(X) = \frac{1}{2} \times \frac{27}{36} + 1 \times \frac{6}{36} = \frac{39}{72}$$

同理可得 B 所获得期望数为 $33/79$，因而 A、B 分配赌注的比例是 $13:11$。

命题 14 的求解与前面的方法不同，惠更斯通过列代数方程来求解，这是独创，该方法后来被雅各布称为"惠更斯分析法"。

惠更斯的解法为：设全部赌注为 t，A 的期望为 x，则 B 的期望为 $t - x$，则当 B 掷时，A 的期望为 x；当 A 掷时，A 的期望为 y。因每次投掷时，A 的获胜概率为 $6/36$，B 的获胜概率为 $5/36$，由命题 3 得

$$\frac{5}{36} \times 0 + \frac{31}{36}y = x, \qquad \frac{6}{36}t + \frac{30}{36}x = y$$

解得 $x = \dfrac{31t}{36}$，即 A 获胜的概率为 31/36。

惠更斯没有给出进一步的讨论，但按其思想可得一般解法：

设 e_n 表示第 $n-1$ 次已掷完，A 掷第 n 次获胜的概率，p_A、p_B 分别表示 A、B 各自在单独一次投掷时获胜的概率（$p_A + q_A = 1$，$p_B + q_B = 1$），则由全概率公式可得

$$e_{2n} = q_B e_{2n+1}, \qquad e_{2n+1} = p_A + q_A e_{2n+2} \qquad n = 0, 1, \cdots$$

因

$$e_{2n} = e_0, \qquad e_{2n+1} = e_1, e_0 = q_B e_1, \qquad e_1 = p_A + q_B e_0$$

解得

$$e_0 = \frac{p_A q_B}{1 - q_A q_B}$$

这里 $p_A = \dfrac{1}{6}, p_B = \dfrac{5}{36}, e_0 = \dfrac{31}{36}$。

按今日方法可将问题一般化。由题意可知其投掷顺序为 BABABA…，设 A 获胜的概率为 p_1，B 获胜的概率为 p_2，则投掷次数与其概率为级数：

$$p_2, \quad q_2 p_1, \quad q_2 q_1 p_2, \quad q_2^2 q_1 p_1, \quad q_2^2 q_1^2 p_2, \quad q_2^3 q_1^2 p_1, \quad \cdots$$

可得

$$P(A) = p_1 q_2 \left[1 + q_1 q_2 + (q_1 q_2)^2 + \cdots \right] = \frac{p_1 q_2}{1 - q_1 q_2}$$

$$P(B) = p_2 \left[1 + q_1 q_2 + (q_1 q_2)^2 + \cdots \right] = \frac{p_2}{1 - q_1 q_2} \quad ①$$

在解题过程中，惠更斯没有像帕斯卡那样利用组合理论，因而就未将问题推广到一般情形。由其递推公式可导出几何级数及其他数学概念，但他都失之交臂。

---

① 徐传胜,潘丽云. 惠更斯的 14 个概率命题研究. 西北大学学报(自然科学版),2007,37(1):165～170.

三、惠更斯的 5 个概率问题

惠更斯的最后 5 个问题，虽然都是在形形色色的赌博机制中计算一方取胜的概率，但难度较大、技巧性较强，在概率论诞生初期，这无疑是向同时代数学家的挑战。他说："给我的读者（如果有的话）留下一些思考题应该是有益的，这将供他们练习或打发时间。"在此后的近百年里，不少数学家对这些问题进行了研究，其中所蕴含的概率思想对今日数学仍有重要的启发意义。

问题 1　两人玩掷双骰子游戏。若 A 掷出 6 点则赢，而 B 掷出 7 点胜。A 先掷一次后，B 掷两次，A 再掷两次，如此下去直至一方获胜。A 与 B 的胜负比是多少？（答案：$10355:12276$）

该问题是费马在 1656 年 6 月向惠更斯提出的，显然它为命题 14 的推广。惠更斯在 1656 年 7 月 6 日写给卡卡维的信中提到其解决方案。

由题意可知，掷骰子的顺序依次为 ABBAABBA…。若前 4 次都不成功，则第 5 次就犹如从头开始一样，且各次投掷间相互独立。设 e_n 表示前 $n-1$ 次失败，第 n 次投掷时 A 胜的数学期望，则有

$$e_4 = p_1 t + q_1 e_1, \quad e_3 = q_2 e_4, \quad e_2 = q_2 e_3, \quad e_1 = p_1 t + q_1 e_2$$

解得

$$\frac{e_1}{t} = \frac{p_1(1 + q_1 q_2^2)}{1 - q_1^2 q_2^2} = \frac{10355}{22631}$$

这里 $p_1 = 5/36$，$p_2 = 6/36$。

按今日术语，该问题可解答如下：设 A 表示选手 A 获胜，A_i 表示选手 A 在第 i 次获胜，B_i 表示选手 B 在第 i 次获胜，则

$$A = A_1 + \overline{A_1}\,\overline{B_2}\,\overline{B_3}A_4 + \overline{A_1}\,\overline{B_2}\,\overline{B_3}\,\overline{A_4}A$$

$$P(A) = p_1 + q_1 q_2^2 p_1 + q_1^2 q_2^2 P(A)$$

可得

$$P(\text{A}) = \frac{p_1(1 + q_1 q_2^2)}{1 - q_1^2 q_2^2} = \frac{10355}{22631}$$

问题2 一袋中装有 4 个白球、8 个黑球，A、B、C 三人蒙住眼睛依次轮流摸球。先得白球者获胜，求三人获胜的机会比。

该问题是惠更斯提出，并在其 1665 年的笔记中给出解答。他假定黑球摸出后再放回。其思路为：设 x、y、z 分别表示 A、B、C 的获胜数学期望，p $(p = 4/12 = 1/3)$ 为摸出黑球的概率，A 若第 1 次胜，则得全部赌注，否则其期望等于 z，故有

$$x = pt + qz, \quad y = qx, \quad z = qy$$

解得

$$\frac{x}{t} = \frac{p}{1 - q^3}, \quad \frac{y}{t} = \frac{pq}{1 - q^3}, \quad \frac{z}{t} = \frac{pq^2}{1 - q^3}$$

得所求胜负比为 $1: q: q^2$，即为 9:6:4。

按今日术语可求解如下：第 1 次摸出黑球的概率依次为

$$p, \quad qp, \quad q^2 p, \quad q^3 p, \quad \cdots$$

此为一无穷级数，由级数求和公式得

$$P(\text{A}) = \frac{p}{1 - q^3}, \quad P(\text{B}) = \frac{pq}{1 - q^3}, \quad P(\text{C}) = \frac{pq^2}{1 - q^3}$$

与惠更斯的结果一致。而若考虑摸出黑球不放回，则最多进行 9 次，由乘法公式可求其概率，进而由概率加法公式可得其胜负比为 231:159:105。

问题3 有 40 张牌，每种花色 10 张。甲同乙打赌他能抽出花色不同的 4 张牌，每人押的赌注应是多少？（答案：1000：8139）

这个问题也是由费马在 1656 年 6 月向惠更斯提出，而在 1656 年 7 月 6 日惠更斯写给卡卡维的信中提出解决方案。其解法为：

设赌注为 1 个单位，n 张不同花色的牌取出后，甲获胜的数学期望为 e_n，则其只能在 $10(4 - n)$ 张中抽取不同花色的牌，有

递推公式

$$e_n = \frac{10(4-n)e_{n+1}}{40-n}$$

因 $e_4 = 1$，则得 $e_0 = \dfrac{10 \times 20 \times 30 \times 40}{37 \times 38 \times 39 \times 40} = \dfrac{1000}{9139}$。

按今日术语可求解如下：设 A 表示所求事件，由古典概型计算公式得

$$P(A) = \frac{C_{10}^1 C_{10}^1 C_{10}^1 C_{10}^1}{C_{40}^4} = \frac{1000}{9139}$$

问题 4　一袋中装有 4 个白球 8 个黑球，甲同乙打赌他能在摸出的 7 个球中含有 3 个白球。求两人获胜的机会比。

这个问题是惠更斯提出，并在其 1665 年的笔记中记录着该问题答案。

设 $e(a, b)$ 表示已取 a 个白球 b 个黑球时甲获胜的数学期望，因余下的 $12 - a - b$ 个球中有 $4 - a$ 个白球，$8 - b$ 个黑球，则有

$$e(a,b) = \frac{(4-a)e(a+1,b) + (8-b)e(a,b+1)}{12-a-b},$$

$$0 \leqslant a \leqslant 4, 0 \leqslant a+b \leqslant 7$$

边界条件为 $e(3, 4) = t$，$e(a, 7-a) = 0$，$e(0, 5) = 0$。且当 $a = 0$，1 时，$e(a, 6-a) = 0$。

从 $e(3, 4) = t$ 开始，惠更斯得出 $e(3, 3) = 5t/6$，经过 19 次迭代，最后得到

$$e(0,0) = 35t/99$$

从其笔记可以看出，惠更斯曾用对立事件来求解，并把问题变形。

然而，今日看来此题甚是简单。由古典概型公式可得所求概率为

$$p = \frac{C_4^3 C_8^4}{C_{12}^7} = \frac{4 C_8^4}{C_{12}^5} = \frac{35}{99}$$

问题5 两人玩掷三颗骰子游戏，A、B 各有 12 个筹码，若掷出 11 点，A 给 B 一个筹码，而掷出 14 点，则 B 给 A 一个筹码，直至两人中有一人输光。求 AB 获胜的机会比。（答案：244140625：282429536481）

这个问题就是著名的赌徒输光问题，也称具有两个吸收壁的随机游动问题。它由帕斯卡向费马提出，卡卡维于 1656 年 9 月 28 日的信中告知惠更斯。惠更斯在 1656 年 10 月 12 日给卡卡维的回信中提出自己的解法，其证明过程可在其 1676 年的读书笔记中发现。

帕斯卡的解答是从两人分数皆为 0 时开始计算，直至有一人得 12 分。惠更斯也采取了这个形式。设 $e(a, b)$ 表示 A 已得 a 分，B 得 b 分时，A 获胜的数学期望，问题就是确定 $e(0, 0)$。

惠更斯从最简情形开始讨论，列表分析两人各有 2 个筹码时所有可能情况，得方程：

$$e(1,0) = pe(2,0) + qe(1,1) = p + qe(0,0)$$
$$e(0,1) = pe(1,1) + qe(0,2) = pe(0,0)$$
$$e(0,0) = pe(1,0) + qe(0,1)$$

由此解得 $e(0, 0) = p^2/(p^2 + q^2)$。这里 $p = 15/216$，$q = 27/216$。

类似地，惠更斯讨论了各有 4 个筹码、8 个筹码、3 个筹码、5 个筹码、6 个筹码的情形，最后导出 12 个筹码的情形，其结果为 $p^n : q^n$，即 $5^{12} : 9^{12}$。从中可看到，惠更斯的解法与帕斯卡的解法完全不同。

按今日术语可求解如下：考虑其一般情形，A、B 各有 n 个筹码。

设 A = "第一次 A 赢"，则 $P(A) = p$，$P(\overline{A}) = q$，且记在第一局 A 赢的条件下 A 最终输光的概率为 f_{n+1}，而在第一局 A 输的条件下 A 最终输光的概率为 f_{n-1}，由全概率公式，得一元二阶齐次常系数差分方程及边界条件：

$$f_n = pf_{n+1} + qf_{n-1} \text{ 与 } f_0 = 1, \quad f_{2n} = 0$$

则有

$$f_{n+1} - f_n = \frac{q}{p}(f_n - f_{n-1}) = \left(\frac{q}{p}\right)^2 (f_{n-1} - f_{n-2}) = \cdots$$

$$= \left(\frac{q}{p}\right)^n (f_1 - f_0) = \left(\frac{q}{p}\right)^n (f_1 - 1)$$

而

$$-1 = f_{2n} - f_0 = \sum_{k=0}^{2n-1} (f_{k+1} - f_k) = \sum_{k=0}^{2n-1} \left(\frac{q}{p}\right)^k (f_1 - 1)$$

$$= \frac{1 - (q/p)^{2n}}{1 - q/p}(f_1 - 1)$$

得

$$f_1 - 1 = -\frac{1 - q/p}{1 - (q/p)^{2n}}$$

故

$$f_n = -\left(\frac{q}{p}\right)^{n-1} \frac{1 - q/p}{1 - (q/p)^{2n}} + f_{n-1}$$

$$= f_0 - \frac{1 - q/p}{1 - (q/p)^{2n}} \sum_{k=0}^{n-1} \left(\frac{q}{p}\right)^k$$

$$= 1 - \frac{1 - (q/p)^n}{1 - (q/p)^{2n}}$$

此为 A 最终输光的概率，也就是 B 获胜的概率，由对立事件间的关系可得 A 获胜的概率，进而得出 A、B 获胜的胜负比，与惠更斯的结果相一致。[①]

四、历史地位及科学评价

惠更斯的《论赌博中的计算》作为概率论的标准教材该书在欧洲多次再版，直至 1713 年雅各布的《猜度术》出版才遏制

---

① 胡迪鹤. 随机过程论. 武汉：武汉大学出版社，2000.

住该书的再版。然而其影响还在继续，因《猜度术》的第一卷就是《论赌博的计算》的注释，并借此建立了第一个大数定理。棣莫弗的《机会学说》也是在该书的基础上，由二项分布的逼近得到了正态分布的密度函数表达式。拉普拉斯在此基础上给出古典概率的定义。因此，惠更斯对古典概率的影响是重要而持久的，其方法可看做那一时期的特点。故该书的出版是概率论发展史上的一个重要转折点。

惠更斯的概率理论比较完善，他以机会问题为研究对象，以数学期望作为基本概念和基本工具，总结了前人的代数和组合方法，把具体赌博问题的分析提升到较一般化的高度，把赌博的理性讨论推向了新的境地：逐步严格地建立起概率、数学期望等概念及其运算法则，从而使这类研究从对博弈游戏的分析发展上升为一门新的数学学科，这是有史以来第一个具有科学体系的概率论成果，为概率论的进一步发展奠定了坚实的基础。其主要贡献为：

（1）通过对有关概率问题的探索，概率、条件概率等概念的含义更加明确了。尤其是定义了数学期望概念。

（2）系统而正确地应用了概率的加法公式、乘法公式及全概率公式等一些基本公式。另外还可引申出二项分布、负二项分布和几何分布等一些常见的概率分布。

（3）初步建立递推法及方程分析法等一些计算技巧。随机游动问题被提出，这是随机过程的最早雏形。

（4）尽管一些重要结论尚停留在某些赌博问题上，还未给出更一般形式，但经过系统的整理则可形成较为严密的理论体系。

值得注意的是，虽然惠更斯明确给出了概率的客观意义，但其概率计算全是通过期望来进行的。从期望出发解释概率，与以概率定义期望的现代概率理论恰恰相反。正因如此，惠更斯的概率思想更值得进一步探讨。

第二章 古典概率论的发展

> 怀疑一切和相信一切是两种同样方便的解决方案，两者都免除了沉思的必要性。
>
> ——彭加勒，《科学与假设》

无穷概念进入数学科学是近代数学诞生的标志之一，它使建立在几何和算术上的数学技术产生了飞跃，不仅扩大了数学的应用范围，还向理论研究提出了一系列新课题。这就带来了概率论学科的发展契机，研究对象由有限样本空间逐步扩展到无限样本空间。

第一节 雅各布·伯努利的《猜度术》研究①

历史往往巧合，正是在帕斯卡和费马通信的那一年，"概率天才"雅各布·伯努利诞生了。雅各布 1654 年 12 月 7 日生于瑞士巴塞尔。他是一个自学成才的数学家，对微积分、微分方程和变分法等都作出了贡献，更为重要的是关于概率论的奠基性研究。他所著的《猜度术》是概率论的奠基性著作，其中所蕴涵的概率思想具有划时代的理论意义和历史意义。

一、《猜度术》的整理

雅各布是莱布尼茨的最早追随者。1690 年，他们之间开始了经常性的通信联系。由通信内容可知，《猜度术》的撰写是在

① 原载数学研究与评论，2007，27（1）：212～218.

雅各布生命的最后两年。雅各布写给莱布尼茨的最后一封信的日期是 1705 年 6 月 3 日，这封信是在极度痛苦中书写的。因为雅各布当时不仅受到病魔的折磨和恩师莱布尼茨的猜疑，而且他和弟弟约翰（John Bernoulli，1667～1748）间也产生了矛盾。8 月 16 日，雅各布与世长辞，遗留下的《猜度术》尚未整理完成。

由于兄弟间的矛盾，雅各布的遗孀对约翰极不信任，拒绝把整理出版的任务交给他，导致手稿在外藏匿多年，雅各布的遗孀又拒绝了欧洲某富商捐资出版的建议。在莱布尼茨的一再敦促下，雅各布的儿子于 1712 年 10 月开始整理《猜度术》。而此时，雅各布和约翰的侄子尼古拉·伯努利第一（Nicolaus Bernoulli Ⅰ，1687～1759）正在法国帮助蒙特摩（P. R. Montmort，1678～1719）准备《随笔》第二版。1713 年 5 月，当尼古拉·伯努利第一回到巴塞尔时，《猜度术》的整理和印刷工作已接近尾声。直到此时，雅各布的儿子才敢与他这位大堂兄打交道，请他帮助润饰定版。此时再做任何补充都太晚了，因这样将进一步延误印刷出版。为了使该书尽早付印，尼古拉·伯努利第一只匆匆写了一篇两页的序言，并为较严重的印刷错误编写了一张勘误表。而不少概率史家据此认为是尼古拉·伯努利第一整理出版了《猜度术》。如哲学家、数学教授沃尔夫（C. Wolff）在其《数学辞典》（Leipzig，1716）中就持有这一观点，同样的错误也发生在概率论史家托德亨特的著述中。

1713 年 8 月，在雅各布死后 8 年，《猜度术》终于问世了（图 2-1）。该书除前言共 306 页，呈小四开本形式，内容可分成五部分：在第一卷（第 1～71 页）中，雅各布对惠更斯 1657 年《论赌博中的计算》做了较为详细的注释，其长度为惠更斯原文的五倍。雅各布对某些问题给出了自己的证明，并把一些问题推广到一般情形，因而其注释比原文更有价值。第二卷（第 72～137 页）比较系统地论述了排列组合知识，并给出著名的

"伯努利数"和"伯努利方程"。第三卷（第 138～209 页）由 24 个问题组成，是前述理论的应用。第四卷（第 210～239 页）包含了该书的精华——伯努利大数定理。另外，该卷还论述了雅各布特有的哲学思想。第五卷为附录，包含两部分内容。一部分是关于无穷级数的五篇论文，另一部分（第 271～306 页）以书信的形式讨论了网球比赛中的计分问题。

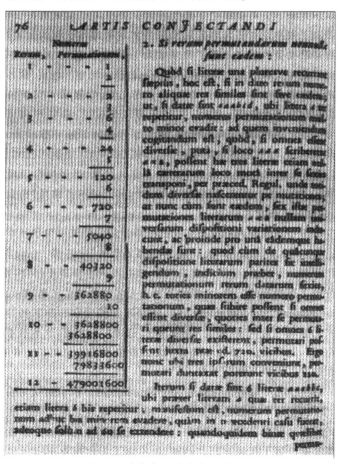

图 2-1　雅各布《猜度术》的一页

二、系统化概率知识

至 17 世纪中叶，关于等可能性、古典概率、期望等基本概念，加法公式、乘法定理、条件概率和全概率公式等基本工具、组合（排列）、递推法、方程（分析）法等求概率的技巧，都已逐步建立，但在相关著作中尚未以一般的形式给出，仅停留在解决一些具体的问题上，缺乏系统整理和完整的理论体系。

由《猜度术》中的论述可知，雅各布研究概率论始于 17 世纪 80 年代，《猜度术》是其 20 年深思熟虑的成果。该书前三部分是对以往概率论知识的总结，是古典概型的系统化和深入化。

雅各布对掷 n（$n \geq 2$）颗骰子所得点数和为 m 的问题做了较长注释。针对该问题，他设计出一个表格，并得出其有利场合数为 $(x + x^2 + x^3 + x^4 + x^5 + x^6)^n$ 展开式中 x^m 项的系数，这不仅是概率论中的一个妙解，而且开了母函数的先河。

在研究重复博弈的问题中，雅各布指出，每次重复中所涉事件概率不变且独立。虽前人在著作中默认了这一点，但这是第一次明确提出，故今称其为"伯努利概型"。他给出了乘法定理（独立情况）的现代表述形式，并证得若在 $a + b$ 次随机试验中，某人获胜的次数为 a、失败的次数为 b，则在 n 次试验中恰有 r 次获胜的概率为

$$C_n^{n-r} a^r b^{n-r} / (a + b)^n$$

类似地，他求得在 n 次试验中至少有 r 次获胜的概率为

$$\sum_{j=0}^{n-r} C_n^j a^{n-j} b^j / (a + b)^n$$

这样，雅各布就推广了帕斯卡、费马和惠更斯所讨论的有关问题。

雅各布开创了用无穷级数求和计算概率的方法。如 A、B 两人轮流掷两颗骰子，A 要的点数为 6，B 要的点数为 7。一旦有人掷出所要点数则游戏结束。若 A 先掷，分别求 A、B 获胜的概率。

雅各布所给解答为：设 b 为 A 在 a 次试验中掷出 6 点的次数，c 为 A 失败的次数，e 为 B 在 a 次试验中掷出 7 点的次数，f 为 B 失败的次数，则 $a = b + c = e + f$。

考察 A、B 每次各自掷出所要点数的期望，则有无穷数列：

$$\frac{b}{a},\ \frac{ce}{a^2},\ \frac{bcf}{a^3},\ \frac{c^2 ef}{a^4},\ \frac{bc^2 f^2}{a^5},\ \frac{ec^3 f^2}{a^6},\ \frac{bc^3 f^3}{a^7},\ \frac{c^4 ef^3}{a^8},\ \cdots$$

故利用几何级数求和公式可得 A 的期望为 $ab/(a^2 - cf)$，B 的期望为 $ce/(a^2 - cf)$。

现教科书上的"直线上的随机游动问题"，在雅各布时代称为"赌徒的破产问题"。雅各布首创利用差分方程法彻底解决了该问题。假设 A 有 m 个筹码，B 有 n 个筹码，在每次比赛中 A、B 两人的获胜机会比为 $a : b$。每次比赛时，败者要给对方一个筹码，考察某人全部输光的概率。

为简便起见，以下用今天的表达形式求解该问题。设 u_x 表示 A 有 x 个筹码时赢得对方全部筹码的概率，则在下一场比赛中，A 要么得一个筹码，要么失去一个筹码，其概率分别为 $a/(a+b)$、$b/(a+b)$。故有关系式：

$$u_x = \frac{a}{a+b} u_{x+1} + \frac{b}{a+b} u_{x-1}$$

类似递推下去，则有 $u_x = c_1 + c_2 \left(\dfrac{b}{a}\right)^x$。其中 c_1、c_2 为待定常数。

因当 $x = 0$ 时，$u_x = 0$；当 $x = m + n$ 时，$u_x = 1$。则

$$0 = c_1 + c_2,\quad 1 = c_1 + c_2 \left(\frac{b}{a}\right)^{m+n}$$

易得

$$c_1 = -c_2 = \frac{a^{m+n}}{a^{m+n} - b^{m+n}}$$

故

$$u_x = \frac{a^{m+n} - a^{m+n-x} b^x}{a^{m+n} - b^{m+n}}$$

令 $x = m$，则

$$u_m = \frac{a^n(a^m - b^m)}{a^{m+n} - b^{m+n}}$$

同理，A 输光的概率为

$$\frac{b^m(a^n - b^n)}{a^{m+n} - b^{m+n}} \quad ①$$

三、引进伯努利数

在《猜度术》的第二卷中，尽管雅各布一再声称斯霍滕（Schooten）、莱布尼茨、沃利斯、普列斯特（J. Prestet）等已对问题进行了研究，因而他所提问题一点也不新，但排列这个术语是他首次引进的。雅各布还证明了 n 个相异物体的不同排列数为 $n!$，而在 n 个不同物体中取 r 个不同物体的排列数为 $n(n-1)\cdots(n-r+1)$。关于组合，他利用帕斯卡三角形得出组合系数的性质，并指责帕斯卡在没有证明的情况下，毫无顾忌地应用该性质。

为求 $\sum n$，$\sum n^2$，$\sum n^3$，$\cdots$，$\sum n^{10}$ 的表达式，雅各布引进了"伯努利数"这一重要概念（现在数学的许多分支都用到"伯努利数"），并给出通式：

$$\sum_{i=1}^{n} i^c = \frac{n^{c+1}}{c+1} + \frac{n^c}{2} + \frac{c}{2}B_2 n^{c-1} + \frac{c(c-1)(c-2)}{2 \cdot 3 \cdot 4}B_4 n^{c-3}$$
$$+ \frac{c(c-1)(c-2)(c-3)(c-4)}{2 \cdot 3 \cdot 4 \cdot 5 \cdot 6}B_6 n^{c-5} + \cdots$$

其中 $B_2 = 1/6$，$B_4 = -1/30$，$B_6 = 1/42$，$\cdots$，这就是所谓的"伯努利数"。其计算方法为：该数与其前边 n 的幂次的各项系数和等于 1。例如，因为

$$\sum_{i=1}^{n} i^4 = \frac{1}{5}n^5 + \frac{1}{2}n^4 + \frac{1}{3}n^3 + B_4 n$$

---

① Bernoulli J. Ars Conjectandi. Basel，1713；New York：Chelsea，1995.

故

$$B_4 = 1 - 1/5 - 1/2 - 1/3 = - 1/30$$

雅各布的这个结果超过了海塞姆（Ibnal Haytham，965~1040）。据说借助上述公式，雅各布只花七八分钟时间就算出了前 1000 个数的 10 次方相加之和为 91 409 924 241 424 243 424 241 924 242 500。而他人为了验证此结果竟用了三天三夜的时间，对此雅各布感到很自豪。

设 $f(x)$ 是单变量实函数，在研究求和 $\sum\limits_{i=1}^{\infty} f(i)$ 的公式中，雅各布给出关于 x 的多项式：

$$P_k(x) = \frac{x^k}{k!} + \frac{B_1 x^{k-1}}{1!(k-1)!} + \frac{B_2 x^{k-2}}{2!(k-2)!} + \cdots + \frac{B_k}{k!}$$

其中 $B_1 = -\dfrac{1}{2}$，$B_{2k+1} = 0$，$k = 1$，2，$\cdots$，该多项式今称为"伯努利多项式"。

四、创立大数定理

现今伯努利大数定理叙述为：若某随机事件在 N 次随机试验中的频率 X/N 依概率收敛于其概率 p，即对 $\forall \varepsilon > 0$，有

$$P(|X/N - p| < \varepsilon) > 1 - \eta \qquad (\eta \text{ 为任意正数})$$

或

$$\lim_{N \to \infty} P(|X/N - p| < \varepsilon) = 1$$

当时雅各布对大数定理的论述为："所要探讨的是，是否随着观测次数的增大，记录下来的赞成与不赞成例数的比值接近真实比值的概率也随之不断增加，使得这个概率最终将超过任意确信度。"

该命题在《猜度术》的第四卷占据中心位置，泊松称这个"主命题"为"伯努利大数定理"。这是《猜度术》一书最重要的部分，该书对后世的影响如此之大，其主要原因就是这 30 页

的内容。由于大数定理的极端重要性，在马尔可夫的倡导下，1913 年 12 月圣彼得堡科学院举行 "纪念大数定理诞生 200 周年" 庆祝活动。

雅各布以前，对概率的概念多半从主观方面来解释，即解释为一种 "期望"，且这种期望是以古典概型为依据的，即先验的等可能性假设。雅各布指出，这种方法有极大的局限性，也许只能在赌博中可用。而在更多的场合，由于无法计数所有可能的情况就不行了。他提出要处理更大范围的问题，必须选择另一条道路。那就是 "后验地去探知无法先验地确定的东西，也就是从大量同类事例的观察结果中去探知它"。这就从主观的 "期望" 解释转到了客观的 "频率" 解释。

在 1687 ~ 1689 年，雅各布首次在其《沉思录》中叙述并证明了其 "主命题"。从通信时间来看，雅各布将 "主命题" 告诉弟弟约翰的时间早于 1690 年。在 18 世纪初，他还告知了莱布尼茨，不过未附证明，难怪莱布尼茨对其结果一度产生过怀疑。

雅各布认为 "频率的不稳定性随观察次数的增加而减少" 的现象，"即使一个没有受过教育，以前也未受过训练的人，凭天生的直觉也会理解的。但这个原理的科学证明却一点也不简单"。于是，雅各布用数学语言提出了该问题并给出了相关证明。

雅各布考察的是 "缸子模型"：设缸内有白球 r 个，黑球 s 个，可得 "随机抽取一球为白球" 的概率为 $p = r/(r+s)$，则对给定常数 c，可找到足够大的 n，使自此缸内进行 $N = nt$（其中 $t = r+s$）次有放回的抽球时，满足

$$P(|X/N - p| \leq 1/t) > CP(|X/N - p| > 1/t)$$

或等价于 $P(|X/N - p| > 1/t) < (C+1)^{-1}$ (2-1)

简证   令 $\varepsilon = 1/t$

$$A_0 = P(Np < X < Np + N\varepsilon)$$

$$A_k = P(Np + kN\varepsilon < X \leq Np + (k+1)N\varepsilon) \quad k = 1, 2, \cdots$$

可证当 N 充分大时，有
$$A_0 > C(A_1 + A_2 + \cdots)$$
同理，令
$$A'_0 = P(Np - N\varepsilon < X < Np)$$
$$A'_K = P(Np - (K + 1)N\varepsilon < X \leqslant Np - KN\varepsilon) \quad K = 1, 2, \cdots$$
有
$$A'_0 > C(A'_1 + A'_2 + \cdots)$$
得
$$A_0 + A'_0 > C\{A_1 + A_2 + \cdots + A'_1 + A'_2 + \cdots\}$$
此即式（2-1）成立。[①]

雅各布并不局限于证明大数定理，还要进一步找到式（2-1）成立所需 N 的大小，即给出估计值的精确度。利用二项式定理他证得 N 必须满足 $N \geqslant \max(N_1, N_2)$，其中
$$N_1 = m_1 t + st(m_1 - 1)/(r + 1)$$
$$N_2 = m_2 t + rt(m_2 - 1)/(s + 1)$$
这里 m_1 为不小于 $\log[C(S - 1)]/[\log(r + 1) - \log r]$ 的最小整数，而 m_2 为不小于 $\log[C(r - 1)]/[\log(s + 1) - \log s]$ 的最小整数（雅各布时代 log 即为 ln）。

雅各布给出一个例子来说明其结果。令 $r = 30$，$s = 20$ 则随机事件"取得白球"的概率为 30/50，计算该事件出现次数与全部次数之比处于 29/50 ~ 31/50 的概率，结果为：当 $c = 1000$ 时，N 取值为 25 550，概率值为 0.999；若 $c = 10000$，$N = 25550 + 5708 = 31258$，概率值为 0.9999；若 $c = 100000$，$N = 31258 + 5708 = 36966$，概率值为 0.999 99。至此《猜度术》戛然而止。[②]

值得惊奇的是雅各布没有用更直观的提法 $X/N \to P$，若在当

---

① 陈希孺. 数理统计学简史. 长沙：湖南教育出版社，2005.

② Todhunter I. A History of the Mathematical Theory of Probability from the Times of Pascal to That of Laplace. Cambridge and London：Macmillan，1865；New York：Chelsea，1993.

时，如此提出虽更直接但却无法证明。这也许就是雅各布的高明之处。

由上述知，在伯努利大数定理中，若 $c = 1000$，则 $N \geqslant 25550$。而若用切比雪夫不等式估计时，则 $N \geqslant 600600$，超出雅各布的值 23 倍有余，可见雅各布对概率的估值是较为精细的。然而，25 550 已大于当时瑞士巴塞尔的人口数字，这对于 18 世纪早期的人们而言是个很庞大的数字。雅各布或许感到自己的方法并不成功，如第四卷虽题为"论概率论在社会、道德和经济等领域中的应用"，但并未把已允诺的关于其方法在政治、经济学中的应用写入书中。

五、其他观点和不足

在《猜度术》中，雅各布还给出了其他一些有影响的观点。如明确区分了"古典概率"和"统计概率"。他分别称之为"先验概率"和"后验概率"。前者基于对称性即等可能性，不需进行实际观察就可知结果。如掷一个均匀骰子，就没有理由认为一面比另一面更容易发生。而更加广泛的一类现象需要"后验的计算"其概率，如天气的预测、人种患某种疾病的概率等。这就需要从统计的观点来解决。

雅各布还引进了所谓"道德确定性"概念。他讨论了在现实生活中所观察到的各种迹象，以及这些迹象如何被组织成一条单纯的可能性陈述，意识到在大多数现实条件下，绝对确定是不可能实现的，规定对一个近乎必然的结果，其出现的概率不应该小于 0.999。相反，若其结果出现的概率不大于 0.001，那它就近乎不可能发生的。现称之为"事实上的确定性"或"小概率事件原理"。

雅各布对事物采取了一种机械决定论的立场。他认为世界上的事物均受严格的因果律支配。他说，如果从现在直到永远，所有事件都被连续地观测到（依靠这点，可能性最终变成必然性），将会发现世界上每件事情发生都有着明确的原因并遵循明确的法则，甚至对看来是相当偶然的事情，我们被强迫假定其有一定必然性，似乎有点像命中注定的。这样，他在一定程度上就否定了随机事件的随机性。

雅各布在《猜度术》第 15 页、第 27 页、第 29 页和第 146 页等处多次提醒读者在研究概率这门学科时极易犯错误，尤其是在没有严格计算的情况下。仅以其中第 14 题为例来说明。

设某人先掷一颗骰子，然后按其所掷点数将骰子重复掷若干次。若后来所掷点数和超过 12，将获得全部赌金；若点数和等于 12，只能得赌金一半；若点数和小于 12，将一无所获。

雅各布算出其答案为 15295/31104，结果小于 1/2，即游戏不利于某人。之后，雅各布又给出一个貌似有理但实际上错误的解法。

在第一次试验中，某人以 1/6 的概率掷出 1 点，在此情况下，他只能再掷一次骰子，而他获得 1～6 点的概率相等，故他平均能掷点数为

$$(1 + 2 + 3 + 4 + 5 + 6)/6 = 7/2$$

同样第一次试验中，某人以 1/6 的概率掷出 2 点，此时可以掷两次骰子，在此情况下，他获得点数和为 2～12 的概率相等。故他平均能掷点数为 7。同理可以算出第一次掷出 3 点、4 点、5 点、6 点时，相应的所掷点数平均值分别为 21/2、14、35/2、21。因而所有平均值的平均数值为

$$\frac{1}{6}\left(3\frac{1}{2} + 7 + 10\frac{1}{2} + 14 + 17\frac{1}{2} + 21\right) = 12\frac{1}{4} = \frac{49}{4}$$

其结果大于 12，游戏反而对某人有利。雅各布给出一简捷的判别方法说明该解法的错误。若仅掷一次骰子一定得不到 12 点，而即使掷 6 次骰子所得点数和也不一定能确保大于 12 点，其平均值怎么可能为 49/4 呢？但他没有明确指出错误所在。

虽然雅各布如此谨慎，但是也犯了一个错误。雅各布把随

机变量分成两种即纯自变量和混合自变量。假设有三个纯自变量，它们导致同一事件发生。假设其概率分别为 $1 - c/a$、$1 - f/d$、$1 - j/g$，则事件发生的概率为 $1 - cfi/(adg)$。假设再增加两个混合变量，其概率分别为 $q/(q + r)$、$t/(t + u)$，雅各布给出事件发生的概率为 $1 - \dfrac{cfiru}{adg\,(ru + qt)}$。若 $q = 0$，所得结果显然与实际情况相悖。

在闪烁光芒的著作中出现了一点错误，犹如一块光彩照人的美玉出现瑕点，令人惋惜，但白璧微瑕，瑕不掩瑜。

《猜度术》是雅各布一生中最有创造力的著作，该书的出版标志着概率论已建立在稳固的数学基础上并成为一个独立的数学分支。美国概率史家哈金称该书为"概率概念漫长形成过程的终结与数学概率论的肇始"。

第二节　棣莫弗与正态概率曲线①

观察周围的现象就会发现，大部分实际存在的随机变量都具有"中间大、两头小、左右对称"的特点。如测量某长度的结果及其误差，某地区的年平均气温、年降水量，在一定条件下生产的产品尺寸，弹落点与目标的距离，某农作物的产量，普通高考成绩，人的身高及智力水平等。这种随机变量所服从的分布称为"正态分布"或"常态分布"，即"正常"情况下的随机变量总服从这种分布。不少书中还称之为"高斯分布"。若认为此分布的第一个发现者是高斯，那就张冠李戴了。因早在高斯之前，正态概率曲线所呈现的规律已为人所知，其发现者就是法国数学家棣莫弗。

---

① 原载西北大学学报（自然科学版），2006，36（2）：339～343.

一、数学文化背景

棣莫弗是法国的加尔文教徒。1685 年废除南特敕令后，他迁居到政治气氛较好的伦敦。因而他多半生是在英国度过的。尽管只能靠做家庭教师来维持极贫困的生活，但他在学术研究上颇有成就。[①] 1697 年，棣莫弗当选为英国皇家学会会员。1710 年，被委派参与英国皇家学会委员会，调查牛顿－莱布尼茨微积分的优先权问题。1735 年，当选为柏林科学院院士。1754 年，他又被法国巴黎科学院接纳为会员。亚历山大教皇的诗中曾赞美了他。

棣莫弗最感兴趣的是概率论研究。最初是惠更斯的论著《论赌博中的计算》，启发了其灵感。后来他又研究了蒙特摩的《随笔》。雅各布去世后，大数定理的精髓在学术界开始传播开来，由此棣莫弗对概率论兴趣倍增，并开始对这神秘的"机会"进行研究。1711 年，他关于概率论的论文"关于游戏中机遇巧合的概率"以拉丁文连续发表在英国《哲学学报》一、二、三月号上。该论文含有 26 个问题及几个有关概率计算的注释。

后来棣莫弗将该文扩展成英文专著《机会学说》（图 2-2），该书第一版问世于 1718 年，再版于 1738 年，棣莫弗去世后第二年又发行了第三版（临终委托朋友办理）。每次再版都对内容进行扩充。在第二版中棣莫弗讨论了"伯努利大数定理"，并在雅各布研究的基础上，以二项分布的逼近导出了正态概率曲线的数学表达式。

二、正态概率曲线的发现过程

棣莫弗同雅各布一样利用二项式系数来求概率，他就利用

---

① 牛顿非常欣赏棣莫弗的数学才华。在晚年有人请教他问题时，牛顿总是说："Go to Mr de Moivre，he knows these things better than I do."

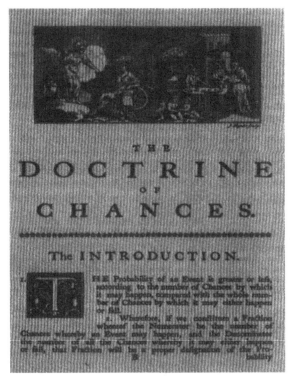

图2-2　《机会学说》的封面

无穷级数对 $(a+b)^n$ 各项求和近似方法做了较为详细的论述。可以看出，他非常擅长而娴熟地利用无穷级数解决概率问题。在《机会学说》中，他首先考虑事件成败具有等可能的情况，即 $p=q=1/2$，n 为较大偶数时，求二项分布中心项 $b(n, 1/2, n/2)$ 的近似表示，然后研究中心项与任意项之比，进而发现了正态概率曲线。

1. 二项分布中心项的近似表示

18 世纪的概率问题往往需要求二项式中几项之和，当 n 很大时是个较困难的问题。雅各布曾研究了该问题，但其精度不理想。在此基础上，棣莫弗开始了这一问题的研究。他假设 $(1+1)^n$ 中的 n 很大，考察其中心项与所有项的和之比。

1721 年，棣莫弗得到：设 $n = 2m$（n 为整数），当 $n \to \infty$ 时，有

$$b(m) \sim 2.1682(1 - 1/n)^n / \sqrt{n-1} = 2T(1 - 1/n)^n / \sqrt{n-1} \tag{2-2}$$

其中

$$\ln T = \frac{1}{12} - \frac{1}{360} + \frac{1}{1260} - \frac{1}{1680} + \cdots$$

$$= \frac{B_2}{1 \cdot 2} + \frac{B_4}{3 \cdot 4} + \frac{B_6}{5 \cdot 6} + \frac{B_8}{7 \cdot 8} + \cdots$$

这里 $B_i (i = 2, 4, 6, \cdots)$ 是伯努利数。在推导过程中，棣莫弗先将 $b(m)$ 恒等变形为

$$b(m) = \frac{(2m)!}{m! \, m!}\left(\frac{1}{2}\right)^{2m} = \frac{2m(2m-1)\cdots(m+1) \cdot 2^{-2m}}{m(m-1)\cdots 2 \cdot 1}$$

$$= \frac{(m+1)(m+2)\cdots[m+(m-1)](m+m) \cdot 2^{-2m}}{(m-1)(m-2)\cdots[m-(m-1)]m}$$

$$= 2^{-2m+1} / \prod_{i=1}^{m-1} \frac{m+i}{m-i}$$

可得

$$\ln b(m) = (1 - 2m)\ln 2 + \sum_{i=1}^{m-1} \ln \frac{1 + i/m}{1 - i/m}$$

再由

$$\ln \frac{1+x}{1-x} = 2\sum_{k=1}^{\infty} \frac{x^{2k-1}}{2k-1} \quad |x| < 1$$

可将上式化为

$$\ln b(m) = 2\sum_{i=1}^{m-1}\sum_{k=1}^{\infty} \frac{1}{2k-1} \cdot \left(\frac{i}{m}\right)^{2k-1}$$

$$= 2 \sum_{k=1}^{\infty} \frac{1}{(2k-1) m^{2k-1}} \sum_{i=1}^{m-1} i^{2k-1}$$

令 $t = (m-1)/m$，利用伯努利自然数幂求和公式

$$\sum_{i=1}^{n} i^m = \frac{n^{m+1}}{m+1} + \frac{n^m}{2} + \sum_{i=1}^{[m/2]} \frac{1}{2i} B_{2i} C_m^{2i-1} n^{m-(2i-1)}$$

得

$$\ln b(m) = 2(m-1) \sum_{k=1}^{\infty} \frac{t^{2k-1}}{2k(2k-1)} + \sum_{k=1}^{\infty} \frac{t^{2k-1}}{2k-1}$$

$$+ 2 \sum_{k=1}^{\infty} \sum_{i=1}^{k-1} \frac{B_{2i}}{(2k-1)2im^{2i-1}} C_{2k-1}^{2i-1} t^{2k-2i}$$

　　这样右边第二项形成的幂级数其和函数为 $1/[2\ln(2m-1)]$，而第一项对 x 从 0 至 t 积分可得类似于第二项的幂级数，其和函数为 $(2m-1)\ln(2m-1) - 2m\ln m$，将第三项改变其求和次序，为

$$L = 2 \sum_{i=1}^{\infty} \frac{B_{2i}}{2im^{2i-1}} \sum_{k=i}^{\infty} \frac{1}{2k-1} C_{2k-1}^{2i-1} t^{2k-2i}$$

而

$$\sum_{k=i}^{\infty} \frac{1}{2k-1} C_{2k-1}^{2i-1} t^{2k-2i} = \sum_{k=i}^{\infty} \frac{1}{2i-1} C_{2k-2}^{2i-2} t^{2k-2i} = \frac{1}{2i-1} \sum_{j=1}^{\infty} C_{2i-2+2j}^{2i-2} t^{2j}$$

$$= \frac{1}{2i-1} \frac{1}{2} \left[(1-t)^{-(2i-1)} + (1+t)^{-(2i-1)} \right]$$

$$= \frac{1}{2(2i-1)} \left[m^{2i-1} + \left(1 + \frac{m-1}{m} \right)^{-(2i-1)} \right]$$

故

$$\lim_{m \to \infty} L = \frac{B_{2i}}{2i(2i-1)}$$

有

$$\ln b(m) \sim (2m - 1/2)\ln(2m-1) - 2m\ln(2m)$$

$$+ \ln 2 + \sum_{i=1}^{\infty} \frac{B_{2i}}{2i(2i-1)}$$

因棣莫弗无法算出右端之和，就只好取其前 4 项近似求和，得

$$\ln b(m) \sim \ln 2 + \frac{1}{12} - \frac{1}{360} + \frac{1}{1260} - \frac{1}{1680} = 0.7739$$

又 $e^{0.7739} = 2.1682$，故得 $b(m)$ 的近似值：

$$b(m) \sim 2.1682(2m-1)^{2m-1/2}(2m)^{-2m}$$
$$= 2.1682[1 - 1/(2m)]^{2m}/\sqrt{2m-1}$$
$$= 2.1682(1 - 1/n)^{n}/\sqrt{n-1}$$

2. 斯特林公式的证明

1725 年，棣莫弗的朋友斯特林（James Stirling，1692 ~ 1770）做出了 $b(m)$ 的两个级数表达式：

$$[b(m)]^2 = \frac{1}{\pi(2m+1)}\left[1 + \frac{1}{4(m+3/2)}\right.$$
$$\left. + \frac{9}{32(m+3/2)(m+5/2)} + \cdots \right]$$
$$[b(m)]^{-2} = \pi m \left[1 + \frac{1}{4(m+1)} + \frac{9}{32(m+1)(m+2)} + \cdots \right]$$

$$(2\text{-}3)$$

这是 π 第一次被引到无穷级数中，令 $n \to \infty$（$n = 2m$），在式 (2-3) 右边只取第一项，则有

$$b(m) \sim \sqrt{2/(\pi n)} \qquad (2\text{-}4)$$

棣莫弗得知斯特林的结果后，利用沃利斯 1655 年所得结论：

$$\lim_{n \to \infty}\left[\frac{2 \cdot 4 \cdot 6 \cdots 2n}{1 \cdot 3 \cdot 5 \cdots (2n-1)} \cdot \sqrt{\frac{1}{2n+1}}\right] = \sqrt{\frac{\pi}{2}}$$

并将 $b(m)$ 恒等变形为 $b(m) = 1 \cdot 3 \cdots (2m-1)/(2 \cdot 4 \cdots 2m)$，则立即得出式 (2-4)。

1730 年，棣莫弗在其《分析杂论》中给出了对较大的

m，有

$$m! = \sqrt{2\pi}m^{m+1/2}\mathrm{e}^{-m}\exp\left(\frac{1}{12m} - \frac{1}{360m^3} + \cdots\right)$$

证明

因

$$m^m/m! = \prod_{i=1}^{m-1}(1 - i/m)^{-1}$$

$$\ln(m^m/m!) = \sum_{i=1}^{m-1}\sum_{k=1}^{\infty}\frac{1}{k}\left(\frac{i}{m}\right)^k = \sum_{k=1}^{\infty}\frac{1}{km^k}\sum_{i=1}^{m-1}i^k$$

利用伯努利自然数幂求和公式，上式右边则成为

$$(m-1)\sum_{k=1}^{\infty}\frac{t^k}{k(k+1)} + \frac{1}{2}\sum_{k=1}^{\infty}t^k/k + \sum_{k=1}^{\infty}\sum_{r=1}^{[k/2]}\frac{1}{k}\mathrm{C}_k^{2r-1}\frac{B_{2r}}{2rm^{2r-1}}t^{k-2r+1}$$

这里 $t = (m-1)/m$，类似于式（2-2）的积分运算及幂级数求和，则得

$$m - 1 - \frac{1}{2}\ln m + \sum_{k=1}^{\infty}\frac{B_{2k}}{2k(2k-1)}(1 - m^{1-2k})$$

$$\sim m - 1 - \frac{1}{2}\ln m + \sum_{k=1}^{\infty}\frac{B_{2k}}{2k(2k-1)}m$$

$$= m - 1 - \frac{1}{2}\ln m + 1 - \frac{1}{1}\ln(2\pi) = m - \frac{1}{2}\ln m - \frac{1}{2}\ln(2\pi)$$

有

$$\ln(m^m/m!) \sim m - \frac{1}{2}\ln m - \frac{1}{2}\ln(2\pi)$$

若略去随 $m\to\infty$ 而趋于 1 的因子，则得今日的形式：

$$m! \sim \sqrt{2\pi}m^{m+1/2}\mathrm{e}^{-m} \qquad (2\text{-}5)$$

利用式（2-5）则易得式（2-4）。这最后一步工作是由斯特林完成的。

棣莫弗说："我中断了这一步的研究，后来我值得尊敬的、

有学问的朋友斯特林先生做了进一步的探讨和研究，找到了 $C = \sqrt{2\pi}$。"斯特林公式不但有很高的理论价值，而且还可以得出一些较精确的数值估计。随着 m 的增加，式（2-5）两边之差可任意小。而当 m 很小时，斯特林逼近很精确。[①]

3. 正态分布和极限定理

1733 年 11 月 12 日，棣莫弗将其一篇 7 页的论文送给了几位朋友。后来棣莫弗听取朋友的意见做了修改，又增加一些内容，收录在《机会学说》第二版第 235~243 页。正是在这篇文章中，他第一次导出了正态概率曲线的表达式。其中研究了二项分布中心项与任意项之比，即 $b(m)/b(m+d)$，得出

$$\ln[b(m)/b(m+d)] \sim (m+d-1/2)\ln(m+d-1)$$
$$+ (m-d+1/2)\ln(m-d-1) - 2m\ln m + \ln[(m+d)]/m]$$
$$(2\text{-}6)$$

式（2-6）应有限制 $d/(2m) \to 0$。这一点棣莫弗未明确指出，但在论证时，他没有超出这个限制。其推导过程类似于式（2-2），本书略去。

藉此，棣莫弗证明了当 $n \to \infty$ 时，有

$$b(m+d)/b(m) \sim \exp(-2d^2/n)$$

若限制 $|d| \leqslant C\sqrt{n}$（$C > 0$ 为常数），则由式（2-4）得

$$b(m+d) = b(m)e^{-\frac{2d^2}{n}} = \frac{2}{\sqrt{2\pi n}}e^{-\frac{2d^2}{n}}$$

据此，棣莫弗指出，如果视二项展开式的各项为一系列竖直线段的长度，把这些线段摆在同一直线上方且与之垂直，那么线段的上端点将描绘出一条曲线。由此得到的曲线具有两个

---

① Todhunter I. A History of the Mathematical of Theory of Probability from the Times of Pascal to That of Laplace. Cambridge and London：Macmillan，1865；New York：Chelsea，1993.

拐点，它们分别位于最大项对应点的两侧。该曲线就是现今的正态概率曲线。进而棣莫弗又得到近似公式

$$\sum_{d=0}^{k} P(X = m + d) \approx \frac{2}{\sqrt{2\pi n}} \int_{0}^{k} e^{-(2t^2/n)} dt$$

即在 n 次独立重复试验中随机事件出现 m 次的概率的期望值满足：

$$\lim_{n \to \infty} P\left(a < \frac{m - n/2}{\sqrt{n}/2} < b \right) = \int_{a}^{b} \frac{1}{\sqrt{2\pi}} e^{-\frac{x^2}{2}} dx \qquad (2\text{-}7)$$

这里 a，b 为任意实数，且 $a < b$。

可见式（2-7）揭示了二项分布与正态分布间的关系，从而将离散型随机变量与连续型随机变量建立了密切联系。

1774 年，拉普拉斯证明了

$$\int_{-\infty}^{\infty} e^{-x^2/2} dx = \sqrt{2\pi}$$

并对棣莫弗的结果进行推广，建立了中心极限定理较一般的形式[①]。

三、科学历史评价

利用棣莫弗所得结果可以解决一大类实际应用问题。如若某奖券的量很大，中奖率为 5%，如果要保证中奖的概率达 90%，至少应购买多少张奖券？类似地，其方法也可应用于保险业中。棣莫弗将其结果大量用于诸如此类的问题。这就初步显示了概率论的广泛应用性。

比较雅各布与棣莫弗研究而言，雅各布讨论的是当试验次数趋于无穷大时频率的极限行为，而棣莫弗研究的是有利事件出现次数的相关变量的极限分布，但两者又是相通的。若将式（2-7）变形为

---

① Laplace P S M De. Theorie Analytique des Probabilités. Paris：Courcier，1812.

$$P(\,|\,X/N - 1/2\,|\leq C/\sqrt{N}\,) \approx \frac{1}{\sqrt{2\pi}}\int_{-2c}^{2c}e^{-x^2/2}\mathrm{d}x$$

因其中 C 可以充分大，这就比雅各布更为简洁地证明了伯努利大数定理。在尚无方差概念的当时，其证明可谓匠心独具。此外，其精度也有所提高。如对雅各布要求进行 25 550 次试验的情形，而棣莫弗仅需 6498 次试验即可。

棣莫弗的结论否定了过去学术上的两种极端意见，得出观察值的平均值之精度与观察次数 N 的平方根（$\sqrt{N}$）成正比，这是认识自然的一个重大进展。同时，棣莫弗也看到 $\sqrt{N}$ 的重要地位，特引进"模"这个概念，后来被"标准差"取而代之。

在《机会学说》中，棣莫弗设计了多种新的方法，对多种类似的点数问题、换球问题、年金问题等都进行了系统研究。与现在研究的程序相反，他从概率原理推导排列组合公式。以《机会学说》中问题 15 来简述其方法：

确定从 a、b、c、d、e、f 中随机取 2 个字母的排列数。棣莫弗求出先取 a 再取 b 的概率为 1/30，由此而论证得出所求排列数为 30。

棣莫弗明确提出了统计独立性和条件概率的概念，还为概率论发展了一套较为普遍的概率符号，并称之为"新代数"。他得到了泊松分布的一种特殊情形，并将母函数应用于对正态分布的讨论。

棣莫弗的《年金论》不仅改进了以往关于人口统计的方法，而且在假定死亡率所遵循的规律以及银行利息不变的前提下，导出了计算年金的公式，其内容被后人奉为经典。可见棣莫弗致力于将概率论应用于人文、社会科学研究中。

棣莫弗认为自己解决了哲学问题：在人们以为纯粹偶然的事件中，可以寻找其规律和必然。正如他在《机会学说》第三版所言，尽管机会具有不规则性，由于机会无限多，随着时间的推移，不规则性与秩序性相比将显得微不足道。他强调，这种秩序自然是从"固有设计中"产生出来的。

棣莫弗对他在概率论方面的研究成果感到非常满意，在《机会学说》的序言中写道："在我刚开始研究机会游戏问题时，看不到光明所在，因蒙特摩先生在其书中曾给出了这一问题的解决方法，可他仅仅把了三个输或赢的赌注，并通过假设进一步限制了冒险者之间的一种平等技巧，况且他也没有给出证明的方法，我是努力冲破这一切的。"

时至今日，正态分布牢固地占据了概率论和统计分析的主导地位，已广泛应用于天文及测地数据的分析、社会统计、生物统计、教育统计、体育统计、卫生统计等。追本溯源，棣莫弗的开创之功实不可没。

第三节　托马斯·贝叶斯及其逆概率论思想①

随着 MCMC（Markov chain Monte Carlo）的深入研究，贝叶斯统计已成为当今国际统计科学研究的热点。翻阅近几年国内外统计学方面的杂志，特别是美国统计学会的 JASA、英国皇家学会的统计杂志 JRSS 等，几乎每期都有"贝叶斯统计"的论文。

贝叶斯统计的应用范围很广，如计算机科学中的"统计模式识别"、勘探专家所采用的概率推理、软件可靠的 L-V 模型、计量经济中的贝叶斯推断、经济理论中的贝叶斯模型、医学中的概率诊断等。近年来，我国的经济界学者把统计学的"贝叶斯方法"、数学的"博弈论"和经济学中的"均衡理论"结合起来，提出了"贝叶斯博弈均衡"的理论体系。

托马斯·贝叶斯在 18 世纪上半叶群雄争霸的欧洲学术界可

---

① 原载西北大学学报（自然科学版），2009，39（2）：329～332.

谓是个重要人物，他首先将归纳推理法应用于概率论，并创立了贝叶斯统计理论，对于统计决策函数、统计推断、统计估算等作出了贡献。贝叶斯所采用的许多概率术语被沿用至今。

贝叶斯所提出的观点经过多年的发展与完善，已形成整套的理论与方法。贝叶斯学派现已成为概率论与数理统计中的重要学派，为概率论和数理统计的发展作出了卓越贡献。有关专家认为，19 世纪统计学的主流是贝叶斯学派，20 世纪统计学的主流是频率学派，在 21 世纪贝叶斯学派将会再次引领统计学的主流。

一、数学文化背景

贝叶斯出生在新教徒家庭，其父是新教牧师。贝叶斯是 7 个孩子中的老大，由家庭教师向孩子们传授知识。某些学者认为，棣莫弗可能做过贝叶斯的家庭教师，因而贝叶斯的数学技巧和对概率论的兴趣源于棣莫弗的启发与教诲。

贝叶斯家族依靠刀具贸易积累了大量财富，故贝叶斯及其弟妹过着衣食无忧的生活。为继承父业，贝叶斯 1720 年进入爱丁堡大学学习神学，后来成为父亲的助手。1731 年他来到伦敦东南部的坦布里奇韦尔斯（Tunbridge Wells）地方教堂做牧师，并卒于此。

贝叶斯一生未婚，主要从事神学和数学的研究，其数学研究很出色，同时代人称之为杰出的数学家。贝叶斯很谦虚，一生只有两次匿名发表过自己的思想：

1731 年发表了"神的仁爱：试证神和政府的最终目标是让其子民幸福"的宗教短文，首次出版时便备受关注。

1736 年发表了"流数术导论及对'分析学家'作者的数学家辩护"（*An introduction to the doctrine of fluxions, and a defense of the mathematicians against the objections of the author of the analyst*）的数学论文，还击了贝克莱（G. Berkeley，1685～1753）主教对

微积分的攻击，捍卫了牛顿的微积分基本思想。正是在这篇文章所显示的数学才华，使得贝叶斯于 1742 年 4 月 8 日当选为英国皇家学会会员。

贝叶斯与同时代的多位数学家保持着联系，和棣莫弗、马克劳林（Colin Maclaurin，1698 ~ 1746）进行过学术交流。他大力宣传数学新思想，还把数学家推荐给其他朋友。如向康顿（John Canton）介绍辛普森（Thomas Simpson，1701 ~ 1761）的成果，向斯坦候普①（Stanhope）引荐莫杜克（Patrick Murdoch）的论文等。

贝叶斯的两篇遗作于逝世前 4 个月，寄给好友普莱斯（R. Price，1723 ~ 1791），后者是当时名家，其名字常与政治、科学和神学连在一起。普莱斯又将其寄到皇家学会，并于 1763 年 12 月 23 日在皇家学会上做了宣读。第一篇论文刊于英国皇家学会的《哲学学报》1763 年 Ⅲ 卷第 370 ~ 418 页，于 1764 年出版。第二篇论文刊于 1764 年 Ⅳ 卷第 296 ~ 325 页，发表日期是 1765 年。正是在第一篇题为 "机会学说中一个问题的解"（*An essay towards solving a problem in the doctrine of chance*）的论文中，贝叶斯创立了逆概率思想。统计学家巴纳德赞誉其为 "科学史上最著名的论文之一"。

二、"机会学说中一个问题的解" 的内容分析

从概率论发展史上看，逆概率问题首先由丹尼尔提出，但未进行研究。贝叶斯第一个对该问题进行了详细研究。研究表明：贝叶斯在 1755 年研究了辛普森的误差理论后，方才对概率

---

① 斯坦候普是贝叶斯进入皇家学会的推荐人。近期研究表明，斯坦候普保留了贝叶斯的大量手稿和信件。在早期发现贝叶斯幸存的手稿有 4 件，其中三件是他写给康顿的信和论文，另一件是其读书笔记。在某一封信中，贝叶斯对辛普森的误差理论进行了评论，并处理了大数定理的特殊情形，尤其是证明了大量观测数据的平均值优于单个试验中的参数估计值。

论产生了兴趣，进而提出其逆概率论思想。

在论文的前言，贝叶斯明确提出研究问题："给定事件在一系列观察中发生的次数，求该事件在一次独立试验中发生的概率介于两指定数间的概率。"以现代的数学符号问题可表示为：设 $X \sim B(n, \theta)$，已知 n 而 θ 未知，给定 a，b，$0 \leqslant a \leqslant b \leqslant 1$，在观测 $X = x$ 次后，试求条件概率 $P(a < \theta < b / X = x)$。

贝叶斯在论证中默认 θ 必须是随机变量，而频率学派认为 θ 是属未知但有确定值的数。故此为贝叶斯统计学派与频率统计学派争论的焦点。

贝叶斯用公理化的演绎式推理来解决问题。他从 7 个定义出发，公理化地给出所需的 10 个命题。论文"机会学说中一个问题的解"分成两部分，在第一部分中给出 7 个定义和 7 个命题。

定义1 给定事件组，若其中一个事件发生，而其他事件不发生，则称这些事件互不相容。

定义2 若两个事件不能同时发生，且每次试验必有一个发生，则称这两个事件相互对立。

定义3 若某事件未发生，而其对立事件发生，则称该事件失败。

定义4 若某事件发生或失败，则称该事件确定。

定义5 任何事件的概率等于其发生的期望价值与其发生所得到的价值之比。

定义6 机会与概率是同义词。

定义7 给定事件组，若当其中任何一个事件发生时，其余事件的概率不变，则称该事件组相互独立。

贝叶斯所给出的互不相容、相互独立、对立事件的定义与现在的定义差别无几，他首次明确了机会与概率的等价性。值得注意的是所给概率定义不同于过去等可能场合的定义。

普莱斯认为，贝叶斯所采用的概率定义是为了消除对概率的不同理解所造成的误会，因在普通语言中，每个人会按照自己的理解在不同程度上使用概率（机会）术语，并据此应用于过去或未来的事实上。

同前辈一样，贝叶斯以期望作为基本概念，而期望既可以有客观评价也可有主观评价，因而其概率定义已涵盖了客观概率和主观概率。

随后贝叶斯给出一系列命题：

命题1　互不相容事件组的概率等于其每个事件的概率之和。

贝叶斯利用概率定义和期望可加性，证明了在 3 个事件情形命题成立，并得出推论：

推论　若事件 A 的概率为 $P(A) = a$，则其对立事件 $\bar{A}$ 的概率为 $P(\bar{A}) = 1 - a$。

命题2　若某人的某事赖以事件发生的期望，则该事件发生的概率与它失败的概率比等于事件失败时的损失与事件发生所得之比。

用现在的符号可表示为

$$\frac{P(A)}{P(\bar{A})} = \frac{a}{1-a} = \frac{A\ 未发生的损失}{A\ 发生所得}$$

命题3　两个相继事件都发生的概率，等于第一个事件的概率乘以在第一个事件发生的条件下第二个事件的概率。

此即概率的乘法公式，用现在的符号可表示为

$$P(AB) = P(A)P(B/A)$$

贝叶斯所给证明为：设相继发生的事件为 A、B，且

$$P(A) = a/N, \quad P(AB) = t/N, \quad P(B/A) = s/N$$

在不知 A、B、AB 信息的情形下，AB 发生的合同价值为 t；若已知 A 发生，AB 发生的合同价值就为 s，故 A 发生所得为 $s - t$。而若 A 不发生，其损失为 t。

由命题 2 可得

$$\frac{t}{s-t} = \frac{a}{N-a}$$

即

$$\frac{t}{s} = \frac{a}{N}$$

从而有

$$\frac{t}{N} = \frac{t}{s} \frac{s}{N} = \frac{a}{N} \frac{s}{N}$$

即

$$P(AB) = P(A)P(B/A)$$

推论　在 A 发生的条件下 B 发生的概率为 $P(B/A) = P(AB)/P(A)$。

这已成为现今教科书的基本内容。

命题4　设每日两个相继事件都可能发生，第二个事件的概率是 b/N，两者都发生的概率为 p/N。若某日在第二个事件发生的条件下，两事件首次都发生所获得价值为 N，则获得价值为 N 的概率为 p/b。

贝叶斯利用"惠更斯分析法"给出证明：设两相继事件为 A、B，$E =$"在第二个事件发生的条件下，两事件首次都发生"，$P(E) = X/N$，这样问题就转化为确定 X。

第一天在 B 发生的条件下若 A 发生则得价值 N；若 A 不发生则得价值为 0。而在第一天 B 未发生的条件下，所得价值为 0，但事件 E 可能在某天发生。有

$$X = P(B)[P(A/B) \cdot N + P(\bar{A}/B) \cdot 0] + P(\bar{B}) \cdot X$$

$$= P(AB) \cdot N + \frac{N-b}{N} \cdot X$$

$$= p + \frac{N-b}{N} \cdot X$$

因此

$$\frac{X}{N} = \frac{p}{b}$$

即

$$P(E) = \frac{P(AB)}{P(B)}$$

命题 5　若存在两个相继发生的事件,第二个事件发生的概率是 b/N,两者都发生的概率为 p/N,则在第二个事件发生的条件下,第一个事件确已发生的概率是 p/b。

利用现代符号可表示为

$$p(A/B) = P(AB)/P(B)$$

从现代概率论的观点看,命题 3 和命题 5 没有本质差别。而贝叶斯认为两个事件的发生有先后之别,因而意义不同。命题 3 是由现在推测未来,而命题 5 是由现在反推过去,故现称之为逆概率定理。命题 5 是贝叶斯的独到之处,也是贝叶斯统计的理论依据,故又称之为贝叶斯公式。

命题 6　几个相互独立事件都发生的概率等于各自发生的概率之积。

用现代符号可表示为

$$P\left(\prod_{i=1}^{n} A_i\right) = \prod_{i=1}^{n} P(A_i)$$

利用定义 7、命题 3 和命题 5,贝叶斯证明了命题 6。又由命题 6 导出命题 7。

命题 7　设随机事件 A 在单次试验发生的概率为 θ,不发生的概率为 $1 - \theta$,则在 n 次重复独立试验中,事件 A 发生 x 次的概率为

$$P_\theta(X = x) = C_n^x \theta^x (1 - \theta)^{n-x}$$

这是雅各布最先研究的内容,但他仅粗略地给出这些项之和的近似值。后来棣莫弗对其又进行了研究,他主要考虑了 $\theta = 1/2$ 时的情形。贝叶斯对其给出了较为详细的证明。

在文章的第二部分，贝叶斯讨论了文章的主题，将问题转化为"台球模型"。他利用雅各布的结果和棣莫弗的思想构建了概率模型：

设有一台球桌 $ABCD$，不妨令其长为1，球 O 或球 W 被抛向它时，落在任何相等区域内的概率相等。若球 O 先被抛出，通过其落点画一条直线 EF 平行于 AB。设它们间的距离为 θ。然后再将球 W 抛掷 n 次，若它落在矩形 $AEFB$ 中 x 次，落在矩形 $EFCD$ 中 $n-x$ 次。以此估计 EF 的位置。

由命题 7 得

$P_\theta(X = x) = C_n^x \theta^x (1 - \theta)^{n-x}$，其中 θ 服从 $U[0, 1]$ 分布

再由全概率公式得

$$P(X = x) = \int_0^1 C_n^x \theta^x (1 - \theta)^{n-x} d\theta, \quad x = 0,1,2,\cdots,n$$

而由命题 3 可得：

命题 8 在球 W 被抛出前，球 O 落入 AB 上任意区间 (a, b) 内成功 x 次，失败 $n-x$ 次的概率为

$$P(X = x, a < \theta < b) = \int_a^b P_\theta(X = x) d\theta$$
$$= \int_a^b C_n^x \theta^x (1 - \theta)^{n-x} d\theta$$

基于此，贝叶斯得出重要结论：

推论 在球 W 被抛出前，球 O 落入 AB 上任何一点，且成功 x 次的概率为

$$P(X = x) = \int_0^1 C_n^x \theta^x (1 - \theta)^{n-x} d\theta$$
$$= 1/(n + 1), \quad x = 0,1,\cdots,n; n = 1,2,\cdots$$

其证明是 β 函数的简单应用，但结果在贝叶斯学派的理论中起着重要的作用，因其是 θ 服从均匀分布的充要条件。

由命题 5 和命题 8，贝叶斯推出了著名的贝叶斯定理，即如下命题：

命题 9   在 $X = x$ 的条件下，球 O 落入 AB 上任意区间 (a, b) 内的概率为

$$P(a < \theta < b \mid X = x) = P(X = x, a < \theta < b)/P(X = x)$$
$$= (n + 1) C_n^x \int_a^b \theta^x (1 - \theta)^{n-x} d\theta$$
$$= \frac{(n + 1)!}{x!(n - x)!} \int_a^b \theta^x (1 - \theta)^{n-x} d\theta$$

在附录中，贝叶斯试图把命题 9 的结论推广到更一般的场合。他认为，对于未知事件 U 可假设 $P(U)$ 服从 $U[0, 1]$，因而有：

命题 10   设未知事件 U 的概率 $P(U) = \theta$，若在 n 次试验中，U 成功 x 次，则 θ 取值于 (a, b) 的概率为

$$P(a < \theta \leq b \mid X = x) = \frac{\int_a^b \theta^x (1 - \theta)^{n-x} d\theta}{\int_0^1 \theta^x (1 - \theta)^{n-x} d\theta}$$

这样贝叶斯问题虽已从形式上解决，但并没有让同时代的学者立刻接受下来。主要原因为：

（1）贝叶斯仅考虑了等概率可列事件组，即对于那些事件"我没有理由认为在一定次数的试验中，它的发生会偏向某个可能的次数，而非其他次数。"贝叶斯的这种声明引发了不少争议和攻击。

（2）贝叶斯最后所得积分为"不完全 β 函数"，其积分计算并非易事。尽管他经过繁杂的计算估计积分上、下界，但结果并不理想。有些概率史家认为，贝叶斯生前未发表这一论文，其原因就在于他未能满意地解决这类积分的计算问题。

不少学者对贝叶斯所提问题感兴趣。1774 年，拉普拉斯的论文"关于事件原因的概率"（*Memiore sur la probabilite des par les evenemens*）中给出定理：若某事件可由 n 个不同原因导致，则在给定事件发生的情况下，每个原因的概率等于在该原因下

事件发生的概率除以在所有原因下事件发生的概率之和。该定理和贝叶斯定理在本质上是一致的，拉普拉斯为最小二乘法提供了一个贝叶斯推理。

泊松对贝叶斯的结果进行了研究，并取得一定进展。

孔多塞（M. J. A. N. C. de Candorcet，1743～1794）早期没有注意到贝叶斯的文章，直到1781年才阅读了贝叶斯的有关文章。他修正了早期的疏忽而特别提到贝叶斯和普莱斯。孔多塞曾将贝叶斯公式应用于法律判决，其结论有一条就是废除死刑。因无论单个程序判断正确的概率有多大，但在繁杂的判决程序中，某个无罪者被错误处死的概率还是较大。

关于贝叶斯撰写这篇文章的动机也是争论不一。有些概率史家认为他是为了解决雅各布、棣莫弗未能明确解决的二项分布的"逆概率"问题。原因是当时两位学者的研究成果刚发表不久。有些学者认为他是受了辛普森误差工作的触动，考虑为这种问题的处理提供一种新思想。还有人主张贝叶斯是为了给牛顿的"第一推动力"的存在提供一个数学证明等。这一切尚待考实。

三、无穷级数研究及其他数学贡献

贝叶斯有关概率理论的推导源于他娴熟的数学技术和相关理论。最新研究表明，贝叶斯对无穷级数、三项式除法、框记号、牛顿流数、有限差分方程等数学分支都有所研究，甚至其研究成果在某些方面早于欧拉（Leonard Euler，1707～1783）。

1. 无穷级数研究

最早研究无穷级数的是印度数学家马德哈拉（Madhava，1340～1425），他给出了反正切的幂级数展开式。17～18世纪的欧洲数学界对无穷级数的研究已展开。如英国数学家泰勒（B. Taylor，1685～1731）1712年给出泰勒级数展开式，爱丁堡大学教授马克劳林得到其 $x = 0$ 的特殊情形。伯努利家族和棣莫弗等也对无穷级数进行了研究。在对待无穷级数展开的态度上，数学家们表现出差异。以牛顿为代表的英国数学家对函数的无穷级数展开怀有很大的兴趣和积极的态度，但以莱布尼茨为首的欧陆数学家已注意到函数与由它展开的级数之非同一性。

正是在此背景下，贝叶斯加入到无穷级数的研究行列中。由其论文及笔记本内容可以推得，吸引贝叶斯投身于无穷级数研究的是检验马克劳林关于"流数的论文"中无穷级数的敛散性，尤其是验证马克劳林利用发散级数而得到的斯特林关于阶乘的近似公式。

在 1747 年未发表的一篇论文中，贝叶斯给出了斯特林近似公式的证明。首先假设有关系式

$$e^p = \frac{kz^z \sqrt{z}}{z!}$$

其中 k 为常数。随后证得

$$p = \int (z + 1/2) [\ln(z + 1) - \ln z] dz$$

以得到相关无穷级数。他批评马克劳林等利用发散的无穷级数求和是不妥当的，因而避开发散级数。贝叶斯写出 5 个关于被积函数的无穷级数展开式并求出其积分，得出

$$\int (z + 1/2) [\ln(z + 1) - \ln z] dz$$

$$= z - \frac{1}{12z} + \frac{1}{360z^3} - \frac{1}{1260z^5} + \frac{1}{1680z^7} - \cdots$$

推知，p 总是小于 z 且大于 $z - 1/12z$，且当 $z \to \infty$ 时，有 $p = z$，故

$$z! = kz^z \sqrt{z} e^{-z}$$

贝叶斯考察了二项式定理的中项，并利用沃尔斯关于 $\pi/2$ 的展开式，得出 $k = \sqrt{2\pi}$，进而得出斯特林近似公式

$$z! = \sqrt{2\pi z}z^z e^{-z}$$

1755 年欧拉才得出类似结果，这已比贝叶斯晚了 8 年。这是本书提出的一个重要问题，希望引起注意和研究。

贝叶斯的第二篇遗作也是关于无穷级数的论文。其中第二段写道：几位杰出的数学家已经宣称（这是贝叶斯的写作风格），如果 c 表示单位圆的周长，则有

$$\ln z! = \frac{1}{2}\ln c + \left(z + \frac{1}{2}\right)\ln z$$
$$- \left(z - \frac{1}{12z} + \frac{1}{360z^3} - \frac{1}{1260z^5} + \frac{1}{1687z^7} - \cdots\right)$$

贝叶斯认为上式最重要的价值就是当 $z = 1$ 时，可求出单位圆周长的平方根，即

$$\frac{1}{2}\ln 2\pi = 1 - \frac{1}{2} + \frac{1}{360} - \frac{1}{1260} + \frac{1}{1687} - \cdots$$

贝叶斯还研究了其他的一些级数的性质及应用。如若 $z = 1$，且

$$x = 1 + \frac{z}{2} + \frac{z^2}{2 \times 3} + \frac{z^3}{2 \times 3 \times 4} + \frac{z^4}{2 \times 3 \times 4 \times 5} + \cdots$$

求 $1/x$。这里他利用求导运算化简得到 $x = (e^z - 1)/z$ 进而得解。

上述足以表明贝叶斯对无穷级数的研究达到了同时代的较高水平，同时也表明了在 18 世纪下半叶的欧洲对无穷级数的研究日臻成熟。

2. 递推法

数学史家推测，贝叶斯当选为皇家学会会员，可能得益于他在几何方面的才能。斯坦候普在推荐贝叶斯的信中写道：他具有娴熟的几何技巧、精深的代数知识及丰富的哲学学问。这可从他利用几何观点，推证三项式的除法而略见一斑。

贝叶斯利用数形结合证明了若 $x^2 + ax + 1$ 整除 $x^{2n} + bx^n + 1$

及 $x^{2n} + 2 + cx^n + 1 + 1$，只要 $b + d + ac = 0$，就有 $x^2 + ax + 1$ 整除 $x^{2n} + dx^n + 2 + 1$。其构思巧妙，堪称一绝。

1750 年左右，贝叶斯利用递推法求得（arcsinz)^n 的幂级数展开式，这是数学史上的一次重大进步。棣莫弗在 1730 年曾用递推法求出某无穷级数的展开式，贝叶斯可能受其启发。贝叶斯的推导过程为：

若 $x = \text{arcsin}z$，则 $z = \sin x$，有

$$\frac{\mathrm{d}z}{\mathrm{d}t} = \frac{\cos x \mathrm{d}x}{\mathrm{d}t}$$

由弦函数的平方关系得

$$\dot{z} = \sqrt{1 - z^2}\dot{x}$$

导出 z 与 $\dot{x}$，$\ddot{x}$，$\cdots$ 的关系式后，令 $x = 0$，$\dot{x} = \ddot{x} = \cdots = 0$，$z = 0$，求得 $x = \text{arcsin}z$ 的无穷级数展开式。再利用 $v = x^n$，$\dot{v} = nx^{n-1}\dot{x}$ 得关系式：

$$\ddot{v} - z^2\ddot{v} - z\dot{v} = n(n-.1)x^{n-2}$$

假设关系式

$$x^n = z^n + \frac{Az^{n-2}}{(n+1)(n+2)}$$

成立，推得

$$x^{n-2} = z^{n-2} + \frac{az^n}{n(n-1)} + \frac{bz^{n+2}}{(n-1)n(n+1)(n+2)}$$
$$+ \frac{cz^{n+4}}{(n-1)n(n+1)(n+2)(n+3)(n+4)} + \cdots$$
$$x^n = z^n + \frac{Az^{n+2}}{(n+1)(n+2)} + \frac{Bz^{n+4}}{(n+1)(n+2)(n+3)(n+4)}$$
$$+ \frac{cz^{n+6}}{(n+1)(n+2)\cdots(n+6)} + \cdots$$

则有

$$A = a + n^2B = b + (n+2)^2AC = c + (n+4)^2BD$$
$$= d + (n+6)^2C = \cdots$$

$$\frac{x^{n-1}}{\sqrt{1-z^2}} = z^{n-1} + \frac{Az^{n+1}}{n(n+1)} + \frac{Bz^{n+3}}{n(n+1)(n+2)(n+3)}$$
$$+ \frac{Cz^{n+5}}{n(n+1)(n+2)\cdots(n+5)} + \cdots$$

贝叶斯令 $n=1$、$n=2$, 得出 x、x^2、$x\sqrt{1-z^2}$ 的无穷级数展开式, 进而令 $n=3$、$n=4$, 得出 x^3、x^4 的展开式, 但他没有注意到其中 z^n 系数的规律性, 因而未做进一步注释。虽然如此, 他在这方面的成果也超过了欧拉, 因欧拉直至 1768 年才发表类似结果。

3. 框记号的引入

为简化数学表达式, 贝叶斯引进了框记号的有关概念。在其笔记本的第 73 页, 他给出其有关定义:

$$\boxed{ab}^n = a^n + a^{n-1}b + a^{n-2}b^2 + \cdots + b^n$$
$$\boxed{abc}^n = \boxed{ab}^n + \boxed{ab}^{n-1}c + \boxed{ab}^{n-2}c^2 + \cdots + c^n$$
$$\boxed{abcd}^n = \boxed{abc}^n + \boxed{abc}^{n-1}d + \cdots + d^n$$

然后, 他推导出一般关系式:

$$(\boxed{abcde}^n - \boxed{bcdef}^n)/(a-f) = \boxed{abcdef}^{n-1}$$

随后, 贝叶斯证明了结果:

若 a, b, c, d 是 $x^4 - Ax^3 + Bx^2 - Cx + D = 0$ 的根, 则

$$\boxed{ab}^{n-1} - A\boxed{ab}^{n-2} + B\boxed{ab}^{n-3} - C\boxed{ab}^{n-4} + D\boxed{ab}^{n-5} = 0$$
$$\boxed{abc}^{n-2} - A\boxed{abc}^{n-3} + B\boxed{abc}^{n-4} - C\boxed{abc}^{n-5} + D\boxed{abc}^{n-6} = 0$$
$$\boxed{abcd}^{n-3} - A\boxed{abcd}^{n-4} + B\boxed{abcd}^{n-5} - C\boxed{abcd}^{n-6} + D\boxed{abcd}^{n-7} = 0$$

可见, 框记号的引进使得繁杂的表达式变得简洁自如, 易于从中发现规律。此外, 从贝叶斯的笔记本中发现, 他对牛顿的流数及有限差分方程等也有所研究。

四、结束语

综上可知，贝叶斯的数学研究领域很广。但由于其发表的文章极少，以致让人引起误解。据此可推测他淡泊名利、善于学习、勤于思考。对于一些名家之作他敢于挑战，勇于提出自己的新观点。贝叶斯的确不愧被誉为"归纳地"运用数学概率，即"从特殊推断一般，由样本推断总体"的第一人。

然而在很长一段时间，贝叶斯的工作完全被学术界忽略了。直至1744年拉普拉斯重新提出这个问题。拉普拉斯在贝叶斯的基础上，取得了更深层次的进展，并将其结果写进《分析概率论》。

概率论和统计学界对贝叶斯的统计推断思想一直争论不休。直到20世纪30年代费希尔（R. A. Fisher, 1890~1962）才奠定了其坚实的基础。即便如此，对所谓"概率逻辑"仍然存在着分歧。在当代数学哲学家中间，卡尔耐普（R. Garnap, 1891~1970）一派主张以概率论为工具解决归纳问题，并为此做了大量具体细致的技术工作。但以波普尔（Popper, 1902~1994）为代表的反归纳主义者，却认为假设的确证度根本不能解释为概率。对于什么是"理想方法"，笔者认为需要考虑其历史发展阶段，同时分析当时背景。不能苛求古人，也不能执于一偏。过去的成果展示了丰富的内涵，为发展多样的方法奠定了基础。就贝叶斯而言，其统计推断思想已经跨越时空，时至今日，在概率论和统计学领域有着重要的影响。

第四节　俄罗斯早期概率文化

阿拉伯语"азар"是"难"的意思。俄文的"азартный"引申为"某一点数出现可能性的特殊估计"之意，若与点数结合起来，那就是出现的可能性很小。如掷3颗骰子时"难"就是点子总数为"3 点"或"18 点"。① 对赌徒特别不愉快的这种特殊场合后逐渐演化为"赌博"的总名称。

最早的圣彼得堡科学院院士尼古拉·伯努利第二（Nicolaus Bernoulli Ⅱ，1695～1726）、丹尼尔·伯努利②和欧拉在概率论和人口统计方面作出了一定贡献。

一、尼古拉·伯努利第二和圣彼得堡悖论

尼古拉·伯努利第二因提出"圣彼得堡悖论"（Petersburg paradox）而在数学界获得较高声望。所谓圣彼得堡悖论是："彼得和巴维尔一起做投掷游戏。约定：彼得掷一枚硬币，直至掷出'国徽'为止。如果第一次掷出'国徽'，则巴维尔给彼得 1 卢布；如在第二次才出现'国徽'，则给彼得 2 卢布；若到第三次才出现'国徽'，则给彼得 4 卢布，若第 n 次投掷成功，则巴维尔要给彼得 2^{n-1} 卢布。问在赌博开始前彼得付给巴维尔多少卢布才能公平？"③

按照数学期望计算，将每个可能得奖值乘以该结果发生的概率即为该结果奖值的期望值，游戏的期望值即为所有可能结果的期望值之和。随着 n 的增大，后来的结果虽然概率很小，但奖金值越来越大，易得每个结果的期望值均为 1/2，故所有可能结果的得奖期望值之和为"无穷大"。这表明彼得需要付给巴维尔"无限大"的一笔款方可，但实际投掷结果显示其平均值仅为几十卢布。因此这是个相当矛盾的结果。

同时代的数学家丹尼尔、达朗贝尔（Jean Le Rond

---

① 若 3 颗骰子同为"1 点"或"6 点"的概率仅为 1/27，而点数在 4～17 任意数值的概率都超过它。

② 尼古拉·伯努利第二和丹尼尔·伯努利都是约翰·伯努利（John Bernoulli，1667～1748）的儿子。1725 年 10 月 27 日两兄弟抵达俄罗斯，他们应邀到圣彼得堡科学院工作。1726 年 7 月，尼古拉·伯努利第二因阑尾炎去世。

③ 格涅坚科. 概率论教程. 丁寿田译. 北京：人民教育出版社，1957.

d'Alembert, 1717 ~ 1783）、蒲丰（G. L. L. Buffon, 1707 ~ 1788）、孔多塞等及其后的数学家都曾讨论过"圣彼得堡悖论"。在众多解决方案中，泊松的解法有一些新意。因具有无限多财产的人是不存在的，故巴维尔答应"国徽"出现才付款，则是一种无法实现的契约。对圣彼得堡悖论的条件稍作修改即可通过：巴维尔支付款额 2^{n-1} 到不超过赌本为度，而由 2^{n-1} 超过其赌本的那个 n 值起则支付全部赌本。如彼得赌本为10 000卢布，有 $2^{13} < 10000 < 2^{14}$。第一个条件适于 $n < 15$ 时，第二个条件则从 $n = 15$ 后应用。可算得彼得赢得数学期望为

$$\sum_{n=1}^{14} \frac{1}{2^n} 2^{n-1} + \sum_{n=15}^{\infty} \frac{1}{2^n} \cdot 10000 < 7.62$$

而若彼得的赌本为 10^9 卢布时，其赢得数学期望不超过 16 卢布，甚至当赌本增加到 10^{15} 卢布时，即超过当时"全世界财产"的价值，彼得所赢的数学期望也不超过 26 卢布。

二、丹尼尔和道德期望

抵达圣彼得堡后，丹尼尔[①]被圣彼得堡科学院任命为生理学院士和数学院士，其研究领域极为广泛，几乎对当时数学物理的研究前沿都有所涉及。在圣彼得堡期间，丹尼尔讲授医学、力学、物理学，并做出许多富有创造性的工作。因同舒马赫尔（J. D. Schumacher）[②] 间的关系紧张，丹尼尔于 1733 年回国，然而他一直保留着圣彼得堡科学院院士头衔，每年领取科学院的

---

① 丹尼尔出生于荷兰的格罗宁根，但一生大部分时间居住在瑞士巴塞尔。父亲约翰希望他经商，但他仍然从事数学。他和父亲关系不好。在他们同时参加并试图获得巴黎大学的科学竞赛的第一名时，约翰因不能承受和他的后代做比较的"羞耻"，把丹尼尔逐出家族。据传说在一次旅行中，丹尼尔很谦虚地介绍说，"我是丹尼尔·伯努利"，可对方竟不相信，"那么这么说我就是艾萨克·牛顿"。

② J. D. Schumacher 时任圣彼得堡科学院的官方顾问，实际上掌管科学院的所有行政大权。

年薪并将不少论文发表在《圣彼得堡科学院通讯》[①] 上。

丹尼尔离开圣彼得堡后还和欧拉保持着通信联系，向欧拉提供重要的科学信息，而欧拉则凭借分析才能给予最迅速的帮助。这种通讯关系持续了 40 年。

丹尼尔在《数学练习》[②] 这部著作中，就显露出对概率论的兴趣。在圣彼得堡期间他又研究了概率问题，发表了有影响的概率论文"关于度量的分类"（De mensura sortis）。其中探讨了资本利润的计算，提出了政治经济学中新型价值理论的数学表述，研究了财产增值与道德值之间的关系。

假设获得利润 g_1，g_2，g_3，…的机会分别是 p_1，p_2，p_3，…，且 $p_1 + p_2 + p_3 + \cdots = 1$，则利润道德值的平均值为

$$bp_1 \ln a \ (a + g_1) + bp_2 \ln a \ (a + g_2) + \cdots - b \ln a$$

且道德期望为

$$H = (a + g_1)^{p_1} \ (a + g_2)^{p_2} \cdots - a$$

若利润与原有资产比较很小，则道德期望转化成为数学期望

$$H = p_1 g_1 + p_2 g_2 + \cdots = \sum_i p_i g_i$$

丹尼尔将这一研究结果应用于保险业和解决"圣彼得堡悖论"。他主张用所谓"有节制的道德期望"代替"圣彼得堡悖论"中计算结果为无穷大的数学期望。[③]

丹尼尔曾提出问题：将黑、白两种颜色的球各 n 个随机放入两罐中，使每罐各有 n 个球。相互交换罐中的球 r 次后，求甲罐中有 x 个白球的概率。该问题属于布朗运动。

1760 年，丹尼尔在巴黎科学院宣读了题为"尝试用新方法

① 《圣彼得堡科学院通讯》创刊于 1725 年，曾刊登大量数学论文。

② 该论著在 1724 年发表于意大利，其内容涉及法洛游戏、流体问题、里卡蒂微分方程等。法洛是一种赌博游戏，参赌者一次从牌盒中抽出一张牌，每两次为一局。

③ 吴文俊. 世界著名数学家传记. 北京：科学出版社，1990. 652.

分析天花的死亡率和种牛痘的好处"的论文，研究了不同年龄组天花病的死亡率。他用微分方程计算出有关数值表，建立了相关的概率模型，其结果发现种牛痘者的寿命几乎增加了10%。故他认为，接种牛痘是保护大众健康的有效方法。丹尼尔的观点受到当时许多欧洲学者的支持，但也有人反对，达朗贝尔就是其中之一。[①]

由丹尼尔所提出的在已知某些结果条件下推测未知原因的逆概率问题，发展成为贝叶斯公式。丹尼尔还将概率论应用于人口统计，探讨误差理论，提出正态分布误差理论，将观察误差分为偶然的和系统的两类，发表了第一张正态分布表，使误差理论接近于现代概念。

三、欧拉对概率论的贡献

自1727年5月24日抵达圣彼得堡后，欧拉的科学工作就紧密地同圣彼得堡科学院和俄罗斯联系在一起。可就在欧拉踏上俄罗斯领土的那天，叶卡捷琳娜一世去世了。这位立陶宛女子在仅两年多的在位时间里，实现了丈夫彼得大帝（Peter Ⅰ The Great，1672~1725）建立科学院的夙愿。

动荡的时局引起了科学院的混乱。科学院混乱的管理正好带给欧拉进入数学部的机会。欧拉先作为丹尼尔的助手，接替了其数学教授职位。1740年秋，欧拉也因与舒马赫尔不和，就应普鲁士腓特烈大帝（Frederick the Great of Prussia）的邀请，前往柏林科学院。

---

① 达朗贝尔认为，最好使每个人经历了正常生命的一部分，然后死于天花，这比最初就拿生命冒险要好。事实上，达朗贝尔和丹尼尔都忽略了接种牛痘潜在的最主要危险。当某人接种时，他可能因染上天花而生病，且可能传染他人。因此，每次接种都是疾病再次流传的祸根，对社会整体有很大的风险。

彼得大帝之女伊丽莎白①在位期间对欧拉也很青睐，得知俄罗斯军队抢劫了欧拉的农场时，则严令加倍赔偿损失。虽远在柏林，但圣彼得堡科学院委托欧拉负责编撰《圣彼得堡科学院通讯》的数学部分。欧拉借机介绍西欧先进的科学思想，推荐研究人员和研究课题。在沙皇叶卡捷琳娜二世（Catherine the Great）② 的诚恳敦聘下，欧拉于 1766 年重返圣彼得堡。

在柏林的 25 年间，欧拉曾担任政府关于安全保险、退休金和抚恤金等问题的顾问，研究了一系列有关赌博理论、人口统计学及保险理论问题。他第一次试图通过编制死亡率考察人类寿命，给出一些保险金和年金计算方法，对有关机遇游戏的概率计算方面也做了一定研究，其相关文章主要是③：

（1）1760 年发表的"关于死亡率和人口增长问题的研究"。

（2）1760 年发表的"关于年金保险计算"。

（3）1762 年发表的"关于孤儿保险金问题"。

（4）1769 年发表的"对概率计算中一些困难问题的解答"。

关于机会游戏，欧拉考虑了问题：A、B 两人各有一副牌，每轮每人随机出一张，若牌同，则 A 胜，否则为 B 胜。他计算了每个人获胜的概率。

---

① 伊丽莎白在位期间，罗蒙诺索夫（Lomonosov Mikhil Vasilievich，1711～1765）成为圣彼得堡科学院第一位本国院士，他是俄罗斯的自然科学家、哲学家，对诗歌与文学也有很高的造诣。其研究领域涉及数学、物理学、化学、地质学、冶金学等学科，被授予"俄罗斯之父"称号，后来俄罗斯大学改名为国立罗蒙诺索夫大学。

② 叶卡捷琳娜二世是德意志亲王的女儿，因嫁给彼得大帝的外孙来到俄罗斯，有机会接近并攫取王位。在位的 34 年里，她继承了彼得大帝未竟事业，领导俄罗斯全面参与欧洲的政治和文化生活，制定法典并厉行改革，使俄罗斯帝国空前繁荣，版图急剧扩张。

③ Todhunter I. A History of the Mathematical of Theory of Probability from the Times of Pascal to That of Laplace. Cambridge and London：Macmillan，1865；New York：Chelsea，1993.

　　欧拉在概率论研究最著名的工作涉及分析彩票方案的各种情况。腓特烈大帝试图通过发行彩票来集资以偿还战争债务,因而他聘请欧拉研究相关问题。欧拉研究了在各种彩票中赢利的可能性,以及提供大量奖金而蒙受损失的风险。他至少给腓特烈大帝写了两份报告,论述各种方案的风险。为了减少计算量,欧拉发明了符号 $[p/q]$ 来代替式子:

$$\frac{p(p-1)(p-2)\cdots(p-q+1)}{q(q-1)(q-2)\cdots1}$$

此即现在的组合符号来源。

　　欧拉还对 β 函数、超几何级数进行了研究。这些函数在概率论中起着重要作用,但其性质不易证明,且表达式较为复杂,因而难以应用。欧拉是最早理解这些函数基本性质的数学家之一,尽管其初衷不是研究概率论,但其发现在概率论中具有持久的影响。

　　欧拉终生致力于数学的应用研究,为解决力学、天文学、物理学、航海学、地理学、大地测量学、流体力学、弹道学、保险业和人口统计等问题提供数学方法。正如高斯所言,欧拉的研究工作是"无可替代的最好数学学校"。欧拉对圣彼得堡科学院怀有特殊感情,把自己的科学成就归功于"圣彼得堡的有利条件"。圣彼得堡数学学派对数论、概率论、人口统计学、微分方程、天体力学等领域的研究皆可追溯到欧拉开辟的道路。

第三章 分析概率论的发展（上）

一门源于研究赌博的学问，居然成了人类知识中最重要的学科，这无疑是令人惊讶的事情。

——拉普拉斯，《概率论的哲学导论》

19 世纪上半叶是概率论发展的英雄时代。拉普拉斯（图 3-1）、泊松、柯西（Augustin-Louis Cauchy, 1789~1851）等都急于发表对概率论的新见解、新思想，并用尚不完善的分析工具来支持自己的观点，故以此为基础的概率论严格化就更不可能了。但他们预见到了概率论的价值，开拓了概率思想的新方向。

第一节 拉普拉斯的《分析概率论》研究①

《分析概率论》的问世标志着概率论进入了一个崭新的发展阶段。

18 世纪的概率论虽摆脱了"赌徒数学"的偏见，但仍由较为零散的结果、思想和技巧而组成，几乎所有这些结果在 19 世纪被法国数学家拉普拉斯整理和系统化，其宏著《分析概率论》吸收了前人的概率论思想，而又成为几代数学家灵感的源泉。拉普拉斯运用 17~18 世纪发展起来的分析工具处理相关概率问题，导致了"组合概率"向"分析概率"的转变，促使概率论向公式化和公理化方向发展，为近代概率论的萌生和发展提供了前提条件。

---

① 原载自然科学史研究，2006，25（3）：227~237（与曲安京合作，有改动）.

一、《分析概率论》的主要内容

拉普拉斯是天体力学的主要奠基人，是天体演化学的创立者之一，是分析概率论的创始人，是应用数学的先驱。他一生撰写论文 270 余篇，专著合计达 4000 余页。其中最有代表性的著作有《天体力学》、《宇宙体系论》和《分析概率论》等。

1812 年，拉普拉斯的《分析概率论》出版问世。《分析概率论》第 1 版分两卷，第 1 卷又分两册。第 1 卷第 1 册于 1812 年 3 月 23 日出版；余者在同年 6 月 29 日出版。

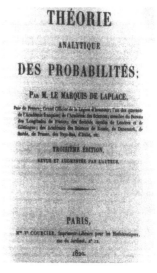

图 3-1　拉普拉斯　　　　　图 3-2　《分析概率论》封面

在 1814 年 11 月 14 日《分析概率论》第 2 版中，拉普拉斯增加了长达 150 页的绪论，同年将绪论单独印刷成书，即《概率的哲学导论》(*Essai philosophique sur les probabilités*)。

在 1820 年《分析概率论》第 3 版（图 3-2）中，仍保留绪

论，但《概率的哲学导论》单独分别在 1816 年出第 3 版，1819
年出第 4 版，1825 年出第 5 版，1840 年分别于巴黎和布鲁塞尔
出第 6 版。

《分析概率论》还有 4 个附录：附录 1 于 1816 年出版，附
录 2 于 1818 年出版，附录 3 于 1820 年出版；附录 4 于 1825 年
写完，但生前未印出，后来被收在《拉普拉斯全集》第 7 卷中。

绪论　概率的哲学导论包含概率论发展历史及一般原理和
应用，由拉普拉斯在巴黎综合工科学校的讲稿编辑而成。可分
为 5 个部分：

（1）概率定义及发展历史，并提出"先验"概率的概念。

（2）概率计算的一般原理，主要论述古典概率论的原理。

（3）论期望，既指道德期望又指数学期望。

（4）概率的分析计算方法，主要讨论特征函数、反演公式、
母函数和积分工具等。

（5）概率应用于各种自然现象和社会问题，其篇幅占了绪
论的一大半。

第 1 卷　生成函数的计算（calcul des fonction génératrices）主
要论述同概率计算有关的数学方法，如插值法、级数变换、微
分方程的求解等。内容分两册共 5 章。

上册介绍带有整数指标的函数族，当指标数量很大时的一
般情况。这是因为在概率问题中，有大量试验次数很大、重复
次数很多的现象。所用到的特殊函数同这些次数有关。第 1 章
是一个变元函数族的情况，第 2 章是两个变元情况。

下册讲述大指标函数的近似理论，这些特殊函数是生成函
数的级数展开式系数，一般要满足某种微分方程或差分方程，
需要用近似方法求解，内容分成 3 章：第 3 章为非线性微分方
程的近似积分方法；第 4 章为线性差分和微分方程的近似积分
方法；第 5 章为前两章的方法用于求出大指标函数的近似。

第 2 卷　概率基础理论（théoré générale des probabilités）是全

书的主要内容，占 400 页之多。整卷分为 11 章，全面归纳总结了拉普拉斯和前人有关概率论的成果，并把概率论应用于自然科学、天文学、大地测量学、测试、误差理论、审判过程和选举机构等方面的问题。各章自成系统，相互之间独立性较强。

第1章　概率一般原理和学科特点　在这里拉普拉斯给出古典概率定义：若每种情况均是等可能的，则事件的概率等于有利情况的数目除以所有可能情况的数目。

另外，还给出互不相容事件和相互独立事件的概率加法公式和乘法公式，明确提出了全概率公式和逆概率公式。关于逆概率原理拉普拉斯没有提及贝叶斯的工作，而作为自己的一个定理。

第2章　已知概率的简单事件所组成复合事件的概率计算此问题讨论得非常详细，几乎占了第二卷的 1/4。主要解决了以下问题：

(1) 彩票抽取的有关概率模型。

(2) 从一罐中抽取若干标号为偶数球的概率模型。

(3) 从若干罐中抽取一种或多种颜色球的概率模型。

(4) 赌徒输光的概率模型。

(5) 赢得一随机游戏的概率模型。

(6) 连续事件发生的概率模型。

在这一章中，拉普拉斯解决了许多初等概率论问题，其中有些发现预示着概率论的某些新分支和新定理的产生。

第3章　概率界限　论述事件无限次乘积结果的概率规律。典型问题是设两个随机事件 A、B，其概率分别为 p、$1-p$，则在重复试验 $x+x'$ 次中，A 出现 x 次且 B 出现 x' 次的概率是二项式 $[p+(1-p)]^n (n=x+x')$ 展开式中的第 $(x'+1)$ 项；而当 x、x' 都非常大时，拉普拉斯给出了近似计算公式。同时指出两种界限，一个与事件 A 的先验概率有关，另一个与事件 A 的发生次数与总次数之比有关。当试验次数无限增大时，两种界限趋于一致，得概率唯一。

正是在这一章中，拉普拉斯推导出了二项分布渐进于正态分布的中心极限定理，即棣莫弗 – 拉普拉斯定理。

第4章 概率误差问题 着重解决了两个问题：一是大量观测资料平均值的误差在一定范围内的概率；二是更有利的平均值误差在一定范围内的概率。

拉普拉斯不是先假定一种误差分布然后设法证明平均值的优良性，而是直接涉及误差理论的基本问题，即选取怎样的分布为误差分布，以及在确定了误差分布后如果估计相关参数，并提出最小二乘法原理，由勒让德和高斯完成了理论体系。

拉普拉斯虽未导出误差分布为正态分布，但给出在一般条件下，观测误差的分布必定接近于正态分布。这种思想对近代概率论和数理统计学产生了深刻的影响。

第5章 概率论应用于各种自然现象及原因探讨 主要例子是气压在一天内的变化。长期观测表明：正常情况下，上午9时气压最高，下午4时最低；之后气压一直上升，到晚上11时形成较小的高峰，然后降低到次日早晨4时为止。拉普拉斯指出，产生此种周期变化的原因是太阳运动的影响，并定出其平均范围。他试图从数学上解决这个问题，用大气潮汐作为第二个原因，但由于资料缺乏而未完成。

拉普拉斯还试图研究心理学现象，希望从大量观测中确定电磁作用在神经系统中的影响。另外还考虑了由事件推断原因概率和未来事件概率。这是他在 1774 ~ 1786 年有关原因概率、逆概率用于人口论的再创作。并以那不勒斯、巴黎和伦敦的人口调查数字为基础，估计出法国人口数目及其或然误差。

拉普拉斯还讨论了蒲丰问题，奠定了几何概率的基础，给出了试验求圆周率的方法。蒙特 – 卡罗（Monte-Carlo）法就是在此基础上产生的。

第6章 原因概率和过去经验所导致的未来事件概率 其出

发点是"自然结果关系是恒定的，特别是从大数角度思考这些结果"。拉普拉斯在这里研究了机会游戏、生男生女问题、死亡年龄和法国人口问题等。

　　　　设想置身于 1 826 213 天之前，太阳每隔 24 小时
　　就要重新升起，则赌太阳明天升起的胜算率是
　　1 826 214 比 1。但是，对于那些认识到在一些自然现象
　　中太阳的升降主宰了时间和季节更迭的人而言，他们
　　相信现在不会有什么可以阻止太阳的运转。因此，在
　　他们看来，太阳升起的胜算还应该更大。①

这著名的一段话至今仍是概率演算是否可为归纳推理提供解释的争论焦点。拉普拉斯在这里给出连续法则的一个说明。正是在其影响下，贝叶斯统计观点成为18世纪末和19世纪初的中心问题，对19世纪概率论的发展产生了深刻的影响。

　　第 7 章　先验概率有偏差时所产生影响　以抛硬币为例，一般都认为抛出正面或反面的先验概率都是1/2。但由于硬币的物质结构不会绝对对称，故抛出为正面与反面的概率不会完全相等，由此得出连续 n 次都抛出正面（或反面）的概率。拉普拉斯指出，该概率模型可应用于医学和经济领域，但没有深入讨论。

　　第 8 章　寿命、婚姻和一般结合的平均持续时间　主要讨论了人类的寿命和婚姻的平均持续时间等问题，属于人口统计学内容。

　　第 9 章　将来事件概率的收益问题　由过去经验而预测未来趋势的假设，讨论了死亡率、薪水、利率、年息和复利等问题。其中蕴含了损失函数和特征函数等一些概念的萌芽。

　　第 10 章　道德期望　主要讨论了道德期望值的计算方法，推广了伯努利公式。所得结论是：即使最公平的赌博，从数学

---

① Laplace P S M De. Theorie Analytique Des Probabilités. Paris：Courcier，1812.

的观点来看，对参赌者也是百害而无一益。

拉普拉斯还讨论了圣彼得堡悖论。

第 11 章　证言可信度　设在袋中有带号码的签条，抽出一根给见证人看。拉普拉斯用逆概率观点来估计见证人证言可靠性的概率。

拉普拉斯还推广到更为复杂的多个证人情形。

《分析概率论》书末有 3 个补充，都是书中一些公式的具体证明或推广。另外有后来增加的 4 个附录。

附录 1　概率在自然哲学中的应用　拉普拉斯对法庭判决系统进行了研究，指出当时法国和英国法庭所做误判率之大，于 1816 年写作完成。

附录 2　概率计算在大地测量中的应用　主要提出某些统计方法，并同其他方法进行比较。

附录 3　概率测地公式在巴黎子午线测量中的应用　1817～1819 年，拉普拉斯把概率论应用于提高大地测量资料的精度，相关研究结果归纳为附录 2、附录 3，添加在《分析概率论》第 3 版中。这两个附录在统计学发展历史中具有重要意义，实质上就是拉普拉斯的误差理论，用最小二乘法原理使仪器误差和观测误差最小化。

法国大地测量学家德朗布尔（J. B. J. Delambre，1749～1822）等在 1796 年整理时只用了 27 个三角网资料，而拉普拉斯用了全部 700 个三角网原始资料。算出了不同子午线长度量级的误差概率，得出巴黎子午线长度的最优值。

附录 4　生成函数的四点补充　拉普拉斯于 1825 年撰写完毕。

《分析概率论》尽管有些冗长、一些概念叙述模糊及各章节间缺乏统一，但该书在马尔可夫的概率著作出版前一直是概率论学科最重要的著作。

二、拉普拉斯的概率思想

集国家管理者、一流数学家、概率统计学者于一身的拉普拉斯相信，据概率论原理所得到的这些来自于理性、公正和人性的永恒法则，世界将会重建，世界将变得更加美好。他认为，概率论属于应用学科，可用于解释和发现自然科学的规律、可用于道德科学的重建、可证明自然界的先验设计等。

1. 概率论是对人类无知的重要补偿

18 世纪以来，随着牛顿力学的发展，机械决定论的思想在欧洲科学界占据了主导地位。拉普拉斯也受到了深刻影响。他认为：

> 宇宙的目前状态是先前状态的结果，又是以后状态的原因。万能的智者能够在某一瞬间理解使自然界生机盎然的全部自然力，而且能够理解构成自然存在的各自状态。如果这个智者广大无边到足以将这些资料加以分析，就会把宇宙中最巨大的天体运动和最轻的原子运动都包含在一个公式中。对于这个智者而言，没有任何事物是不确定的，未来如同过去一样在他眼中一览无余。①

按此观点，宇宙万物的一切发展，早在混沌初开时就完全确定下来，这岂不荒唐！但是，拉普拉斯同时意识到概率知识的重要性，对很多现象没有科学的思考是难以理解的。他在《概率的哲学导论》中写道：

> 通过观测来描述月球的有关状态，对大多数天文学家来说是不理解的，因为这似乎不是万有引力的结果。然而，我认为利用概率计算来检测这种存在，用概率来表示这种可能性，并找出其起因是很有必要的。

---

① Laplace P S M De. Essai Philosophique Sur Les Probabilités. Paris: Courcier, 1814.

……这个结果或许可推广到所有常力下自然的组合，元素总以永恒不变的力量建立了简洁的行为规则图式，从而揭示了隐藏在混沌迷雾中一些优美规律所统治的系统体系。

他认为，所有问题都属于概率论的范畴，即使小概率事件的出现也是遵循自然法则，但由于我们的无知而将其归因于偶然。概率论是对人类无知的重要补偿。如果演算技术足够先进，就可确定世界上的一切。他试图把概率论应用于各种各样的自然问题和社会问题，为此做了许多开创性的工作。故机械决定论思想不仅没有成为阻止拉普拉斯科学研究的障碍，而且成为他从事概率论研究的原动力。

2. 极限定理是揭示自然规律的工具

古典概率论只能处理诸如赌博中有限可能结果的组合问题。现实中的问题要比赌博问题复杂得多，且不再局限于离散型而扩展到连续型。概率论应推开赌桌去解决实际问题。正是拉普拉斯创立了连续型概率论，开创了概率论新阶段。

拉普拉斯最重要的工作是证明了棣莫弗－拉普拉斯极限定理，即二项分布收敛于正态分布。这是连接离散型随机变量与连续型随机变量的纽带。

与棣莫弗不同的是，拉普拉斯应用了麦克劳林－欧拉（Maclaurin-Euler）求和公式。所得积分极限定理为

$$P(-l \leqslant \mu - np - z \leqslant l) = \frac{2}{\sqrt{\pi}}\int_0^{\frac{l\sqrt{n}}{\sqrt{2xx'}}} e^{-t^2}\mathrm{d}t + \frac{\sqrt{n}}{\sqrt{2\pi xx'}}e^{-\frac{l^2n}{2xx'}}$$

这里，μ 是随机事件在 n 重伯努利试验中出现次数，p 是事件在每次试验中出现概率，$x = np + z$，$x' = np - z$。当 $z = 0$ 时，上式则可写成下列形式：

$$P\left(-c \leqslant \frac{\mu - np}{\sqrt{npq}} \leqslant c\right) = \frac{2}{\sqrt{2\pi}}\int_0^c e^{-z^2/2}\mathrm{d}z$$

再若 $0 < p < 1$，$q = 1 - p$，则对任意给定的实数 $a < b$，当 k 满足 $\left[(k - np) / \sqrt{npq} \right] \in (a, b)$ 时，下述极限一致地成立：

$$\lim_{n \to \infty} \frac{C_n^k p^k q^{n-k}}{(2\pi npq)^{-\frac{1}{2}} \exp\left[-\frac{(k - np)^2}{2npq} \right]} = 1$$

现称之为局部极限定理。当 n 很大，$|k - np|$ 相对于 $\sqrt{npq}$ 不很大时，则可用 $\dfrac{1}{\sqrt{2\pi npq}} \exp\left[-\dfrac{(k - np)^2}{2npq} \right]$ 来近似计算 $C_n^k p^k q^{n-k}$ 之值。虽然前一表达式看起来复杂，但借助计算器则能迅速算出其值。

拉普拉斯用数个例子来说明其结果，其中一个例子是丹尼尔 1770 年提出的。有 n 个白球和 n 个黑球，随机装入 A、B 两个罐中，使其各有 n 个球。从每罐中各抽出一球放入另一罐中，经过 r 次操作后，A 罐中含有 x 个白球的概率 $z_{x,r}$。

拉普拉斯得到一个偏微分方程，又用一不严格的变换，转换为微分方程：

$$u'_{r'} = 2u + 2\mu u'_\mu + u''_{\mu\mu}$$

$$u = z_{x,r}, \qquad r = nr', \qquad x = \frac{n + \mu \sqrt{n}}{2}$$

为解该方程，他利用了现今所谓的切地雪夫 – 埃尔米特（Chebyshev-Hermite）多项式。

将上述问题一般化：假设有 n 个罐子，其中每罐中装有大量的白球和黑球，每罐中白、黑球数目之比不同。从第 1 罐中取出一球放入第 2 罐，再从第 2 罐中取出一球放入第 3 罐，……，直到从最后一罐中取出一球放入第 1 罐。重复这个过程多次。丹尼尔和拉普拉斯通过分析都得出，最终以每罐中的白、黑球数目之比相同而结束。这就是随机过程中的丹尼尔 – 拉普拉斯模型，也是一个马尔可夫链。

1810 年，拉普拉斯证得：若 x_1，$x_2 \cdots$，x_n 是独立同分布的随机变量序列，其频率函数为 $f(x)$，均值为 μ，方差为 $\sigma^2 (0 <$

$\sigma^2 < \infty$），则有

$$s_n \rightarrow N(n\mu, n\sigma^2)$$

其中 $s_n = x_1 + x_2 + \cdots + x_n$。

拉普拉斯首先对均匀分布的连续型随机变量证明了结论，而后推广到任意分布。在 1812 年出版的《分析概率论》第 4 章中，再次证明了中心极限定理。他首先考察对称、离散型随机变量，再考察对称连续型随机变量，最后推广到任意分布。由于采用的组合方法有异而两次证明稍有不同。下为拉普拉斯在《分析概率论》中所给证明。[①]

离散型随机变量的定理证明　设 x 是整数值随机变量，取值于 $-a$，$-a+1$，$\cdots$，$a'-1$，a' 的概率分布为 $f\left(\dfrac{x}{a+a'}\right)$，有

$$\sum_{x=-a}^{a'} f\left(\frac{x}{a+a'}\right) = 1 \tag{3-1}$$

记 $u'_r = E(x^r)$，$r = 0$，1，$\cdots$，则方差 $\sigma^2 = u'_2 - (u'_1)^2$。利用 e^{itx} 的幂级数，得

$$\psi(t) = E(e^{itx}) = 1 + iu'_1 t - \frac{1}{2} u'_2 t^2 + \cdots$$

$$\ln\psi(t) = iu'_1 t - \frac{1}{2} \sigma^2 t^2 + \cdots$$

令 $\mu = nu'_1$，利用反演公式得

$$P(s_n = s + \mu) = \frac{1}{2\pi} \int_{-\pi}^{\pi} e^{-it(s+\mu)} \psi^n(t) \, dt$$

$$= \frac{1}{2\pi} \int_{-\pi}^{\pi} \exp\left[-its + it(n\mu'_1 - \mu) - \frac{1}{2} n\sigma^2 t^2 + \cdots \right] dt \tag{3-2}$$

假设 s 为 $\sqrt{n}$ 的最可能次幂，忽略一些数值较小的项，则有

---

① Laplace P S M De. Theorie Analytique Des Probabilités. Paris：Courcier, 1812.

$$P(s_n - \mu = s) = \frac{1}{2\pi}\int_{-\pi}^{\pi}\exp\left(-ist - \frac{1}{2}n\sigma^2 t^2 + \cdots\right)\mathrm{d}t$$

$$= \frac{1}{2\pi}\exp\left(\frac{-s^2}{2n\sigma^2}\right)\int_{-\pi}^{\pi}\exp\left[-\frac{1}{2}n\sigma^2\left(t + \frac{is}{n\sigma^2}\right)\right]\mathrm{d}t$$

$$= \frac{1}{2\pi\sqrt{n}\sigma}\exp\left(\frac{-s^2}{2n\sigma^2}\right)\int_{-\pi\sqrt{n}\sigma}^{\pi\sqrt{n}\sigma}\exp\left[-\frac{1}{2}\left(z + \frac{is}{\sqrt{n}\sigma}\right)^2\right]\mathrm{d}z$$

$$= \frac{1}{\sqrt{2\pi n}\sigma}\exp\left(\frac{-s^2}{2n\sigma^2}\right)$$

这就意味着 $s_n - nu_1' \rightarrow N(0, n\sigma^2)$。[①]

连续型随机变量的定理证明　为对连续型随机变量证明极限定理，拉普拉斯通过线性变换，把上述离散型随机变量 x 转化为连续型随机变量 y，并假设 y 具有有限方差，由 s_n 的分布而得到 $\sum y_i$ 的渐近分布。

假设随机变量具有有界连续密度函数，通过线性变换使得连续型随机变量 y 的方差取值于 $(-b, 1-b)$，$0 < b < 1$，再假设 $y = x/(a+a')$，$b = a/(a+a')$[②]，导出式（3-2）后，拉普拉斯引进符号

$$K_r = \int_{-a/(a+a')}^{a'/(a+a')} y^r f(y)\,\mathrm{d}y, \qquad r = 0,1,\cdots$$

而上式等于

$$\frac{1}{(a+a')^{r+1}}\sum_{x=-a}^{a'} x^r f\left(\frac{x}{a+a'}\right)$$ [③]

令 $r = 0$，利用式（3-1），则有

---

① 拉普拉斯注释到，由于 a，a' 满足公式仅需二阶矩存在，故可推广到任何具有二阶矩的离散型随机变量结论都成立。

② 拉普拉斯注释到，因 x，a，a' 皆为整数且都可以趋于无穷大，因而对于 y 的积分等价于考查对 x 的求和。

③ 这里应为 $x \rightarrow \infty$，$a \rightarrow \infty$，$a' \rightarrow \infty$ 的极限。

$$k_0 = \int_{-a/(a+a')}^{a'/(a+a')} f(y)\,\mathrm{d}y = \frac{1}{a+a'}$$

得到 $(a+a')k_0 = 1$ 及随机变量 y 的密度函数为 $P(y) = f(y)/k_0$，则有

$$E(y) = k_1/k_0, \qquad E(y^r) = k_r/k_0, \qquad \sigma_y^2 = \frac{k_0 k_2 - k_1^2}{k_0^2}$$

与离散型随机变量相比较，有

$$\mu_r' = \frac{(a+a')^r k_r}{k_0}, \qquad \sigma^2 = (a+a')^2 \sigma_y^2$$

因当 $a \to \infty$，$a' \to \infty$ 时，有

$$s_n - n\mu_1' = (a+a') \sum_{j=1}^{n} \left(y_j - \frac{k_1}{k_0} \right)$$

及当 $n \to \infty$ 时，$s_n - n\mu_1'$ 趋于正态分布，可导出 $\sum_{j=1}^{n} [\, y_j - E(y) \,]$ 趋于正态分布，其均值为 0，方差为

$$\frac{n\sigma^2}{(a+a')^2} = n\sigma_y^2$$

定理证毕。[①]

极限定理的应用　拉普拉斯证得独立同分布随机变量的线性组合也趋于正态分布。设

$$z_n = w_1 x_1 + \cdots + w_n x_n$$

为应用反演公式，假定系数为整数。由于 wx 的特征函数为

$$E(\mathrm{e}^{itwx}) = \psi(wt)$$

得

$$\ln\psi(wt) = i\mu_1' wt - \frac{1}{2}\sigma^2 (wt)^2 + \cdots$$

以乘积 $\psi(w_1 t)\cdots\psi(w_2 t)$ 代替式（3-2）中的 $\psi^n(t)$，类似地

---

① 拉普拉斯注释到，只要连续型随机变量的相应矩存在，即使方差无界，也有相同结论。

证得

$$z_n \rightarrow N\left(u_1' \sum w_j, \sigma^2 \sum w_j^2\right)$$

参照以前对随机变量分布的研究，拉普拉斯认为新定理提供了复杂分布的近似计算方法，为演示这个法则，他计算了4个误差分布的方差：

$$P(y) = \frac{1}{2a}, \qquad -a < y < a, \qquad \sigma^2 = \frac{a^2}{3}$$

$$P(y) = \frac{3}{4a^3}(a^2 - y^2), \qquad -a < y < a, \qquad \sigma^2 = \frac{a^2}{5}$$

$$P(y) = \frac{1}{2a}\ln\frac{a}{|y|}, \qquad -a < y < a, \qquad \sigma^2 = \frac{a^2}{9}$$

$$P(y) = \frac{1}{2a}e^{-|y|/a}, \qquad -\infty < y < \infty, \qquad \sigma^2 = 2a^2$$

进而推广到一般情形，并给出计算 $\sum y_i$，$\bar{y}$ 取值于某区间的概率计算。

$$P\left(nE(y) - t\sigma_y\sqrt{n} < \sum_{i=1}^{n} y_i < nE(y) + t\sigma_y\sqrt{n}\right)$$

$$= P(E(y) - t\sigma_y/\!\sqrt{n} < \bar{y} < E(y) - t\sigma_y/\!\sqrt{n})$$

$$= \Phi(t) - \Phi(-t) = 2\Phi(t) - 1$$

此结果很快就成为大样本统计计算的标准方法。拉普拉斯的极限定理是统计推断的基础，较长时间作为其最基本方法。拉普拉斯曾用中心极限定理来确定大样本分布中的平均绝对误差、均方误差，以及线性模型中的参数。

由于拉普拉斯的证明过程中，涉及极限过程，$x \rightarrow \infty$，$a \rightarrow \infty$，$a' \rightarrow \infty$，因而不少学者试图改进其证明。泊松就是最典型的代表。托德亨特认为，泊松的证明优于拉普拉斯的证明。

对拉普拉斯来说，极限定理是揭示和发现隐藏在缤纷杂乱现象下的规律与法则的工具，其主要价值就是帮助人类实现这个崇高目标。这就是拉普拉斯的社会机械学思想，统计数据的稳定性就是这种思想的体现。他把概率论知识应用于社会学领域，得出法国每年彩票所得收入是稳定的，每个国家每年订婚的数目是稳定的，每年去世的人数也几乎不变，因为信封写错或没有地址等原因而不能投出的信与所有信的比率是稳定的，很多自由意志的个体行为的总结果也是稳定的等。

　　对统计稳定性的探讨不仅是拉普拉斯所研究概率论的主要课题，而且也吸引了不少追随者。正是受其影响泊松引入了大数定理，凯特勒（Lambert Adolphe Jacques Quetelet，1796 ~ 1874）投入到对上述信念的证实和应用，切比雪夫转向了对概率论的研究。

　　拉普拉斯还把棣莫弗 – 拉普拉斯极限定理应用于解决年金值的计算问题。他应用函数性质和逆概率公式确定待求密度函数表达式。他没有局限在伯努利试验，而是推广到一般情形，并从中认识到"大数定理"的重要性。

3. 概率论应用于天文学

　　在拉普拉斯的研究中，随机变量之和的分布问题占据了特殊位置。这个问题最初由伽利略在《论掷骰子的思想方法》中提出。棣莫弗利用生成函数得到了更一般的结果。辛普森和拉格朗日（J. L. Lagrange，1736 ~ 1813）转向对观测现象的数学描述。利用生成函数的连续分布，拉格朗日得到了相应函数性质。

　　利用不同的数学方法，拉普拉斯反复推导了有限随机变量和的分布规律。他大多是在天文学背景下讨论相关问题。在"论彗星轨道的倾斜角和地球形状的函数"一文中提出：每个彗星的相对消失是随机的，可以说其相互独立并服从相同的均匀分布，n 颗彗星的平均倾斜角在给定范围内的概率为多少？拉普拉斯考虑了该问题 $n = 2$，3，4 时的情形。他导出一个递推关系式，类似于下式：

$$p_n(x) = \int_a^b p_{(n-1)}(x - z)p(z)\,\mathrm{d}z$$

拉普拉斯虽没有明确给出表达式，且推导过程还有一个小错误，但按其思路完全可确定需求函数。

拉普拉斯还提出非负随机变量的均值函数问题。当计算这个函数的多重积分时，他利用了不连续因子，并导出所谓的狄利克雷公式。

拉普拉斯感兴趣的情形是 $\Psi = t_1 + t_2 + \cdots + t_n$，其分布为 $\varphi_i(x) = a + bx + cx^2$ 和

$$\varphi_i(x) = \begin{cases} \beta x, & 0 \leqslant x \leqslant h, \quad \beta > 0 \\ \beta(2h - x), & h \leqslant x \leqslant 2h \end{cases}$$

所应用公式为

$$p_n(x) = \frac{\mathrm{d}}{\mathrm{d}x}\left[\iint \cdots \int p(x_1)p(x_2)\cdots p(x_n)\,\mathrm{d}x_1\,\mathrm{d}x_2\cdots\mathrm{d}x_n\right]$$

其中的积分区域为

$$x_1 + x_2 + \cdots x_n \leqslant x\text{[①]}$$

4. 概率论应用于社会科学

莱布尼茨是研究概率和法律之间关系的先驱者，其思想后来被雅各布接受并反映在《猜度术》中。雅各布的侄子尼古拉在博士论文"猜测的艺术在法律问题中的应用"中，处理了大量法律问题。如他研究了被告无罪的概率：假设任何一条关于被告的证据仅有真和假两种可能，且每条不同证据相互独立，则在 n 条证据下无罪的概率为 $(2/3)^n$。1785 年，孔多赛的论文"论从众多意见中作出判断概率的应用"所论述的新观点深深吸引了拉普拉斯的注意力。

---

① Kolmogorov A N, Yushkevich A P. Mathematics of the 19th Century(Vol. 3). Basel, Boston, Berlin : Birkhauser, 1992.

拉普拉斯据随机函数产生的数学解释而把概率论应用于社会科学之中。一线段被分成 i 等份或一些不等的区间，在每个小区间的右端点画上垂线。这些垂线间的长度构成一个不增序列，且其和为 s。重复构造多次，最右端一段的平均长度是多少？

这个平均曲线应是期望值，拉普拉斯给出了其概率解释及其应用。假设某随机事件有 i 个产生原因，按导致概率由大到小将这些事件排列。这些概率的平均值可由几个人开展的相关程序来确定。拉普拉斯建议将类似的程序应用于法庭判决和选举中。当被用于证言的概率时，他指出了概率演算证明了对奇迹信任的荒谬：

> 自然定律恒定性的概率优于正在讨论事件的概率。
> 概率本身优于我们大多数无可争辩的事实，据此可以
> 判断多么大的权术证言被采纳，以承认自然定律失效，
> 因此一般规则的批评应用于这些情境是多么大的滥用！

拉普拉斯利用概率来估计法庭系统的精确程度，希望其计算结果为司法改革提供有利的参考。设有 $p+q$ 个法官，每人以相等概率 x 并相互独立的作出正确判定。若 p 人以一种方式投票，而 q 人以另一种方式投票，则得出正确决定的概率为

$$p_1 = \frac{x^p(1-x)^q}{x^p(1-x)^q + (1-x)^p x^q}$$

假设随机变量 X 服从 $[0.5, 1]$ 区间上的均匀分布，利用逆概率公式可算出对于所有 X 可能值的正确判决概率为

$$p_2 = \frac{\int_{\frac{1}{2}}^{1} x^p(1-x)^q \mathrm{d}x}{\int_{0}^{1} x^p(1-x)^q \mathrm{d}x}$$

据此，拉普拉斯算出当时法国 12 人中采取 7 人为大多数判决结果的误判率为 65/256。而在英国以 12 人中 9 人为大多数的误判率是 1/8192。拉普拉斯重申：

当由数学技巧和智慧控制时，概率计算将证实和引导理性，概率学者的责任就是揭露司法系统的不公平，并唤起人们的广泛关注。

拉普拉斯对目击者证言和法庭裁定问题花费了很大精力。他用一个抽取问题来判定证言的可信度。罐中装有标着 1 到 n 的 n 个球，某人随机地取出一球，并声称取到的是 i 号球。

设 A =（取到 i 号球），B =（证人说实话），C =（证人目击无误），且 $P(A) = 1/n$，$P(B) = p$，$P(C) = r$，则关于证言有 4 种可能情况：

（1）证人目击无误且没撒谎，其概率为 $p_1 = pr/n$。

（2）证人目击有误且没撒谎，其概率为 $p_2 = p(1-r)/n$。

（3）证人目击有误且撒谎，其概率为 $p_3 = (1-p)(1-r)/n$。

（4）证人目击无误且撒谎，其概率为 $p_4 = (1-p)r/n$。

由此可得，证言的可信度为

$$P = \frac{p_1 + \dfrac{(1-p)(1-r)}{n(n-1)}}{p_1 + p_2 + p_3 + p_4} = rp + \frac{(1-p)(1-r)}{n-1}$$

拉普拉斯证明：证人的证言保证得越多，其可靠性越小。他完全拒绝了帕斯卡关于誓约的观点：信仰上帝和等待极乐世界的信徒，其证言的可信度是极大的。由于无限小的信仰可以产生无限大的结果，毫无疑问信徒渴望从中受益。

然而，拉普拉斯犯了一个错误。他令 $r = 1$，从而消除了上述（2）、（3）的情形。

拉普拉斯认为，通过概率论数学对社会科学发挥作用和影响，犹如微积分是物理学科数学化的主要工具。[①]

---

① Sheynin O B P S. Laplace's theory of errors. Ibid, 1977, 17 (1): 1~61.

5. 奠定几何概率基础

蒲丰是几何概率的开创者，并以蒲丰投针问题闻名于世，在 1777 年的论著《或然性算术试验》中，蒲丰首先提出并解决把一个小薄圆片投入被分为若干个小正方形的矩形域中，求使小圆片完全落入某一小正方形内部的概率是多少，接着讨论了投掷正方形薄片和针形物时的概率问题。其中投针问题为：在平面上画有一组间距为 a 的平行线，将一根长为 $l(l < a)$ 的针随机投在这平面上，求针与平行线相交的概率。蒲丰求得概率值为 $p = 2l/(\pi a)$。

拉普拉斯在《分析概率论》中重提这个问题，并指出通过多次投针实验，求得 p 的统计估计值，则利用蒲丰所得结果可求得 π 的近似值。拉普拉斯还把蒲丰问题推广到两组相互独立等距平行线的坐标方格情况。若两组平行线间的距离分别为 a，b，则投掷长度为 $l(l < a, l < b)$ 的针与任一线相交的概率为

$$p = \frac{2l(a + b) - l^2}{\pi ab}$$

拉普拉斯还研究了投掷针的最优长度问题。他认为最合适的针长度应满足 $4l/(\pi a) = 1$。受拉普拉斯的影响，不少学者曾做过投针试验，表 3-1 记录了一些试验结果。

表 3-1　投针求 π 值统计表

试验者	年份	投掷次数	相交次数	所得 π 近似值	针长
Wolf	1850	5 000	2 532	3. 159 6	0.8
Smith	1855	3 204	1 218	3. 155 4	0.6
De Morgan	1860	600	382	3. 137	1.0

试验者	年份	投掷次数	相交次数	所得 π 近似值	针长
Fox	1884	1 030	489	3. 159 5	0. 75
Lazzerini	1901	3 408	1 808	3. 141 592 9	0. 83
Reina	1925	2 520	859	3. 179 5	0. 541 9

这是一个颇为奇妙的方法：只要设计一个随机试验，使随机事件的概率与某未知数有关，然后重复试验，以频率近似概率，即可求得未知数的近似解。随着计算机的出现，利用计算机来模拟所设计的随机试验，使得这种方法得到了迅速发展和广泛应用。

6. 发展贝叶斯统计观点

有关数理统计问题在《分析概率论》中占有相当多的篇幅。拉普拉斯认为概率论应属于自然科学而不属于数学，数理统计是概率论的一个新分支。他继承和发展了贝叶斯的统计观点。以估计新生儿性别问题为例来说明其观点。

为求巴黎新生儿是男孩的概率，需要由过去的出生数据来估计。设男孩出生率为 x，其先验概率为 $z(x)$，且

$$P(\theta \leqslant x \leqslant \theta') = \int_{\theta}^{\theta'} yz\mathrm{d}x \Big/ \int_{0}^{1} yz\mathrm{d}x, \qquad 0 < \theta < \theta' < 1$$

这里

$$y(x) = C_n^p x^p (1-x)^q$$

其中 $n = p + q$，p、q 分别为某些年内巴黎出生的男婴数和女婴数。因此拉普拉斯的问题就是估计二项分布的参数。经过一系列的变换，再令 $z = 1$，他导出

$$P(-\theta \leqslant x - a \leqslant \theta) \approx \frac{2}{\sqrt{\pi}} \int_{0}^{\tau} \mathrm{e}^{-t^2} \mathrm{d}t$$

这里 $\theta \approx p^{-\frac{1}{2}}$，$a$ 是上述二项分布的最大值，积分上限为

$$\tau = \sqrt{\frac{T^2 + T'^2}{2}}$$

$$T = \sqrt{\ln y(a) - \ln y(a - \theta)}$$

$$T' = \sqrt{\ln y(a) - \ln y(a + \theta)}$$

对于单峰二项分布来说，其最大值 $a = p/(p + q)$ 似乎就是所求概率 x 的估计值。不过这个概率的数学期望值并不一定和估计值 a 重合，a 仅是 x 的一渐进无偏估计。拉普拉斯没有证明这个事实，也没有引进无偏估计概念。

据统计数据，拉普拉斯得出：巴黎在 1745～1784 年男女出生比为 25：24，伦敦 1664～1758 年是 19：18，而意大利那不勒斯（不含西西县）1774～1782 年是 22：21。因此，拉普拉斯提出假设，$H: x > \frac{1}{2}$。但在巴黎的某个地区却有 $P(x < 0.5) = 0.67$ 的反常现象。这种男女出生数的偏差是否出于某个恒定的原因还是统计上的显著差别？后来得知该地区有遗弃孩子的陋习，遗弃男女比是 39：38。拉普拉斯暗示如果不考虑被遗弃的孩子数据，男女出生比将趋于和谐。

1800 年，法国成立了统计局，并通过了一个人口普查的法令。当时统计学家提出的人口估算方法为：人口数 = 确定因子×年出生人数。拉普拉斯设计的方法是用7%的统计样本和全国年均出生人数 N 来估计法国总人数 M。

假设某地区普查人数是 m，该地区的年出生人数是 n。因此就有 $M = (m/n)N$，这里 m/n 是人口统计中的重要因子。$N = 1.5 \times 10^6$，按贝叶斯估计的统计观点，拉普拉斯给出这种估计方法所产生的误差 ΔM 满足：

$$P(|\Delta M| \leqslant 0.5 \cdot 10^6) = 1 - 1/1162$$

这就给出较合理的相对误差 $\Delta M/M \approx 1.2\%$。此为第一个样本误差的数量估计。在计算二项分布和的过程中，拉普拉斯遇到的

困难是计算不完全 β 函数的相关值。

一个世纪后，不完全 β 函数的计算表被列出。此时，皮尔逊（K. Pearson，1857～1936）才指出，拉普拉斯的计算方法是不完善的，并批评其方法在理论上是不严格的，如拉普拉斯所考虑的数对 m，n；M，N 都看做是来自无限全域相互独立的样本，而事实上这个条件是难以达到的。

尽管如此，可以推知拉普拉斯的人口统计方法影响了统计界一百余年。其工作主要体现在 3 个方面：

（1）对数据可靠程度的估计，可谓开了统计界的先河。

（2）给出样本的大小与估计误差间的关系。

（3）初步具有样本抽查的统计思想。

7. 开拓随机过程领域

拉普拉斯解决了"赌徒输光"问题。该问题由帕斯卡、费马和惠更斯首先解决。雅各布和棣莫弗对该问题又进行了研究。问题也逐渐演变成一个更有意义的"赌博持续时间"问题，可看做一维随机过程的典型问题，具有重要的物理应用。问题为：

赌徒 A 有 a 个筹码，赌徒 B 有 b 个筹码，他们赢得每局的概率分别为 p、q，求赌徒 B 在 $n(n \leqslant a)$ 局内输光的概率。

设 $y_{x,s}$ 表示赌徒 B 有 x 个筹码且在 s 内输光的概率，则有下列关系式：

$$y_{x,s} = py_{x+1,s-1} + qy_{x-1,s-1}$$

其初始条件为：

当 $x > s$ 时，$y_{x,s} = 0$；当 $x = 0$ 时，$y_{x,s} = 1$。

利用两个变量的生成函数，拉普拉斯求解了上述问题。并考虑了几个特殊情况：① $a = b$；② $a = \infty$。在②中，假设 $p = q$，得到了一个优美的结果：

$$y_{b,n} = 1 - \frac{2}{\pi} \int_0^{\frac{\pi}{2}} \frac{\sin b\varphi (\cos\varphi)^{n+1}}{\sin\varphi} \mathrm{d}\varphi$$ [①]

若赌博可无限地进行下去。拉普拉斯求得赌徒 B 输光的概率为

$$P = \frac{p^b (p^a - q^b)}{p^{a+b} - q^{a+b}}$$

拉普拉斯还讨论了从一罐中连续抽取标有 1 - n 的彩票问题。假设将这些票随机放入罐中。他注意到每次抽取的概率是不等的，但若放入罐中的顺序不是指定的，而且是随机抽取则差别就减小。当使用多个罐子时，这个差别就更小。此例可看做马尔可夫链的一个特例。拉普拉斯没有给出严格的证明，但指出其极限状态是每张票被取到的概率相等。

第二节　泊松概率思想研究

泊松分布是描述随机现象的一种常用分布。该分布广泛应用于工业、农业、商业、交通运输、公用事业、医学、军事等诸多领域，如在大量生产中，当废品比例预计很小时，泊松分布对于产品检验和质量控制特别有用；而在管理科学、运筹学和自然科学的某些问题中都占有重要的方法论地位。泊松分布的创立者就是法国数学家泊松。泊松的研究特色是应用数学方法解决各种力学和物理学问题，由此得到大量数学新发现，一生发表论文达 300 余篇。

一、泊松大数定理

泊松在概率统计方面的研究旨在对拉普拉斯相关理论的解

---

① Kolmogorov A N, Yushkevich A P. Mathematics of the 19th Century. Vol. 3. Basel, Boston, Berlin: Birkhauser, 1992.

释、修正和推广。① 在 1824 年和 1829 年的论文中，他试图给出中心极限定理的严格证明，并举例说明当随机变量序列为不同分布时，定理结论不一定都成立。

在 1830 年的论文"关于初生婴儿性别比的研究"（*Memoir on the proportion of the births of girls and boys*）中，泊松阐述和推广了拉普拉斯的二项分布理论，指出当 $p \to 0$，np 为有限数时，其极限分布不再是正态分布，而应为泊松分布。然而，泊松却没有详细讨论其性质和应用，仅是填补了拉普拉斯的理论空缺。②

为了论证大数定理的稳定性，泊松从理论和实践上证明了某些随机变量服从正态分布，进而说明稳定值为其均值，并求出其方差。

设 $p = h + u\sqrt{hk/n}$，$h = a/n$，$k = 1 - h$，泊松分别采用 3 种方法证明变量 p 的极限分布为 $N(h, hk/n)$。

（1）直接概率法，求得

$$P\left(h - t\sqrt{\frac{hk}{n}} \leqslant p \leqslant h + t\sqrt{\frac{hk}{n}} \right) = \Phi(t) - \Phi(-t)$$
$$+ (mhk)^{-1/2}\varphi(t) + o(n^{-1})$$

---

① 泊松于 1826 年获圣彼得堡科学院名誉院士称号。他认为人生只有两件美好的事情：发现数学和讲授数学。泊松是拉普拉斯的学生，深受拉普拉斯的影响而对概率论产生了兴趣。在法国科学院，泊松和他同事就概率论应用于法律而展开了长期和激烈的争论。泊松一生对摆的研究极感兴趣，他的科学生涯就是从研究微分方程及其在摆的运动和声学理论中的应用开始的。直到晚年，他仍用大部分时间和精力从事摆的研究。他为什么对摆如此着迷？据说，泊松小时候由于身体孱弱，母亲曾把他托给一个保姆照料，保姆一离开他时，就把泊松放在一个摇篮式的布袋里，并把布袋挂在棚顶的钉子上，吊着他摆来摆去。这个保姆认为，这样不但可以使孩子身上不被弄脏，而且还有益于孩子的健康。泊松后来风趣地说，吊着我摆来摆去不但是我孩提时的体育锻炼，并且使我在孩提时就熟悉了摆。

② Hald A. A History of Mathematical Statistics from 1750 to 1930. New York：Wiley，1998.

（2）逆概率法，证得

$$\varphi(z) = \varphi(u)\left(1 + \frac{1}{6}\frac{k-h}{\sqrt{nkh}}u^3 + \cdots\right)$$

这里

$$\frac{1}{2}z^2 = \frac{1}{2}u^2 - \frac{1}{6}\frac{k-h}{\sqrt{nkh}}u^3 + \cdots$$

（3）置信概率法，得到

$$\varphi(u+\delta)(1+\delta') + \frac{q-p}{3\sigma}u\varphi(u) + \cdots$$

$$= \varphi(u) - \frac{q-p}{6\sigma}u^3\varphi(u) + \cdots$$

这里 $u = \dfrac{(a+1) - (n+1)p}{\sigma}$，$\sigma = \sqrt{(n+1)pq}$，$\delta = \dfrac{(p-q)u^2}{6\sigma}$。

泊松研究了法国 1817～1826 年新生婴儿性别比，指出其稳定性，并首次给出大数定理的叙述：

> 世间万物都遵从这条规律（称之为大数定理）：观察大量具有相同性质、依赖恒定原因或规则变化的原因（时以某种方式变化，时以另一种方式变化）而发生的事件，将会发现这些事件数目间的比值几乎是恒定值，且随着观察次数的增加，其波动幅度也愈来愈小。[①]

同时，泊松指出这些统计比率的稳定性广泛存在于物理、生物、社会等科学问题之中。作为实例列举了博弈游戏、航海保险、海平面的均值、平均寿命、男孩出生率、分子间的平均距离、平均税收以及每年犯罪案件的判刑率等。

泊松利用最新公布的犯罪统计数据，来评估陪审团裁决的参数。为了确定每个陪审员在裁定罪行上的出错概率，泊松研

---

① Poisson S D. Recherches sur la probabilité des jugements en matière criminelle et en matière civile. Paris Courcier, 1837.

究了相关法律条文和刑事法庭的记录。当时陪审团有 12 个成员，要定罪所需的多数曾有过不同的规定：1831 年前是 7∶5，自 1831 年改为 8∶4。统计数字表明，1831 年前宣判无罪的比例保持在 38%~40%，年均为 39%。泊松据此指出，即使在 1831 年前就可预料到，执行 8∶4 的新规定后，定罪比例将占 54%，宣判无罪比例则变为 46%。1831 年法庭记录的事实与他的分析基本相符（表 3-2）。

表 3-2 法国 1825~1833 年定罪率统计表①

年份	诉讼数	定罪数	定罪率
1825	6 652	4 037	0.606 8
1826	6 988	4 348	0.622 2
1827	6 929	4 236	0.611 3
1828	7 396	4 551	0.615 3
1829	7 373	4 475	0.606 9
1830	6 962	4 130	0.593 2
1831	7 606	4 098	0.538 8
1832	7 555	4 448	0.588 7
1833	6 964	4 105	0.589 5
总计	64 425	38 428	0.596 5

同雅各布类似，泊松从一些经验事实出发，来构建统计模型。他对不同分布随机变量之和证明了极限定理。

假设随机变量序列 x_i，$i = 1$，2，$\cdots$ 相互独立，其密度函数为 $p_i(x)$，期望和方差分别是 ξ_i，ω_i^2，对于充分大的数 n，若不考虑 n^{-1} 项的顺序，对 $\bar{x} = \sum x_i/n$，$i = 1$，2，$\cdots$，有

① Poisson S D. Recherches sur la probabilité des jugements en matière criminelle et en matière civile. Paris Courcier, 1837.

$$\bar{x} = \frac{1}{n} \sum \xi_i + v \sqrt{\frac{\sum \omega_i^2}{n^2}}, \qquad v \sim N(0,1)$$

泊松分别对二项分布、多项分布和连续型随机变量证明了上述结论。由于需要观察多个参数，证明对于构建统计模型几乎没有任何价值。因此，泊松转向构建有限参数的模型（表3-3）。

表3-3 泊松的统计模型①

C	$P(C)$	$f(x/C)$	$E(x/C)$	$V(x/C)$
C_j	w_1	$f_1(x)$	μ_1	σ_1^2
$\vdots$	$\vdots$	$\vdots$	$\vdots$	$\vdots$
C_m	w_m	$f_m(x)$	μ_m	σ_m^2
	$\sum w_j = 1$	$f(x) = \sum w_j f_j(x)$	$\mu = \sum w_j \mu_j$	σ_x^2

假设随机事件存在 m 个互斥的原因 C_1，C_2，$\cdots$，C_m，且 $P(C_j) = w_j$，$w_j > 0$，$\sum w_j = 1$，条件概率密度、条件期望和条件方差分别为

$$f(x/C_j) = f_j(x), \qquad E(x/C_j) = \mu_j, \qquad V(x/C_j) = \sigma_j^2$$

则对

$$f(x) = \sum w_j f_j(x)$$

有

$$E(x) = \sum w_j \mu_j, \qquad V(x) = \sum w_j \sigma_j^2 + \sum w_j (\mu_j - \mu)^2 = \sigma_x^2$$

今可直接利用中心极限定理证得 $\bar{x}$ 的极限分布为 $N(\mu, \sigma_x^2/n)$，而谨慎的泊松当时利用了两次极限定理。②

---

① Hald A. A History of Mathematical Statistics from 1750 to 1930. New York：Wiley，1998.

② Hacking I. Thetaming of Chance. Cambridge：Cambridge University Press，1990.

据 ξ_i、ω_i^2 为随机变量, 泊松证得

$$\frac{1}{n}\sum \xi_i = \mu + \frac{u\sigma_u}{\sqrt{n}}, \qquad \sigma_\mu^2 = \sum w_j(\mu_j - \mu)^2, \qquad u \sim N(0,1)$$

和

$$\frac{1}{n}\sum \omega_i^2 = \sum w_j \sigma_j^2 + O(n^{-1/2})$$

应用于样本均值

$$\bar{x} = \mu + \frac{u\sigma_\mu}{\sqrt{n}} + v\sqrt{\frac{\sum w_j \sigma_j^2}{n}}$$

可得

$$nV(\bar{x}) = \sigma_\mu^2 + \sum w_j \sigma_j^2$$

此外, 泊松注意到样本方差是总体方差 σ_x^2 的估计, 于是

$$\bar{x} = \mu + \frac{zs}{\sqrt{n}}, \qquad z \sim N(0,1)$$

这里 $s^2 = \frac{1}{n}\sum (x_i - \bar{x})^2$。

泊松以二项分布作为特例而展开讨论。设 x_i 仅取值 0 和 1, 相应概率分别是 q_i, $p_i(p_i + q_i = 1)$, $i = 1, 2, \cdots$, 于是 $\xi_i = p_i$, $\omega_i^2 = p_i q_i$。而求得频率函数的极限分布为 $N(P, PQ/n)$。[①]

泊松分别就男孩出生率、随机摸球和掷硬币 3 种统计模型诠释其大数理论。

(1) 男孩出生率模型。考察由无限多人口组成的总体, 因种族不同其男孩出生率有差异。该总体按男孩出生率分成 m 组。法国每年男孩出生率可作为总体的样本, 10 年的观察数据表明没有明显变化。此例表明若抽取不同组别的样本, 将有本质性

① Hald A. A History of Mathematical Statistics from 1750 to 1930. New York: Wiley, 1998.

的差别。因此，抽样应区分是整体样本还是某分组的样本。泊松指出，这里的 m 可以是无穷大，即这个混合分布是连续型，因而男孩出生率可看做连续型随机变量。

（2）随机摸球模型。为了解释整体样本和分组样本的区别，泊松给出随机模型的统计模型。假设 $C = (C_1, \cdots, C_m)$ 由 m 个罐中不同颜色球的组成，$B = (B_1, \cdots, B_n)$ 是来自总体的样本，其中有 n_j 个样本来自 C_j（$\sum n_j = n$），若样本数目很大，有 $n_j/n \to w_j$，则所有 B_i 几乎相等，反映总体球的构成。若 n 较小，其结果依赖于 $n_1, \cdots, n_m$ 之值。故对给定 B，$\bar{x}$ 的条件分布服从中心极限定理。有

$$E(\bar{x}/B) = \frac{1}{n}\sum n_j\mu_j, \qquad nD(\bar{x}/B) = \frac{1}{n}\sum n_j\sigma_j^2$$

对于二项分布试验，则有

$$nD(h/B) = \frac{1}{n}\sum n_j P_j Q_j = \frac{1}{n}\sum n_j p_i q_i$$

若样本来自总体，平均所有 B 的结果相同，然而 $E(\bar{x}/B)$、$E(\bar{x})$ 不同，且通常有

$$D(\bar{x}/B) \leqslant D(\bar{x})$$

（3）掷硬币模型。泊松考察了由法国 5 面值的硬币所组成的总体。若硬币出正面的概率服从某种分布，则在 n 次抛掷中所服从的分布依赖于样本的抽取方式和抛掷方法。

将同一枚硬币掷 n 次，则 $E(h) = p_1$，$D(h) = p_1 q_1$。而若从总体抽取一个样本，第一次为 n 枚硬币，第二次也为 n 枚硬币，则有

$$E(h) = P = \int pw(p)\,\mathrm{d}p, \qquad nD(h) = PQ \approx \hbar k$$

若抽取 n 枚硬币，然后分别抛掷，则有

$$E(h) = (p_1 + \cdots + p_n)/n$$

$$nD(h) = \frac{1}{n}\sum p_i q_i = \overline{pq} - \frac{1}{n}\sum (p_i - \bar{p})^2$$

泊松把伯努利大数定理原来"等可能性"扩展到不等情况。他认为泊松大数定理和伯努利大数定理有着本质的区别，强调泊松大数定理允许原因概率连续变化，更适于复杂的自然和道德现象。

为了说明区别，泊松用一枚硬币投2000次和2000个硬币各投一次作比喻，第一种情况对应着伯努利大数定理，其中每一面向上的恒定概率由特定硬币的物理结构所导致。在第二种情况中，"未知的原因"变化了2000次，但大数定理规定了如果足够多地重复试验，则平均值是稳定的。他把第二种情形作为探讨道德原因的模型：

> 若仅考虑结果的本质区别，这个材料的例子则可想象为发生在道德现象中的事情。在判决过程中，有罪还是无罪可能因法庭不同而结果有异，犹如5法郎硬币的两面一样。但对大多数法庭而言，这种变化并不能阻碍宣判有罪数和无罪数之比的稳定性，就像不同硬币的两面出现的次数比一样。①

泊松认为大数定理可以解释各种现象，只要有足够的耐心观察就能发现频率的稳定性，这个比值随着重复试验次数的增加，将接近于平均概率。泊松试图给出大数定理更综合、更有用的解释，但这个综合引起了许多评述的混乱，因而遭到当时众多数学家的猛烈抨击。②

二、泊松分布

在1837年的论文"刑事、民事判决中的概率研究"中，泊

① Hald A. A History of Mathematical Statistics from 1750 to 1930. New York：Wiley，1998.

② Sheynin O B S. D. Poisson's work in probability. Ibid, 1978, 18 （3）, 245 ~ 300.

松描述了一种新的概率分布——泊松分布。沿用传统，泊松没有假设试验的独立性，但在证明中暗含了这个条件。假设事件 A 在每次试验中发生的概率为 p，则在 $\mu = m + n$ 次试验中，事件 A 发生次数不少于 m 次的概率为

$$P^m\left[1 + mq + \frac{m(m + 1)}{2!}q^2 + \cdots + \frac{m(m + 1)\cdots(m + n - 1)}{n!}q^n\right]$$

$$= \frac{\displaystyle\int_\alpha^\infty X \mathrm{d}x}{\displaystyle\int_0^\infty X \mathrm{d}x}$$

这里 $X = \dfrac{x^n}{(1 + x)^{\mu + 1}}$，$\alpha = \dfrac{q}{p}$，$q = 1 - p$。当 m，n 较大时，得其渐近分布：

$$P = \frac{1}{\sqrt{\pi}}\int_k^\infty \mathrm{e}^{-t^2}\mathrm{d}t + \frac{(\mu + n)\sqrt{2}}{3\sqrt{\pi\mu mn}}\mathrm{e}^{-k^2}, \qquad q/p > h$$

$$P = 1 - \frac{1}{\sqrt{\pi}}\int_k^\infty \mathrm{e}^{-t^2}\mathrm{d}t + \frac{(\mu + n)\sqrt{2}}{3\sqrt{\pi\mu mn}}\mathrm{e}^{-k^2}, \qquad q/p < h$$

这里 $k = \sqrt{n\ln(n/q\mu) + m\ln(m/p\mu)}$，$h = n/(m + 1)$ 是横坐标函数 $X(x)$ 的最大值。

　　当 q 很小时，记

$$mq \approx \mu q = \omega, \qquad m(m + 1)q^2 \approx \omega^2, \qquad \cdots, \qquad p^m \approx \mathrm{e}^{-\omega}$$

得

$$P \approx \mathrm{e}^{-\omega}\left(1 + \omega + \frac{\omega^2}{2!} + \cdots + \frac{\omega^n}{n!}\right)$$

此即伯努利分布的泊松近似公式。也可写作

$$P(\xi = m) \approx \mathrm{e}^{-\omega}\frac{\omega^m}{m!}$$

这是泊松分布的概率分布律。

　　泊松利用这个极限定理估计两相互独立样本比率与差 $n_2/\mu_2 -$

n_1/μ_1 的统计有效性。他从摸球模型导出另一极限定理，并把该模型应用于选举系统。按其假设，投票者必属于两党派之一，两党人数分别为 a，b，且 $a:b = 90.5:100$。泊松计算得，若两党人员的分布是随机的，则小党赢的概率很小。他求得，对 459 个选区，$a + b = 2000$，其概率仅为 0.16。

这个概率模型可能与实际情况有出入。主要原因取决于泊松对"议员"的态度，他认为所有议员都是骗子。这个发现在当时未引起多大注意，其原因是没有找到现实应用实例。现在泊松分布可用来建立电话网络的概率模型和设计交通网络等。

由泊松分布可引申出泊松过程。若某随机过程满足：①在一段足够短的时间内，某事件最多发生一次；②事件发生的概率与时间段的长度成正比；③在各不同的时间段，事件发生与否相互独立。则称所研究的对象为泊松过程。

泊松过程现已成为对概率论感兴趣的数学家、网络设计工程师的研究工具，甚至被用来预测月球上每平方米内鹅卵石个数。

三、积分极限定理

设事件 E 在 μ 次试验中发生的概率分别为 p_1，p_2，$\cdots$，p_μ，且其对立事件 F 相应的概率是 q_1，q_2，$\cdots$，q_μ，则事件 E 发生 m 次，事件 F 发生 $n = \mu - m$ 的概率为展开式

$$(up_1 + vq_1)(up_2 + vq_2)\cdots(up_\mu + vq_\mu) = X$$

中 $u^m v^n$ 的系数，且等于

$$U = \frac{1}{2\pi}\int_{-\pi}^{\pi} X e^{-(m-n)ix}\mathrm{d}x = \frac{2}{\pi}\int_0^{\pi/2} Y\cos[y - (m-n)x]\mathrm{d}x$$

其中

$$Y = \rho_1\rho_2\cdots\rho_\mu, \qquad y = r_1 + r_2 + \cdots + r_\mu$$

这里 ρ_k，r_k 分别是下述复变量函数的模和幅角：

$$(p_k + q_k)\cos x + i(p_k - q_k)\sin x = \rho_k e^{ir_k}$$

而上式由在二项式 $(up_k + vq_k)$ 中，令 $u = e^{ix}$，$v = e^{-ix}$ 而得。

当 μ 较大时，除了 p_k 随着 k 的增加而减少的情形外，泊松通过把 Y 展开成 x 幂级数而导出局部极限定理：

$$P(m = p\mu - \theta c\sqrt{\mu}, n = q\mu + \theta c\sqrt{\mu})$$

$$\equiv U = \frac{1}{c\ \sqrt{\pi\mu}}e^{-\theta^2} - \frac{h\theta}{2c^4\mu\ \sqrt{\pi}}(3 + 2\theta^2)e^{-\theta^2}$$

$$c^2 = \frac{2\sum\limits_{i=1}^{n}p_iq_i}{\mu}, \qquad h = \frac{4}{3\mu}\sum\limits_{i=1}^{\mu}(p_i - q_i)p_iq_i$$

由此，泊松立刻得到了积分极限定理。

若 μ_n 是 n 次伯努利试验中事件 A 出现的次数，$0 < p < 1$，则对任意有限区间 $[a, b]$ 有

$$\lim_{n\to\infty}P\left(a \leqslant \frac{\mu_n - np}{\sqrt{npq}} < b\right) = \int_a^b \varphi(x)\,\mathrm{d}x$$

其中

$$\varphi(x) = \frac{1}{\sqrt{2\pi}}e^{-x^2/2}, \qquad -\infty < x < \infty$$

泊松曾利用不正确的逻辑推理，得出一错误定理，并用不精确的理由验证。他认为，具有有限方差的随机变量之和，若其能被该随机变量和的数学期望中心化，且能被方差和的平方根标准化，则就渐近于标准正态分布。借此，他证明了任意具有有限方差随机变量和的大数定理。

当密度函数除在有限个点 C_1，C_2，$\cdots$，C_n 外，其值均为 0。且

$$\int_{c_k-\varepsilon}^{c_k+\varepsilon} f(x)\,\mathrm{d}x = g_k, \qquad k = 1,2,\cdots,n$$

其中 ε 是无限小的正数，且

$$g_1 + g_2 + \cdots + g_n = 1$$

泊松用广义函数

$$f(x) = \sum_k \gamma_k\delta(x - c_k), \qquad \sum_k \gamma_k = 1, \qquad \gamma_k > 0$$

（δ 为狄拉克函数）推证了上述结论。

四、几种概率分布

在"论观测结果的平均概率"一文中，泊松研究了观测误差问题，其中最重要的部分就是诠释拉普拉斯的相关理论。泊松应用特征函数推导出大量观测值的线性函数及和的分布。事实上，所谓的柯西分布是由泊松首先得到的。其密度函数为

$$f(x) = \frac{1}{\pi(1 + x^2)}, \qquad |x| < +\infty$$

泊松发现，如果观测值的分布服从"柯西分布"，则它们的算术平均值具有相同分布。柯西于 1853 年成功地找到最小二乘法无效的反例，就是"柯西分布"。因此，泊松早于柯西 20 余年发现了该分布。

在"论银行家在'30 和 40'规则中的优势"一文中，泊松解决了以下问题：一瓮中标有 1 的球 x_1 个，标有 2 的球 x_2 个，……，标有 i 的球 x_i 个（$x_1 + x_2 + \cdots + x_i = s$）。确定在 n 次不返回抽取中，取到标有 1 的球 a_1 个，标有 2 的球 a_2 个，……，标有 i 的球 a_i 个（$a_1 + a_2 + \cdots + a_i = n$）的概率。

泊松得到结果：

$$P = \frac{n!(s-n)!}{s!} \cdot \frac{x_1!}{a_1!(x_1-a_1)!} \frac{x_2!}{a_2!(x_2-a_2)!} \cdots \frac{x_i!}{a_i!(x_i-a_i)!}$$

$$= (s+1)\int_0^1 (1-y)^s Y \mathrm{d}y$$

$$Y = \frac{x_1!}{a_1!(x_1-a_1)!}\left(\frac{y}{1-y}\right)^{a_1} \frac{x_2!}{a_2!(x_2-a_2)!}\left(\frac{y}{1-y}\right)^{a_2} \cdots$$

$$\frac{x_i!}{a_i!(x_i-a_i)!}\left(\frac{y}{1-y}\right)^{a_i}$$

当 $i = 2$ 时，该问题就是超几何分布，其广泛应用于产品的质量检验问题中。

若对上述问题限制于条件：

$$a_1 + 2a_2 + \cdots + ia_i = x$$

泊松将 Y 换成满足条件的集合 $\{a_1, a_2, \cdots, a_i\}$ 相应值之和，并考虑母函数，得所求概率为下述表达式的 t^x 的系数：

$$(s + 1) \int_0^1 (1 - y + yt)^{x_1} (1 - y + yt^2)^{x_2} \cdots (1 - y + yt^i)^{x_i} dy$$

将问题推广为从瓮中再无放回的抽取第二组样本，相应集合为 $\{b_1, b_2, \cdots, b_i\}$，且满足

$$b_1 + 2b_2 + \cdots + ib_i = x'$$

泊松得到相应的联合概率分布，并获得其二元母函数。

第三节　柯西对概率论的贡献

柯西于 1831~1853 年发表了 10 余篇关于数学观测的论文，部分是对概率论的研究，其中 8 篇被收集在 1900 年出版的《柯西全集》。余者为柯西与比埃奈梅关于最小二乘法解决插值函数问题的讨论。

柯西利用平均值法和最大最小法则研究观测理论。所谓最大最小法则就是确定利用各种方法使最小残差的绝对值最大。这是当今统计决策中常用的方法之一。

在"平均值引起的误差及其在因子系统最小最大误差的影响"中，柯西讨论了线性方程组求解问题。设 n 个非负变量 $\lambda_1, \lambda_2, \cdots, \lambda_n$，满足 $m(m < n)$ 个线性方程。当 $n - m$ 个变量为 0 时，确定其最大值。藉此，柯西证明了线性规划中的一个定理。

在"同类观测平均值及最可能结果"中，柯西解决了观测误差的密度函数问题。设观测误差 $\varepsilon_i(i = 1, 2, \cdots, n)$，未知误差 x 取值于任意区间 (ω_1, ω_2) 的最大概率为 $P(\omega_1 < \Delta x < \omega_2)$，若误差函数为偶函数，即 $f(\varepsilon) = f(-\varepsilon)$，当 $\theta > 0$ 时，得

到其特征函数:

$$\varphi(\theta) = e^{-c\theta^{\mu+1}}$$

这里 μ 是实数, $c > 0$。其导数几乎没有实际价值。有趣的是, 只有 $-1 < \mu \leqslant 1$ 时, 相应的分布是稳定的。当 $\mu = 1$ 和 $\mu = 0$ 时, 柯西分别得到正态分布和"柯西分布"。

$$f(\varepsilon) = \frac{k}{\pi(1 + k^2\varepsilon^2)}$$

在"论极限系数"中, 柯西讨论了不连续因子及其在概率论中的应用。设误差 x_1, x_2, $\cdots$, x_n 的可靠性函数为 $\omega(x_1, x_2, \cdots, x_n)$, 分布密度分别为 $\varphi_1(x_1)$, $\varphi_2(x_2)$, $\cdots$, $\varphi_n(x_n)$, 且在各自区间 $[\mu_1, v_1], [\mu_2, v_2], \cdots, [\mu_n, v_n]$ 不全为 0。则

$$P(\omega_1 \leqslant \omega \leqslant \omega_2)$$
$$= \int_{\mu_1}^{v_1}\int_{\mu_2}^{v_2}\cdots\int_{\mu_n}^{v_n} I\varphi_1(x_1)\varphi_2(x_2)\cdots\varphi_n(x_n)\,\mathrm{d}x_1\mathrm{d}x_2\cdots\mathrm{d}x_n$$

其中

$$I = \begin{cases} 1, & \omega_1 \leqslant \omega \leqslant \omega_2 \\ 0, & \omega < \omega_1 \text{ 或 } \omega > \omega_2 \end{cases}$$

作为应用, 柯西指出下例就是该类型的不连续因子:

$$I = \frac{1}{2\pi}\int_{\omega_1}^{\omega_2}\mathrm{d}\theta\int_{-\infty}^{\infty} e^{\theta(\tau-\omega)i}\,\mathrm{d}\tau$$

柯西还用近似方法证明了中心极限定理。设误差 ε_i 具有偶密度函数 $f(\varepsilon_i)$, 且在区间 $[-x, x]$ 上不全为 0。$\omega = \sum_{i=1}^{n}\lambda_i\varepsilon_i$, 其特征函数为

$$\Phi(\theta) = \varphi(\lambda_1\theta)\varphi(\lambda_2\theta)\cdots\varphi(\lambda_n\theta)$$

这里 $\varphi(\theta)$ 为误差 ε_i 的特征函数。有

$$P(-v \leqslant \omega \leqslant v) = \int_0^v F(\tau)\,\mathrm{d}\tau = \frac{2}{\pi}\int_0^{\infty}\Phi(\theta)\frac{\sin(\theta v)}{\theta}\mathrm{d}\theta$$

其中 $F(v) = \frac{2}{\pi}\int_0^{\infty}\Phi(\theta)\cos(\theta v)\,\mathrm{d}\theta$ 为 ω 的密度函数。估计上述积

分式：

$$\lambda_i = O(1/n), \qquad \rho = O(\sqrt{n}), \qquad \theta < \rho$$

则有

$$\Phi(\theta) = e^{-s\theta^2}, \qquad s = \sum_{i=1}^{n} \varphi_i \lambda_i^2$$

而

$$\varphi_i \to \int_0^x \varepsilon^2 f(\varepsilon)\, d\varepsilon, \qquad 2s \to \sigma^2 = D\omega$$

可得

$$F(v) = \frac{1}{\sqrt{\pi s}} e^{-v^2/(4s)}$$

$$P(-v \leqslant \omega \leqslant v) = \frac{1}{\sqrt{\pi s}} \int_0^v e^{-x^2/(4s)}\, dx \approx \frac{\sqrt{2}}{\sigma \sqrt{\pi}} \int_0^v e^{-x^2/(2\sigma^2)}\, dx \text{①}$$

柯西与拉普拉斯有着不同的概率思想。拉普拉斯旨在把概率论广泛应用于社会科学，而柯西于 1821 年倡议道：

　　让我们在数学领域内部探索数学科学的研究，而不必急于开拓其领地，不要通过数学公式研究历史，或用代数定理、微积分来批准和认可道德条例。②

柯西是典型的反概率论者，出于对拉普拉斯的敬畏，他没有直接批评拉普拉斯，但对拉普拉斯的继承者泊松给以毫不留情的讽刺和打击。拉普拉斯在《分析概率论》中指出，任何误差频率都要优先选择最小二乘法来研究。1835 年，柯西发表了一种特殊的内插法，宣称优越于拉格朗日和拉普拉斯的内插法而且计算更加简洁。他于 1853 年成功地找到了柯西分布，试图表明可用一种更直接的方法推出最小二乘法的相关值。虽没有

① Kolmogorov A N, Yushkevich A P. Mathematics of the 19th Century. Vol. 3. Basel, Boston, Berlin: Birkhauser, 1992.

② 吴文俊. 世界著名数学家传记. 北京：科学出版社，1990.

给出详细证明，但得出结论：由最小二乘法所得到的未知数之值，并非是感觉上的最可能值。误差理论的发展史证明最小二乘法并非如柯西所说，没有任何应用。恰恰相反，最小二乘法成为数理统计学的灵魂。柯西对最小二乘法的质疑掀起数学界对概率论的反思运动以及哲学家对概率论的反对①，而导致了概率论在法国的暂时性停滞不前。

第四节　比埃奈梅对概率论的研究

比埃奈梅出生于巴黎，其父是高级政府官员。1820 年，比埃奈梅进入法国政界。1836 年晋升为法国高级检察官。1848 年被解雇，1850 年 8 月 8 日再次委任。1852 年 4 月 11 日比埃奈梅辞职并于 4 月 30 日离开政坛。他崇尚科学，其好友有沙勒（Chasles，1793 ~ 1880）、拉梅（G. Lamé，1795 ~ 1870）、凯特勒和切比雪夫等数学家。

一、比埃奈梅的主要贡献

比埃奈梅关于社会学和人口统计学的论文，推动了概率论和数理统计的发展。其主要研究领域为稳定性理论和离差理论、线性最小二乘法理论和极限定理。

在拿破仑第三帝国政府，比埃奈梅是很有影响的统计专家。自 1829 年他开始发表相关文章，早期倾向于人口统计学和精算计算研究，对德帕西厄克斯（A. Déparcieux）和杜维拉德（E. E. Duvilard）的生命表进行了较为详尽的讨论。他用事实反对一直沿用的杜维拉德生命表，指出其预测的死亡率高于实际情况。即使退休以后，比埃奈梅还一直保持着这些研究兴趣，

---

① 哲学家反感数学的傲慢和数学的"帝国主义"，担心概率论会侵入其领地而使哲学失去本色和传统。

曾担任某统计协会大奖的评委达 23 年之久。在 1864 年在参议院所做的报告中，他精确给出退休金的计算方案，受到当时科学界的重视。

比埃奈梅曾给出正确的简单分支过程的临界定理叙述。可能受卡特奥尼夫（L. F. B. de Chǎteauneuf，1776 ~ 1856）的影响，比埃奈梅比高尔顿（F. Galton，1822 ~ 1911）早 30 年正确给出线性回归和线性相关的概念，还给出充分统计量概念的简明解释。

在离差理论中，比埃奈梅引进了一种物理原则。在此原则下，一系列试验成功的比例要比伯努利均匀试验展示出更大变异性，因而这种原则可被用来解释观测的可变性。

比埃奈梅当选为法国科学院院士可能是由于其 1852 年发表在刘维尔（J. Liouville，1809 ~ 1882）的《纯粹数学和应用数学》上的论文，其中推导出 n 个独立同分布的标准正态随机变量平方和服从自由度为 n 的 χ^2 分布。[1]

晚年，基于一系列局部极大值和极小值的研究，比埃奈梅构建了简单组合的"波动"试验，用于观测连续变化量的随机性。在连续型随机变量样本的假设下，对充分大的 n，证得 n 个观测值近似服从正态分布，其数学期望是 $(2n-1)/3$，而方差为 $(16n-29)/90$。

为了维护概率论的科学地位，比埃奈梅与柯西、泊松和贝特朗（J. Bertrand，1822 ~ 1900）等在科学院曾多次展开激烈争论。比埃奈梅认为，概率论不仅是抽象学科，且在一定范围内也是实验学科。虽有时被滥用，但这并不能成为完全拒绝概率论的理由。他承认，数学代表着绝对真理和有效性，其新学科有时会成为错觉和误解的牺牲品。当前的概率论就面临这样的

---

[1]　Bienaymé I J. Sur la probabilité des erreurs d'aprés la methode des moindres carrés. Liouville's J. Math. Pures Appl. , 1852, 17: 33 ~ 78.

境地。他辩解道，自诞生以来，概率论还没有足够发展，因而一些概念尚不成熟①。

比埃奈梅责备柯西，只看到分析学的问题，并把精力浪费在用流行的演绎法替代拉普拉斯的概率演算。柯西认为，拉普拉斯的最小二乘法毫无意义。比埃奈梅对此也进行了猛烈的还击。后来误差理论的发展证实了比埃奈梅的观点。

1855 年，切比雪夫以俄语发表了论文"论连分数"②。该文在正交化多项式的基础上，将设置的矩阵正交化，达到了最小二乘法的效果。比埃奈梅于 1858 年将这篇论文译成法语发表，在所给的导言中提及与柯西 1835 年关于插值法的一场激烈争论。碍于比埃奈梅的干涉，切比雪夫无奈地表明其简洁数学计算方法与通常非正交化的最小二乘法是相当的，进而与柯西的插值法是可以比拟的。

比埃奈梅的概率观点超越了时代，因而难以被同时代学者所接受。其数学描述言简意赅，也让人费解。他喜好争论的怪癖，更遭人拒绝。不停颤抖的手及失眠的毛病，阻碍了比埃奈梅的深入思考和研究，以致没有招收任何弟子。但他对切比雪夫宠爱有加，因而切比雪夫的概率思想深受其影响。

关于比埃奈梅对切比雪夫不等式的优先发明权，马尔可夫和奈克罗斯夫之间有过几次争论。有一次，奈克罗斯夫以切比雪夫 1874 年的论文为依据来说明比埃奈梅的思想被切比雪夫研究透了。马尔可夫反击道，这是对切比雪夫思想的误导。在我所写的论文中仍含有比埃奈梅方法的一般化，但奈克罗斯夫根本没涉及我的论文，这与他的观点是矛盾的。按照马尔可夫所

①　Bienaymé I J. Sur les différences qui distinguent l'interpolation de M. Cauchy de la méthode des moindres carrés, et qui assurent la supériorité de cette méthode. C. R. Hebd. Séances Acad. Sci. , 1853, 37: 5~13.

②　Chebyshev P L. Sur les fractions continués. J. Math. Pures et Appl. , 1858, 3: 289~323.

言，比埃奈梅的思想在马尔可夫链理论的发展中也起到了一定的促进作用。

二、比埃奈梅的统计模型

1839 年，比埃奈梅指出，二项分布重复抽样的相对频率方差大于标准差 $\sqrt{PQ/n}$，并构建新模型来解释这个事实。考虑具有固定原因集合的泊松统计模型，他先抽取样本，再进行 n 重伯努利试验，则有

$$p(x) = \sum w_j C_n^x P_j^x Q_j^{n-x}$$

现称之混合二项分布。[①] 他仅在随机变量 p 为均匀分布时给出论证，并指明其结果也适用于其他分布和各种容量不等的样本。

设相对频率为 $h = x/n$，有 $E(h/C_j) = p_j, D(h/C_j) = P_j Q_j/n$，则有

$$E(h) = \sum w_j p_j = p$$

记 $h - p = (h - p_j) + (p_j - p)$，可得

$$E((h - p)^2/C_j) = E((h - p_j)^2/C_j) + (p_j - p)^2$$

$$D(h) = \frac{1}{n} \sum w_j P_j Q_j + \sum w_j (P_j - P)^2$$

$$= \frac{1}{n} PQ + \frac{n-1}{n} \sum w_j (P_j - P)^2$$

当 $n > 1$ 时，其方差显然大于二项分布的方差；而当 $n = 1$ 时，为泊松所证结果。若随机变量 p 为均匀分布时，则有

$$D(h) = \frac{1}{n} PQ + \frac{n-1}{n} \frac{1}{m} \sum (P_j - P)^2 [②]$$

假设此过程重复 r 次，$\bar{h}$ 为这 r 次相对频率的均值，由中心

---

① 比埃奈梅把 n 叫做持续时间。

② Bienaymé I J. Théorème sur la probabilité des résultats moyens des observations. Soc. Philomat. Paris Extr, 1839, 5: 42 ~ 49.

极限定理知，$\bar{h}$ 的渐进正态分布的均值为 P，方差为

$$D(\bar{h}) = \frac{1}{rn}\left[PQ + (n-1)\sigma_p^2\right], \qquad \sigma_p^2 = \frac{1}{m}\sum(P_j - P)^2$$

此即比埃奈梅公式，其方差的增加依赖于 $(n-1)\sigma_p^2$。

1855 年，比埃奈梅在讨论相对频率性质时指出，泊松大数定理不过是伯努利大数定理的重复，没有实质性的新内容。定理所述 h 以概率收敛于其期望是正确的，但忽略了期望内涵所不同的解释。他还批评泊松所提"大数"术语，认为这是一个模糊概念。[①]

三、比埃奈梅对极限定理的研究

比埃奈梅推广了力学中矩的概念，并发展成为矩方法。正如俄罗斯数学家伯恩斯坦（С. Н. Бернштейн，1880 ~ 1968）所言：

> 西欧数学家的成就在于给出这个经典的"超越"方法，并领悟到矩方法虽不能容易地证明中心极限定理，但却可以分解证明的难度。[②]

1838 年，比埃奈梅证得与中心极限定理相媲美的定理[③]：

若随机变量序列 w_i（$\sum w_i = 1$），$i = 1, 2, \cdots, m$ 关于参数 $x_1, x_2, \cdots, x_m$ 的联合分布为狄利克雷分布，且当 $n = \sum x_i \to \infty$ 时，$r_i = x_i/n$ 为常数，则 $V = \sum r_i w_i$ 的极限分布为标准正态分布。

1852 年，比埃奈梅推广了拉普拉斯的中心极限定理而得到

① Hald A. A History of Mathematical Statistics from 1750 to 1930. New York：Wiley, 1998.

② Бернштейн. С. Н. Распространение Предельной Теоремы Теории Вероятностей на Суммы Зависимых Величин. Усп. мате м. наук, вып. X, 1944.

③ 1919 年，米泽斯（R. von Mises, 1883 ~ 1953）重新获得这一极限定理。

多元正态中心极限定理。其证明思路为：

假设 $y = X\beta + \varepsilon$，$K = (k_1, \cdots, k_m)$ 是一个 $n \times m$ 矩阵的系数，满足 $K'X = I_m$，有 $K'y = \beta + K'\varepsilon$。令 $\tilde{\beta} = K'y$，$z = K'\varepsilon$，则 $\tilde{\beta} = \beta + z$。

又设误差独立同分布于 $f(\varepsilon)$，其有限矩为 μ'_r，$r = 1$，$2, \cdots$，因此 $\tilde{\beta}$ 是 β 的无偏估计，其问题关键是确定 z 的分布。

同拉普拉斯类似，比埃奈梅定义特征函数为

$$\psi_z(t) = E\left(\exp\left(i\sum t_r z_r\right)\right)$$

这里 $z_r = \sum_{j=1}^n k_{jr}\varepsilon_j$，$r = 1, \cdots, m$，$\sum_{r=1}^m t_r z_r = \sum_{j=1}^n s_j\varepsilon_j$，$s_j = \sum_{r=1}^m k_{jr}t_r$，有

$$\psi_z(t) = \prod_{j=1}^n \int \exp(is_j\varepsilon)f(\varepsilon)\,\mathrm{d}\varepsilon$$

设 $\psi(s) = \int e^{is\varepsilon}f(\varepsilon)\,\mathrm{d}\varepsilon$，以指数形式展开并积分得

$$\ln\psi(s) = ik_1 s - \frac{k_2 s^2}{2!} - \frac{ik_3 s^3}{3!} + \frac{k_4 s^4}{4!} + \cdots$$

其中

$$k_1 = \mu'_1$$
$$k_2 = \mu'_2 - \mu_1'^2$$
$$k_3 = \mu'_3 - 3\mu'_2\mu'_1 + 2\mu_1'^3$$
$$k_4 = \mu'_4 - 4\mu'_3\mu'_1 - 3\mu_2'^2 + 12\mu'_2\mu_1'^2 - 6\mu_1'^4$$

令 $E(z_r) = k_1[k_r] = \zeta_r$，比埃奈梅由反演公式

$$f(\varepsilon) = \frac{1}{2\pi}\int e^{-i\varepsilon s}\psi(s)\,\mathrm{d}s$$

得出

$$p(z) = (2\pi)^{-m}\int e^{-iz't}\psi_z(t)\,\mathrm{d}t$$

$$= (2\pi)^{-m}\int \exp\left(-iz't + i\zeta't - \frac{1}{2}k_2 t'K'Kt\right)\mathrm{d}t$$

记 $u_r = \dfrac{z_r - \zeta_r}{\sigma\sqrt{2}}$, $\tau_r = \dfrac{t_r\sigma}{\sqrt{2}}$, $\sigma^2 = k_2$, 对上式积分得

$$p(u) = \pi^{-m}\int \exp(-2iu'\tau - t'K'K\tau)\,\mathrm{d}\tau$$

作变换 $u = H'\upsilon$, $w = H\tau + i\upsilon$, 其中 H 是幅角的上限, 有

$$w'w = \tau'H'H\tau + 2iu'\tau - \upsilon'\upsilon$$

令 $H'H = K'K$, 得

$$2iu'\tau + \tau'K'K\tau = \upsilon'\upsilon + w'w$$

有

$$p(\upsilon) = \pi^{-m/2}\mathrm{e}^{-\upsilon'\upsilon}$$

由于

$$\upsilon'\upsilon = u'(K'K)^{-1}u = \frac{(z-\zeta)'(K'K)^{-1}(z-\zeta)}{2\sigma^2}$$

故所得 n 维随机向量线性函数的渐近正态离差是 $\sigma^2(K'K)$。[1]

　　比埃奈梅指出, 所得极限定理适用于任何具有有限矩的误差分布和任意选定的 K 值, 利用正态分布所得近似分布与均值具有最小偏差。

第五节　凯特勒的正态拟合

　　凯特勒率先把概率统计的方法引入人口、领土、政治、农业、工业、商业、道德等社会领域, 还逐步引入天文、气象、地理、动物、植物等自然领域。正是在凯特勒的倡导和组织下, 第一届国际统计会议于 1851 年在布鲁塞尔召开, 其主要目的是统一官方统计数据, 实施统一的度量制。

---

　　① Bienaymé I J. Sur la probabilité des erreurs d'aprés la methode des moindrescarrés. Liouville's J. Math. Pures Appl. , 1852, 17: 33～78.

一、发现统计规律

凯特勒具有很高的数学造诣，特别是在概率论研究领域。作为拉普拉斯的学生、泊松的好友，他立志将自然科学的方法移植到社会科学领域。这位在法国唯物主义哲学传统中受过良好教育的学者毫不怀疑，人是自然界的创造物，应当遵从自然界的规律。

> 在审视科学对世界研究所走过的道路时，我不理解为什么在研究人的问题方面我们不能走同样的道路，当一切都是按某种规律发生的，只有人类却是自发的，听凭自己摆布而不受任何法则保护，这不是显得很荒唐吗？

凯特勒认为，规律躲避着我们的理智，因为观察到的只是个体行为，大量偶然性、个体特征使我们无法记录下它们。

> 如果人总是从一滴水中观察光线的反射，他就很难理解美丽的彩虹现象。如果仅观察到某个人的死去，就只具有一系列无联系的事实。据此我们焉能理解自然界的任何连续性、任何秩序！为了解那些一般的规律，应当收集大量的观察材料，以便有可能排除那些纯偶然的东西。

根据英国、法国、俄罗斯等的统计资料，凯特勒作出了很多统计分析，发现以往认为从个体来说具有偶然性、从整体来说具有杂乱无章性的社会犯罪现象，也具有一定的规律性。这些国家每年犯罪的次数大体不变，不仅如此，各种类型的犯罪也有着惊人的重复性。凯特勒为这些惊人的发现所震动：

> 这是人类的可悲所在！监狱、铁链和断头台的命运对人类来说就像国家的收入一样，以某种概率被预先决定。甚至可预先计算出来，下一年会有多少人将用和自己一样的血弄脏自己的手，有多少人将是伪造

者，多少人是投毒者，这一切就像能够确定出生与死亡的数量一样。

犯罪统计中所呈现出来的规律性，使凯特勒联想到司法机构的经费预算问题。

> 可以预想每年有同一犯罪以同一序列重复出现。监狱和法院的预算，与国家每年收入几乎同样确定。

1835 年，他在《论人类》中写道：

> 世界上，人们每年按某一惊人的常例来确定用于监狱、刑场和断头台等开支的预算。虽然人们想尽力节约这笔开支，但只要仔细考察这些开支数目，却不幸每年都中了我的预言。

对于凯特勒的上述成就，马克思曾给以肯定：

> 凯特勒先生在 1829 年发表的对犯罪行为的估计，不仅以惊人的准确性预测出了 1830 年法国所发生的犯罪行为总数，而且预测出了罪行的种类。

此外，凯特勒对有关人类的自杀统计、人口统计、婚姻统计、神经病患者统计时，均发现其统计规律。

> 想想看，还有什么能比结婚更个体化的行为呢？多少寻觅、多少思考，多少巨大的偶然性发生在结婚之前，结果怎样呢？你的行为绝不是任意的。在它们的背后隐藏着必然性——构成这一行为完全确定的原因。

凯特勒确认那些表面上似乎杂乱无章的、偶然性占统治地位的社会现象，如同自然现象一样也具有一定的规律性。他认为统计学不仅要记述各国国情，研究社会现象的静态，而且要研究社会生活的动态和社会现象背后的规律性。他还认为社会现象背后的这种规律性是社会内在固有的，而不是"神定秩序"，可通过计算统计指标来揭示这些规律。凯特勒不顾当时统治阶级的偏见，提出犯罪与贫穷之间并不存在着必然联系。

他根据统计资料得出结论：鉴于最贫穷地区的犯罪数目不及经济发达地区的犯罪数目大，因此，犯罪反而与经济走向富裕有关。

二、大数定理应用于社会科学

凯特勒首次在社会科学范畴应用大数定理思想，并把统计学的理论建立在大数定理基础上，认为一切社会现象均受到大数定理支配。如同在物理学中建立严格规律一样，也可在社会科学领域建立起同样的规律。他企图构建一个内容广泛的理论草图。在《社会物理学》中就体现了其设想：

> 总体上所观察到的道德现象逐渐与物理现象的秩序相似，我们将以此作为相应探索的基本原则，观察到的个体数目越大，个体的特殊性，不管是物理的还是道德的，就消失了，只留下一系列社会赖以存在和持续统治的一般事实。

凯特勒认为控制人们行为的规律可分为两类：由自然界所制约的自然原因和人类所固有的"扰动原因"。社会物理学应揭示出在不同的历史时期，自然力和"扰动力"对人类的作用。这些规律只能通过人的大量行为才能表现出来，故社会物理学研究的人不是具有个体特征的单个主体，而是"平均人"，即受社会领域中规律所制约的"取中值"之人。

> 对多数人进行观察时，人的意志可平均化起来，并不留有任何显著的痕迹。所有部分意志的作用，和纯粹受偶然原因所制约的各种现象一样，它们即被中和或抵消了。

此即凯特勒的"平均人"思想。在1835年出版《人及其天赋发展》一书中，凯特勒引进了"平均人"的概念。有的学者称该书标志着人类文明史的一个新时期。

所谓"平均人"是其在一切重要的指标（身体、经济、文化、心理、道德和政治等方面）上具有所讨论群体中一切个体指标的算术平均值。如某市男大学生的"平均人"为身高 1.72 米，体重 64 千克，每月生活费 500 元，每天看报纸 35 分钟等。这种人在现实中不存在，但给人真实的感受，而每个人是这个代表值的反映。

> 我在这里所观测的人，犹如物体的重心，他是一个平均数，各个社会成员都围绕着它摆动不定。不应注意个别人，而应把个别人当作种族的一部分来考察。只有把人的个性去掉之后，才能把存在于人们中间的所有偶然东西摒弃殆尽。这样，那种对于大量现象仅起极小作用的，或完全不起作用的个别特殊性，就自然会平均化起来，从而才能把握住综合的结果。

为此社会统计学者应当找到反映各种社会属性的相应平均值，研究在现实中偏离这些平均值的规律，这样，概率统计思想对社会物理学的意义就变得非常明显。它协调着整个社会科学的研究工作：

> 帮助我们更好地运用观察，评价所使用的消息，判断有哪些情况是最为严重的，从而尽量人为地减少它们与常规的偏离，最后计算出所得结论受到公众信任的程度。

同时他还认为对社会上偏离"平均人"的差异性，也要研究其发生的原因。据他研究，社会上所有的人同"平均人"的偏差愈小，社会上的矛盾也就愈缓和。而文化上的正面引导，则可以减少每个人与"平均人"的偏差，从而减少犯罪的发生。

凯特勒的工作引起了社会的广泛关注，其社会物理学思想、平均人观念、人的各种物理属性所遵从的规律性，统计规律的本性，所有这一切都成为当时和以后很长一段时期学者探讨的热点问题之一。有人指责他赋予道德和智力以"逆来顺受的地位"，破坏了道德的基础，是宿命论，是"委身于唯物主义"

等，如贝特朗在其著作《概率计算》中曾尖刻地批评了凯特勒的"平均人"观点：

> 平均人的躯体被赋予平均人的灵魂。他没有感情和恶习，他不愚蠢也不聪明，他不无知也不好学，他在各方面都很平庸。吃了38年饭后，他虽没有患平均疾病，也没有老，但不得不就死去了。

但凯特勒始终坚持自己的观点，他在《社会物理学》中写道：

> 至于说唯物主义，任何一个思想或观念在尝试科学地迈出新的一步时，或者当哲学要抛弃传统道路，努力寻找新的方向时，总会听到这样的指责。

马克思曾高度评价了凯特勒的研究工作：

> 在那个时代，他作出很大贡献，证明了在社会生活表观上的偶然性由于其周期性的重复和周期性的平均数而表现出的内在必然性，只是他从未成功地说明这个必然性。

三、正态分布的拟合

凯特勒深知要在社会现象中发现规律，必须运用概率论。在《概率计算入门》中写道：

> 概率论在我们将要研究的现象中，对于人们从实际或经验上命名的一切东西，将代之以具有科学性的东西。

凯特勒对概率论的主要贡献是倡导并身体力行将正态分布应用于连续性数据的分析。由于他的努力，19世纪正态分布在统计中得以广泛应用，乃至有的学者称正态分布统治了19世纪的统计学。

社会统计学者常要面对这样的问题：对一些背景不了解的数据，应如何由数据本身判断其同质性。凯特勒提出，一批数据是否充分拟合于某正态分布，可作为该批数据是否同质的一个判据。为实施该想法，凯特勒基于二项分布逼近于正态分布的结果，发明了一种方法，以将一批数据拟合于某正态分布。

从 1831 年始，凯特勒搜集整理了大量关于人体生理测量的数据，如体重、身高和胸围等。1846 年，凯特勒以 5738 名苏格兰士兵的胸围为例，利用其所发明的方法，获得频数分布。经分析研究后，认为胸围围绕着一个平均值而上下波动，呈现出正态分布的特性。该分布规律同在射击时枪弹围着靶子中心分布规律一样，都是大数定理所揭示的正态分布规律。

凯特勒还进一步运用这个规律，检查出自己国家新兵身高频率曲线与理论正态分布曲线不相吻合的情况，推测这可能是征兵工作中出了问题。调查结果发现，果真有几个征兵机关从中作弊。

凯特勒注意到他所收集的许多特征可借助于正态曲线来描述，即存在一个均值和与均值的"误差"，它们如测量误差一样按相同的方式分布。1846 年凯特勒写信给萨克森·科堡的大公爵表达了其想法：若某人去复制 1000 个某指定塑像，这些复制品自然有很多误差，但这些误差却以一种非常简单的方式组合而成。在全部情形中它们与原来的差别很小，这些复制品就像活的一样。那些偏离平均值的误差只不过是由于各种偶然因素的组合造成的。

凯特勒开创了对各类社会现象及其因果关系进行系统的实验研究，特别是在欧洲。凯特勒所提出的思想很快就被当时的科学文化所吸收，因为其与时代是一致的，社会已准备好了接受这样的思想。

凯特勒的统计方法具有一定的局限性，在各个科学领域引进和发展概率统计思想和方法的同时，他也将一切都染上了机械论的色彩。正如丹麦统计学者威斯特葛德所说：

　　凯特勒在统计文献中是那个时代的中心人物。然

而其著作既显示出时代的力量，也显示出那一时代的
缺点。

自凯特勒之后，统计学的发展开始变得复杂而丰富起来。
由于社会领域与自然领域统计学被应用的对象不同，统计学的
发展也呈现出不同的方向和特色。前者称为社会统计学，后者
为数理统计学。

第六节　最小二乘法和正态分布[①]

最小二乘法提供了"观测组合"的主要工具之一，它依据
对某随机事件的大量观测而获得"最佳"结果或"最可能"表
现形式。如已知两随机变量为线性关系 $y = a + bx$，对其观测
$n(n > 2)$ 次而获得 n 对数据。若将这 n 对数据代入方程求解 a、b
的值，则无确定解。最小二乘法提供了一个求解方法，其基本
思想就是寻找"最接近"这 n 个观测点的直线。

一、先驱者的相关研究

天文学和测地学的发展促进了概率论与数理统计学及其他
相关科学的发展。郝德曾指出天文学在数理统计学发展中所起
的作用。

> 天文学自古代至 18 世纪是应用数学中最发达的领
> 域。数学观测和天文学给出了建立数学模型及数据拟
> 合的最初例子，在此意义下，天文学家就是最初的数
> 理统计学家。天文学的问题逐渐引导到算术平均，以
> 及参数模型中的种种估计方法，以最小二乘法为顶峰。
> 这也说明了最小二乘法的重要地位。

---

① 原载于西北大学学报（自然科学版），2006，36（3）：339~343（与贾小
勇合作，有改动）。

有关统计计算思想记载的著作首推天文学家罗杰柯茨的遗作，即 1715 年所刊出的论文，所给方法是对各种观测值赋予加权后求其加权平均。尽管当时得到认可，然而事实证明如此计算的结果不太精确。

1749 年，欧拉在研究木星和土星之间相互吸引力作用对各自轨道影响时，最后得到含 8 个未知量 75 方程的线性方程组。欧拉的求解方法繁杂而奇特，只能看做是一次尝试。

1750 年，天文学家梅耶（T. Meiyer，1723~1762）通过对月球表面上某定点的观测，得到含 3 个未知数 27 个方程的线性方程组。以其中一个方程系数为准，按各方程中此系数的大小分组，最大的 9 个、最小的 9 个和剩下的 9 个分别组成一组。每组内的 9 个方程相加，得到一个方程。再由得到的 3 个方程而求解 3 个未知数。梅耶认为，如此所得解之误差比任意选 3 个方程而求解之误差要小得多，仅为其 $3/27 = 1/9$（实际上为 $1/\sqrt{9} = 1/3$）。由此他得出解类似方程组的一套系统方法，并曾一度相当流行。

直到 1760 年，罗杰·博斯科维奇在研究地球真实形状的有关问题时才指出其不足。他认为梅耶确定方程组解的方法不够精确，应充分满足实际准则，其中包括把一组观测值代入方程组时所产生误差的绝对值之和极小化准则。

1787 年，拉普拉斯在研究天文学时，得到含有 4 个未知数 24 个方程的线性方程组。其求解方法与梅耶相似，先把 24 个方程编号，然后得出 4 个方程，以便解出 4 个未知数。这 4 个方程依次为：

第 1 个：24 个方程之和。

第 2 个：前 12 个方程之和减去后 12 个方程之和。

第 3 个：编号为 3，4，10，11，17，18 的方程之和减去编号 1，7，14，20 的方程之和。

第 4 个：编号为 2，8，9，15，16，21，22 的方程之和减去编号为 5，6，12，13，19 的方程之和。

拉普拉斯并没有给出如此组合的原因，但可看到如此组合可使同一方程至少被使用两次，而前 22 个方程被使用三次。这已比前述结果前进了一大步。可见，早期的数学家们仅致力于组合方程而忽视了整体的均衡性。

二、勒让德创立最小二乘法

最小二乘法理论最早出现在勒让德 1805 年出版的论著《计算彗星轨道的新方法》附录中。该附录占据了这本 80 页小册子的最后 9 页，在前面关于卫星轨道计算的讨论中没有涉及最小二乘法，可以推测他当时感到这一方法尚不成熟。

勒让德在该书第 72～75 页描述了最小二乘法的基本思想、具体做法及其优点。以引进这种方法的理由为开端："所研究的大多数问题都是由观测值来确定其结果，但这几乎总产生形如 $E = a + bx + cy + fz + \cdots$ 方程的方程组，其中 a，b，c，f，$\cdots$ 已知，它们从一个方程到另一个方程是有变动的。而 x，y，z，$\cdots$ 是未知的，它们必须根据将每个方程 E 化为 0 或很小的量来确定。"

用现代术语可描述为，含 n 个未知量 m 个方程的线性方程组（$m > n$）

$$E_j = a_{j0} + a_{j1}x_1 + a_{j2}x_2 + \cdots + a_{jn}x_n, \qquad j = 1,2,3,\cdots,m$$

寻找"最佳"近似解，以使所有 E_j 都变小。勒让德认为：

赋予误差的平方和为极小，则意味着在这些误差间建立了一种均衡性，它阻止了极端情形所施加的过分影响。这非常好地适用于揭示最接近真实情形的系统状态。

为确定误差平方的最小值，勒让德运用了微积分工具。即为使平方和

$$\sum_{i=1}^{m} E_i^2 = E_1^2 + E_2^2 + \cdots + E_m^2$$

在 x_i 变动时有最小值，则它对 x_i 的偏导数必为 0。由此得线性方程组：

$$\sum_{j=1}^{m} a_{ji}a_{j0} + x_1 \sum_{j=1}^{m} a_{ji}a_{j1} + \cdots + x_i \sum_{j=1}^{m} a_{ji}^2 + \cdots$$

$$+x_n \sum_{j=1}^{m} a_{ji}a_{jn} = 0, \qquad i = 1, 2, \cdots, n$$

这样就得到含有 n 个未知量 n 个方程的线性方程组，用"现成的方法"是可以解出的。

关于最小二乘法的优点，勒让德指出：

（1）通常的算术平均值是其特例。即 $n = 1$，$a_{j1} = -1$ 时，令 $b_j = a_{j0}$，则误差平方和为

$$(b_1 - x)^2 + (b_2 - x)^2 + \cdots + (b_m - x)^2$$

对其求关于 x 的偏导数，则使此和极小的方程是

$$(b_1 - x) + (b_2 - x) + \cdots + (b_m - x) = 0$$

故解为

$$x = \frac{b_1 + b_2 + \cdots + b_m}{m}$$

它正是 m 个观测值的算术平均值。

（2）如果观测值全部严格符合某方程组的要求，则此解必是最小二乘法的解。

（3）如果舍弃或增加观测值，则修改所得方程组即可。

勒让德的成功在于他从新的角度来看待问题，不像其前辈那样致力于找出几个方程（个数等于未知数的个数）再去求解，而是考虑误差在整体上的平衡。从某种意义讲，最小二乘法是一个处理观测值的纯粹代数方法。要将其应用于统计推断问题就需要考虑观测值的误差，确定误差分布的函数形式。

三、随机误差的早期研究

伽利略可能是第一个提出随机误差概念并有所研究的学者。他在 1632 年出版的著作《关于两大世界体系的对话》中提及该问题。尽管用的是"观测误差"名称，但所描述的性质实则为随机误差分布。伽利略认为：

（1）所有观测值都可能有误差，其源于观测者、仪器工具及观测条件等。

（2）观测误差对称分布在 0 的两侧，因仪器工具使得观测值比真值大或小的可能性相等。

（3）小误差出现的频率大于大误差。

故伽利略所设想的误差分布函数 $f(x)$ 应满足关于 y 轴对称，且随 $|x|$ 增加而递减等条件。这个定性式讨论的范围，成为日后学者研究的出发点。

辛普森在 1755 年向皇家学会宣读的文章"在应用天文学中取若干观测平均值的好处"中试图证明，若以观测值的平均值估计真值，误差将比单个观测值要小，且随着观测次数的增加而减小。辛普森对一种极特殊的误差分布证明了其结论。他假定在一次天文测量中以秒来度量的误差只能取 0，±1，±2，±3，±4，±5 这 11 个值，而取这些值的概率则以在 0 处最大，然后在两边按比例下降，直到 ±6 处为 0，即

$$P(X = i) = (6 - |i|)r, \qquad i = 0, \pm 1, \pm 2, \cdots, \pm 5$$

其中 $r = 1/36$。根据所给分布，可算得单个误差不超过 1 秒的概率为 $16/36 = 0.444$，不超过 2 秒的是 $24/36 = 0.667$。为了比较，他又计算出 6 个误差的平均值不超过 1 秒的概率是 0.725，不超过 2 秒的是 0.967。易见平均值的估计优于单个值。此可视为第一次从概率角度严格证明算术平均值的优良性。由此辛普森得到现今熟知的独立均匀分布和的密度函数公式。

拉普拉斯与辛普森的研究途径不同，他直接考虑误差理论

的基本问题，即应取怎样的分布为误差分布，以及在确定误差分布后，如何根据未知量 θ 的多次测量结果 θ_1，θ_2，$\cdots$，θ_n 去估计 θ。拉普拉斯可能知道伽利略的有关结论，认为误差分布 $f(x)$ 应满足类似的条件：

（1）$f(x) = f(-x)$。

（2）当 $x \to \infty$ 时，$f(x) \to 0$（因无限大误差的概率为 0）。

（3）$\int_{-\infty}^{\infty} f(x)\,\mathrm{d}x = 1$（因在任意两数值之间曲线下方的面积代表观测具有的误差在这两个值之间的概率）。

为确定误差函数拉普拉斯推理为：由（2）知，随着 x 的增加曲线 $f(x)$ 愈来愈平缓，因而其下降率 $-f'(x)$ 也应随 x 增加而下降。

设 $-f'(x) = mf(x)$，$x \geq 0$，$m > 0$ 且为常数，则可解得

$$f(x) = ce^{-mx}, \quad c > 0 \text{ 且为常数}$$

由 $f(x) = f(-x)$ 得

$$f(x) = ce^{mx}, \quad x < 0$$

再由（3），得 $c = m/2$，于是

$$f(x) = \frac{m}{2}e^{-m|x|}, \qquad -\infty < x < \infty$$

这就是拉普拉斯分布。然而拉普拉斯很快发现，基于这个误差函数的计算是相当繁杂的，故也就不可能有多大的实际应用价值。后来拉普拉斯得到一个更加复杂的函数表达式，几乎没有任何应用价值。

四、高斯和正态分布

1809 年，高斯出版了论著《天体运动理论》。在该书末尾，他写了一节有关"数据结合"的问题，以极其简单的手法导出误差分布——正态分布，并用最小二乘法加以验证。关于最小二乘法，高斯宣称自 1795 年以来他一直使用这个原理。这立刻

引起了勒让德的强烈反击，他提醒说科学发现的优先权只能以出版物确定，并严斥高斯剽窃了他人的成果。他们间的争执持续了多年。

高斯较之于勒让德把最小二乘法推进得更远，他由误差函数推导出这个方法并详尽阐述了最小二乘法的理论依据。其推导过程为：设误差密度函数为 $f(x)$，真值为 x，n 个独立测定值为 x_1，x_2，$\cdots$，x_n，由于观测是相互独立的，因而这些误差出现的概率为

$$L(x) = L(x; x_1, x_2, \cdots, x_n)$$

$$= f(x_1 - x)f(x_2 - x)\cdots f(x_n - x) \tag{3-3}$$

要找出最有希望的误差函数应使 $L(x)$ 达极大，高斯认为 $\bar{x}$ 就是 x 的估计值，并使 $L(x)$ 取得极大值。对式（3-3）两端取对数得

$$\ln L(x) = \sum_{i=1}^{n} \ln f(x_i - x) \tag{3-4}$$

再对式（3-4）求导：

$$\frac{\mathrm{d}\ln L(x)}{\mathrm{d}x} = \sum_{i=1}^{n} \frac{f'(x_i - x)}{f(x_i - x)}$$

记 $g(x) = f'(x)/f(x)$，则有

$$\sum_{i=1}^{n} g(x_i - \bar{x}) = 0$$

求对 x_i 的偏导数：

$$\frac{\partial g}{\partial x_i} + \frac{\partial g}{\partial x_n} \frac{\partial x_n}{\partial x_i} = 0$$

而

$$\sum_{i=1}^{n} x_i - n\bar{X} = 0$$

有

$$\frac{\partial x_n}{\partial x_i} = -1, \qquad i \neq n$$

则对任意 i 有

$$\frac{\partial g}{\partial x_i} = \frac{\partial g}{\partial x_n}$$

即

$$\frac{\partial g}{\partial x_i} = c, \qquad c \text{ 为常数}$$

可得

$$g(x) = cx + b$$

有

$$\sum_{i=1}^{n} g(x_i - \bar{x}) = \sum_{i=1}^{n} \left[c(x_i - \bar{x}) + b \right] = c \sum_{i=1}^{n} (x_i - \bar{x}) + nb = 0$$

因

$$\sum_{i=1}^{n} (x_i - \bar{x}) = 0$$

可推得 $b = 0$，则有

$$g(x) = f'(x)/f(x) = cx$$

积分可得

$$f(x) = k \mathrm{e}^{\frac{1}{2}cx^2}$$

由

$$\int_{-\infty}^{\infty} f(x)\,\mathrm{d}x = 1$$

应有 $c < 0$，取 $c = -\dfrac{1}{\sigma^2}$，可得 $k = \dfrac{1}{\sqrt{2\pi}\sigma}$，则有

$$f(x) = \frac{1}{\sqrt{2\pi}\sigma} \mathrm{e}^{-\frac{x^2}{2\sigma^2}}$$

此即正态分布 $N(0, \sigma^2)$ 的密度函数。

这样可知 $(x_1, x_2, \cdots, x_n)$ 的误差密度函数为

$$\left(\sqrt{2\pi}\sigma\right)^{-n} \exp\left[-\frac{1}{2\sigma^2} \sum_{i=1}^{n} (x_i - x)^2 \right]$$

要使此式达到极大值，必须选取 x_1，x_2，$\cdots$，x_n 的值而使表达式 $\sum_{i=1}^{n} (x_i - x)^2$ 达极小值。于是可得 x_1，x_2，$\cdots$，x_n 的最小二乘法估计。[①]

在推证过程中，高斯有两个创新之处：

（1）不像其前辈那样采取贝叶斯式的推理方式，而是直接构造观测值的似然函数，即导出误差函数使其达极大估计量。

（2）用逆向思维来思考这个问题，即先承认算术平均值 $\bar{x}$ 是所求的估计，即"如果在相同的环境和相等的管理下对任一个量经由多次直接观测确定，则这些观测的算术平均值是最希望值"。这是高斯大胆采用了人们千百年来的实际经验，实为其独创性思维。这也正如他所说："数学，要有灵感，必须接触现实世界。"

至今正态分布仍在现代概率论中占据重要地位，其主要原因为：

（1）密度函数是唯一傅里叶变换不变函数。即正态分布的密度函数与其特征函数形式一致，且只有正态分布具有这种性质。

（2）正态分布是轻尾的。绝大部分个体集中在"中间"附近，这符合较多自然现象和社会现实，因而从某种意义上讲，"正态"就是"和谐"的代名词。

（3）正态分布是无穷可分的。即关注的是可能成为某随机变量序列极限分布所具备的特点。

---

① 徐传胜，张梅东. 正态分布两发现过程的数学文化比较. 纯粹数学与应用数学，2007，23（1）：138~144.

第四章　分析概率论的发展（下）

就非论是，或就是论非，错误；就是论是，或就非论非，
正确。

——亚里士多德，《形而上学》

从概率论的创立至 19 世纪，西欧数学界广泛流行着一种对
概率论的偏见，因其源于"赌博问题"，而认为概率论不过是一
种数学游戏而已，不可能有重大科学应用，因而也不值得严肃学
者来关注。即使概率论在气体动力学、随机误差论和射击论的应
用成就，也难以改变西欧学者的成见。加之拉普拉斯和泊松过分
强调概率论应用于"伦理科学"，并企图以此阐明事件背后"隐
蔽着的神的秩序"，而不考虑社会现象的本质，不考虑它们决定性
的方面，这就几乎断送了概率论作为一门精密学科的前途，以致
19 世纪下半叶该学科在西欧备受抨击，而停滞不前。

"青山遮不住，毕竟东流去"。幸运的是，概率论在俄罗斯
觅得栖息之地，并生根、开花、结果。正是圣彼得堡数学学派
挽救了奄奄一息的概率论学科，他们对概率论提出了更高的要
求，这才使概率论恢复为以一些特殊方法来研究物质世界中随
机现象的一门学科。此后俄罗斯逐步成为世界概率论研究中心，
而引领概率论的研究方向。这种领先地位一直保持到 20 世纪中
叶，部分研究领域至今仍居霸主地位。

第一节　古典概率思想在俄罗斯的
传播和发展

自 19 世纪初期，数学家开始对以往的数学理论和研究方法

展开了全面的反思，以重建一种"新数学"。拉普拉斯的概率论根植于 18 世纪的数学，其研究方法保持着原数学的风格，因而对拉普拉斯概率论的检查和批判成为 19 世纪西欧数学的重要部分。奥斯特罗格拉茨基（M. B. Остроградский，1801～1861）和布尼亚可科夫斯基（B. Я. Буняковский，1804～1889）逆数学潮流而行，把拉普拉斯的概率论传播到俄罗斯，使其在俄罗斯得以充分发展。

一、俄罗斯概率论先驱

与西欧数学文化相比，18 世纪的俄罗斯数学尚处于襁褓之中。在这片贫瘠的土地上，渴求先进文化的植入，犹如嗷嗷待哺的婴儿，需要甘甜的乳汁来喂养。俄罗斯概率论先驱者为概率论的传播和发展作出了卓越贡献。

1. 帕瓦罗夫斯基

第一个将概率论应用于保险业和人口统计的俄罗斯学者是哈尔科夫大学的教授帕瓦罗夫斯基（A. F. Pavlovsky，1789～1875）。他是俄罗斯数学家奥斯波欧夫斯基（T. F. Osipovsky，1765～1832）的追随者。奥斯波欧夫斯基曾任哈尔科夫大学的校长，所编著的《数学教程》Ⅰ～Ⅲ（1801 年，1802 年，1823 年）在俄罗斯第一次引入了高等数学内容。他们用唯物主义思想冲破宗教神学的桎梏，大力提倡科学发展观，尖锐批判唯心主义学说所造成的对大自然现象的歪曲，阐明用实验和观测的方法是探求真理的正确途径，反对康德（Immanuel Kant，1724～1804）关于几何学真理的先验起源观点，认为几何学真理是客观的。帕瓦罗夫斯基在俄罗斯出版了第一本关于概率论的手册《概率论》，阐述了随机思想以及科学推断观点，其中的唯物主义观点在俄罗斯产生了较大影响。

2. 罗巴切夫斯基

罗巴切夫斯基（Nikolai Ivanovich Lobatchevsky, 1792 ~ 1856）创立的非欧几何，从根本上革新和拓展了几何观念，为几何学乃至整个数学领域开辟了崭新的途径。鲜为人知的是罗巴切夫斯基曾写下有关概率论文章。在《广义几何学》中，罗巴切夫斯基写道，要阐明现实空间的性质须诉诸经验：欧几里得空间的三角形内角和为 180° 并不是逻辑结果。唯有靠经验，实际测量三角形各角就能验证真谬。

为减少观测误差可求若干次测量值的算术平均值，罗巴切夫斯基提出：已知 n 次测量误差的各项分布函数，试求其算术平均值的概率分布。他在观测值独立及测量误差服从区间 $[-1, 1]$ 的均匀分布的条件下，圆满解决了该问题。[①]

3. 布拉什曼

布拉什曼（N. D. Brashmna, 1796 ~ 1866）创立了莫斯科数学学会并任第一届主席，切比雪夫是该学会的第一批成员。在莫斯科大学期间，布拉什曼讲授代数函数的积分理论、概率计算、工程力学和水力学等。在 1841 年 6 月 29 日莫斯科大学的纪念仪式上，布拉什曼做了题为"数学科学对人类智力发展的影响"的演讲。

我们极其遗憾地看到，一个重要的数学分支被科研机构和大学彻底忽视了。仅有几所院校开设初等概率论。直到现在，无论是初等还是高等概率论尚无俄

---

① Гнеденко Б В. Развитие Теории Вероятностей в России. Москва：Издательство Академии Наук СССР, 1948.

文著作或译本。我希望俄罗斯科学家尽快弥补这一
缺憾。①

他强调保险业和人口统计等领域都需要概率理论的支撑。
布拉什曼的演讲激发了俄罗斯学者研究概率论的兴趣。切比雪
夫就是深受其影响而以概率问题作为硕士论文选题。

4. 热努夫

莫斯科大学的热努夫（N. E. Zernov, 1804～1862）是俄罗
斯第一位数学博士。他于1843年出版了《保险业和概率论对死
亡人数的推断》一书，该著作共85页，解释了概率论的主要概
念和一些基本定理，推导了大量有利于保险业的操作方法。热
努夫是切比雪夫的数学教师，其数学思想对切比雪夫有着一定
影响。

5. 奥斯特罗格拉茨基

奥斯特罗格拉茨基的研究涉及分析力学、理论力学、数学
物理、概率论、数论和代数学等方面，其最重要的数学工作是
在1828年研究热传导理论的过程中，证明了关于三重积分和曲
面积分之间关系的公式。

奥斯特罗格拉茨基先后发表了6篇有关概率论的论文，致
力于解释各种随机现象，如抽签问题，体育比赛中的机会问题
以及保险业和养老基金问题等，这不仅满足了公众的需要，而
且也为实际计算提供了正确的基础。②

1858年，奥斯特罗格拉茨基在海军学院开设了20讲的概率

---

① Brashman N D. On the influence of the mathematical sciences on the development of intellectual faculties. Moscow, 1841, 30～31.

② Ostrogradsky M V. On insurance （1847）. Complete works. Vol. 3. Kiev, 1961, 238～244.

论课程。前 3 讲后出版成书，但研究结果不是很成功。他感兴趣于拉普拉斯的"道德期望"，曾企图把拉普拉斯的假设一般化，以求得到更一般的道德期望规律。[①] 由乌克兰科学院图书馆现存的奥斯特罗格拉茨基手稿来判断，他曾打算写一部概率论教本，其绪论大半已完成。

遗憾的是，奥斯特罗格拉茨基曾对罗巴切夫斯基的新几何思想横加指责。1832 年，喀山大学学术委员会把罗巴切夫斯基的《几何学原理》呈送圣彼得堡科学院审评。奥斯特罗格拉茨基是新推选的院士，在当时学术界具有很高的声望。科学院委托奥斯特罗格拉茨基作评定。可惜的是，他也没能理解罗巴切夫斯基的新几何思想，甚至比喀山大学的教授们更加保守。奥斯特罗格拉茨基用极其挖苦的语言，对罗巴切夫斯基做了公开的指责和攻击。在鉴定书开头就以嘲弄的口吻写道："看来，作者旨在写一部使人不能理解的著作。他达到了目的。"接着，又进行了歪曲和贬低。最后粗暴地断言："罗巴切夫斯基校长的这部著作谬误连篇，根本不值得科学院关注。"[②]

6. 布尼亚可夫斯基

布尼亚可夫斯基的科学研究范围较广，涉及数论、概率论、人口统计、数学分析、几何学等多个分支，共发表论文 168 篇。为纪念其卓越贡献，圣彼得堡科学院设立了布尼亚可夫斯基优秀数学著作奖。

布尼亚可夫斯基的《数学概率论基础》于 1846 年出版，这是第一部俄文的概率论著作，多年作为俄罗斯的概率论标准教

---

① Ostrogradsky M V. Sur une question des probabilités. Petersb. Bull. , 1848, 6 (21~22): 321~346.

② Штокало И З. История Отечественной Математики. Киев: Издательство Наука думка, 1967.

科书，因而该书对概率论知识在俄罗斯的传播和发展产生了深远影响。

　　布尼亚可夫斯基把自己作为拉普拉斯概率论的继承者，因而奋斗目标是充分展示与传播拉普拉斯和泊松的概率理论和方法。他力图把现有的概率理论加以诠释和通俗化而介绍给自己的同胞，这点在《数学概率论基础》绪论中说得很明确：

　　　　至今尚无任何关于数学概率论的俄文专业书，甚
　　至连译本都没有，因而用俄罗斯语言来写这样的新科
　　学面临着很多困难，既要提炼俄罗斯的专业术语还要
　　理顺其表达方式。①

　　书中布尼亚可夫斯基所翻译的不少概率专业术语后成为俄文的标准术语。如 случайные событие（随机事件）、распределение вероятности（概率分布）、статистика населения（人口统计）、вероятность геометрии（几何概率）、ожидание нравственности（道德期望）等。вероятностей（概率）一词在俄罗斯最早出现于 1789 年，由翻译蒲丰的概率著作而来。也许布尼亚可夫斯基仿效了这种翻译风格。他把"chance"译为"статический"。由于"随机变量"和"极限定理"在当时的任何语言都没有，布尼亚可夫斯基只好把法语和俄语结合起来造出一些术语，如 матемаматическое ожидание 为数学期望，而 закон большого числа（zakon bolshikh chisel）则为大数定理。再用数学期望来解释随机变量，用大数定理解释中心极限定理。②

---

　　①　格涅坚科．概率论教程．丁寿田译．北京：人民教育出版社，1957.
　　②　1836 年，俄罗斯科普学者曾撰文拒绝这种斯拉夫式的造字结构。科尔莫戈罗夫也拒绝这种方式，如对"sposob naimenshikh kvadratov"（最小二乘法）曾建议改为"synonymous naimenshikh kvadratov"。

1855 年，布尼亚可夫斯基将《数学概率论基础》饰以紫红色天鹅绒呈送给刚继位的亚历山大二世。据记载，"书的确被翻过了，但没有留下一点阅读的痕迹。"这可谓历史的重演：1812 年拉普拉斯呈给拿破仑的概率专著也是如此结局。

正是这部著作使布尼亚可夫斯基重新获得圣彼得堡大学的教授职位，并从 1858 年起成为政府在统计、保险业和养老基金等方面的专家。

布尼亚可夫斯基的概率专著在法国也有一定影响，比埃奈梅为了读懂其作品而开始学习俄语。被选为圣彼得堡科学院通讯成员的法国数学家拉梅，于 1820~1830 年在俄罗斯工作期间与布尼亚可夫斯基就概率问题进行了广泛的探讨，对其在概率方面所取得成果表示敬佩。

虽马尔可夫批判了《数学概率论基础》的一些错误观点，但承认该书是一部优美著作。概率论史家普罗尼可夫（Prudnikov）曾评论道：

> 《数学概率论基础》是概率论写作的原始材料、欧洲当时最好的概率论文献之一。它不仅传播了概率论知识，且提升了俄罗斯大学和科研机构对概率论重要性的认识。如莫斯科大学自 1853 年就由达维多夫（Avgust Yul'evich Davidov，1823~1885）开设了概率论课程，其课程宗旨深受该书的影响。[①]

布尼亚可夫斯基是位多才多艺的科学家，他不仅对数学理论很有研究，而且还善于理论联系实际，对机械制作有着浓厚兴趣。他对语言学也很有研究，并把概率论应用于语言学。他参与编纂了科学辞典，不少数学名词由他提炼而得。

布尼亚可夫斯基的法语非常好，这也影响了切比雪夫，加

---

① Sheynin O B. V Ya Buniakovsky's work in the theory of probability. Arch. History Exact Sci. , 1991, 43（2）：199~223.

强了他儿时所学的法语。切比雪夫承认他是首先以法语思维来进行科学思考，而后再以俄文写出来。[①] 布尼亚可夫斯基退休时，举荐切比雪夫接替他讲授概率论课程，并在退休后担任切比雪夫与西方科学家的通讯员。[②] 遗憾的是，他对切比雪夫的概率论论文没有给予足够的重视。

7. 达维多夫

达维多夫是布拉斯曼的追随者。1853 年起任莫斯科大学教授，致力于研究力学和数学问题。自 1850 年始，达维多夫研究有关概率论问题，主要是解释随机观点和概率论的基本概念。他给出客观概率概念，对大数定理和数学观测统计理论进行了研究。虽其研究内容和主要数学命题类似于拉普拉斯和泊松，但他没有考虑概率论在"道德期望"的应用，而是把将概率论应用于医学统计研究。

在 1857 年莫斯科大学的纪念仪式上，达维多夫演讲道，我们实际上在应用着两个平均值。一个由观察实际存在物体所得到（如某物体质量），另一个则是蕴涵数量的平均描述（如面包价值）。从统计观点来看，它们之间没有多大差别。遗憾的是，天文学家和测地学家认为其间的差别太大，乃至今天仍拒绝应用数学统计的研究成果。

1884～1885 年，达维多夫引进了概率分布的积分定理，这是泊松曾猜测过的结果。另外他还考察了凯特勒的著作。

---

① 圣彼得堡以荷兰和法国建筑为蓝本而建造，堪称一座西方城市。当时模仿西欧特别是法国成为时尚，贵族甚至以讲法语为荣，只有对下人说话时才讲俄语。贵族子弟从小就要学习法语。

② 切比雪夫不擅长于写信，信件几乎都由布尼亚可夫斯基来处理。布尼亚可夫斯基去世后，切比雪夫就几乎和西欧数学家失去了联系。

二、圣彼得堡数学学派对古典概率思想的继承和发展

1. 拉普拉斯机械决定论思想的继承和发展

拉普拉斯的哲学观点属于机械唯物论，他否定了自然现象的神学解释。对莱布尼茨企图以数学的臆想来证明神的存在，他惋惜道，儿童时期造成的偏见也可使最伟大的人物走入迷途。不少学者认为，男孩出生率超过女孩是上天的干预。他认为这是在滥用终极①，随着对问题的深入研究这些理由就消失了。拉普拉斯深受牛顿机械决定论思想，认为宇宙的一切发展，早在混沌初开时就完全决定下来。②

最初，布尼亚可夫斯基继承了拉普拉斯机械决定论思想，曾认为：

> 由于数据的缺乏，几乎包含整个人类精神领域的
> 概率论应用受到极大限制。③

这几乎是重复了拉普拉斯的语言。然而，拉普拉斯总是给出一些数据来证明自己的论断，但布尼亚可夫斯基没有给出相应的确证。布尼亚可夫斯基在《数学概率论基础》绪言中赋予概率论至高无上的科学地位。

> 概率论是头脑的创造，提升了人类的知识界限，
> 在此之外不容许人类所超越。概率论研究的是这样一
> 类现象：它们依据我们完全不知道的原因而发生，且
> 由于我们的无知对这些原因也无法做任何假设。④

受拉普拉斯的影响，布尼亚可夫斯基也强调概率论应用于

---

① 终极指现象的目的论解释。
② 现代科学家认为世界具有多个方面，有些不仅未知，且本质上是不可知的。
③ Sheynin O B. V Ya Buniakovsky's work in the theory of probability. Arch. History Exact Sci. , 1991, 43（2）：199~223.
④ 格涅坚科. 概率论教程. 丁寿田译. 北京：人民教育出版社，1957.

"伦理科学"的意义，把复杂的社会现象视为牛顿力学的机械运动。布尼亚可夫斯基在认识论方面的错误几乎到了滥用终极理由的神学和不可知论。他认为：

> 有些哲学家以极不体面的方式，试图把关于证据和传说弱化的概率公式应用到宗教信仰上，以此来动摇它们。①

布尼亚可夫斯基的原意是要在《圣经》等宗教经典中的传说与一般世俗传闻之间划一条明确的界限，对于前者绝对不允许使用概率论手段去分析。对于这种宗教卫道士式言论，马尔可夫在《概率演算》中进行了针锋相对的批判。

> 不管数学公式如何，对不大可能事件的叙述就仿佛对久远年代以前发生的事件一样，显然应该予以极端的怀疑。因此我们无论如何不能同意布尼亚可夫斯基院士的意见，仿佛必须划分出某一类叙述，若怀疑这类叙述就认为是大逆不道。②

尽管接受了拉普拉斯的机械决定论观点，但布尼亚可夫斯基后期观点发生了变化。

> 概率论属于科学体系，它不允许科学家从完全无知中得到正确推断。随机现象不是人类的无知，而是科学的本性。③

与拉普拉斯的观点相比，布尼亚可夫斯基已在正确的认识论上迈出了一大步。

---

① 吴文俊. 世界著名数学家传记. 北京：科学出版社，1990.

② Марков А А. Исчисление вероятностей. 4 - е изд. ГИЗ，1924.

③ Sheynin O B. V Ya Buniakovsky's work in the theory of probability. Arch. History Exact Sci. ，1991，43（2）：199~223.

2. 对概率论本质的认识过程

拉普拉斯认为，概率论就是把同类所有事件划归为一定数量的等可能情况，并且确定在哪些情况下被考虑的事件可能发生。所谓等可能性，即对同类事件以同等程度不能判定哪种事件会发生。① 布尼亚可夫斯基把概率论看做从属于精密科学，并认为：

概率演算是发现可能性规律的一门科学。②

所给概率定义为：

一些事件很可能比其他事件更易发生，概率就是对这种可能性的测量。③

这在当时难以理解，现在看来是概率论公理化的雏形。也许他意识到这个定义难以理解，因而再也没有提及。

1845 年，切比雪夫在其硕士论文中所给概率论的定义为：

概率论研究主题是由已知事件的概率确定相关事件的概率。④

1860 年，切比雪夫讲授概率论时所给定义为：

概率论之目的就是确定某些事件发生机会，这些事件是指任何其出现概率可以确定的事件。因此，从

---

① 概率定义最初源于卡尔达诺的《机会性游戏手册》。在 1678 年 9 月的备忘录中，莱布尼茨宣称 "概率是可能性的度量"。雅各布和棣莫弗所给概率定义，也影响了拉普拉斯，但最直接影响的是孔多塞的概率定义：概率是等可能的组合之比。

② Гнеденко　Б　В. Развитие　Теории　Вероятностей　в　России. Москва：Издательство Академии Наук СССР, 1948.

③ Sheynin O B. V Ya Buniakovsky's work in the theory of probability. Arch. History Exact Sci. , 1991, 43（2）：199～223.

④ Chebyshev P L. Essay on the elementary analysis of the theory of probability（1845）. Reprinted 1951 in Vol. 5 of the author's Complete works. Moscow：Nauk SSSR. pp. 26～87.

数学意义上讲，概率是可以被测量的数值。[1]

这是概率的抽象定义，它向概率论的公理化迈出了启发性一步。切比雪夫认为，只要数理统计和概率论有着密切联系，概率论就不会直接从属于落后的数学知识。

马尔可夫对概率论的数学基础曾表现出悲观情绪：

> 我几乎无法为这些概率计算的基本概念作辩解，因这将会带来一系列无休止的争议，人们认定它应当像几何学那样精确。[2]

另外，马尔可夫没有进入主观概率和客观概率的哲学讨论：

> 我几乎一直在考虑这个无助的问题，那就是概率应为一个明确的数。概率演算的基本对象就是事件在各次试验中的概率，没有这些概率就不会有大数定理。[3]

3. 第一个泊松大数定理支持者

布尼亚可夫斯基对伯努利大数定理的描述有误。他认为，按照伯努利大数定理，随着试验次数的增加，频率和概率间的差异将趋于0。这是强大数定理的结果，而伯努利大数定理属于弱大数定理。他多次重复伯努利大数定理及其应用，根本没有怀疑其收敛性。

参照拉普拉斯的结果，布尼亚可夫斯基正确地推导出棣莫弗－拉普拉斯定理，但错误地称之为伯努利定理。

由于西欧数学界对概率论的极力排斥，泊松大数定理无人认可。而作为拉普拉斯和泊松继承者的布尼亚可夫斯基第一个

① Sheynin O B. Chebyshev's lectures on the theory of probability. Arch. History Exact Sci. , 1994, 46 (1): 321~340.

② Sheynin O B. A. A. Markov's work on probability. Arch. History Exact Sci. , 1989, 39 (3): 337~377.

③ Марков А. А. Исчисление вероятностей. 4 - е изд. ГИЗ, 1924.

支持故友泊松，在《数学概率论基础》中给出泊松大数定理：

设 ξ_1，ξ_2，…为独立同分布随机变量序列，均服从参数为 λ 的泊松分布，则有

$$\lim_{n \to \infty} P\left(\left| \frac{1}{n} \sum_{i=1}^{n} \xi_i - \lambda \right| < \varepsilon \right) = 1$$

正是在此影响下，该定理才逐渐被数学家所承认。

4. 几何概率的研究

沿着蒲丰和拉普拉斯所开创的几何概率方向，布尼亚可夫斯基做了不少研究工作。他把投针试验的平行线推广到矩形网和正三角形网的情形，转化为求针与矩形（三角形）任一边相交的概率。

布尼亚可夫斯基进行了细致的推导，在这复杂的运算过程中，可惜犯了一个错误。他建议通过统计试验来研究超越函数的数值，这就是所谓的蒙特卡罗方法。

1900 年，马尔可夫把投针试验推广到不等边三角形网，其证明过程相当复杂，以致无人愿意检查其结果。

5. 随机游动问题

受拉普拉斯的影响，布尼亚可夫斯基研究了随机游动问题。在国际象棋棋盘上，随机选取两方格 A、B，求置于 A 格的车在 x 步内到达 B 格的概率（车少于 x 步到达的 B 格不考虑在内）。按照规则，该车有 14 种等概率的走法。布尼亚可夫斯基把棋盘上的方格分成 3 组：第一组只有 A 格；第二组为从 A 格可 1 步抵达的 14 个格；余下的 49 格为第三组。据此，他得到 3 个差分方程：

$$u_{x+1} = 14v_x, \qquad v_{x+1} = u_x + 6v_x + 7w_x, \qquad w_x = 2v_x + 12w_x$$

考虑该车 x 步内到达 B 格的各种走法，求得相应概率为

$$p,q,r = \frac{u_x,v_x,w_x}{14^x}$$

计算其均值得

$$\frac{1p + 14q + 49r}{64} = \frac{1}{64}$$

注意其结果不依赖于 x，而且为所有格数的倒数。[①]

6. 抽样统计理论

类似于拉普拉斯，布尼亚可夫斯基于 1850 年发表文章研究军队的伤亡问题。在 N 人参加的战斗中，随机选取 n 人，若在交战某时刻这 n 人中有 i 个伤亡，确定整个战场伤亡数。

设 x 为每个战士伤亡的概率，其伤亡数服从二项分布，则 n 人中恰有 i 个伤亡的概率为

$$P = \frac{n!}{i!(n-i)!}x^i(1-x)^{n-i}$$

而 x 有 $N-n+1$ 个等可能的取值 i/N, $(i+1)/N$, $\cdots$, $(i+N-n)/N$，其相应概率为 P_1, P_2, $\cdots$, P_{N-n+1}，故所求伤亡的最可能数目为 $k = iN/n$。

布尼亚可夫斯基的主要研究工作是确定伤亡数目落在区间 $[k-\omega, k+\omega]$ 的概率 P。利用贝叶斯公式，他假定

$$P = (p_\alpha + p_{\alpha+1} + \cdots + p_\beta)/(p_1 + p_2 + \cdots + p_{N-n+1})$$

其中 $\alpha = k - \omega - i + 1$, $\beta = k + \omega - i + 1$，然后利用麦克劳林－欧拉求和公式和不完全 β 函数估计概率值。[②]

布尼亚可夫斯基利用这些计算编撰了相应的数值表。该表可用于社会生活的多数情形，他举例说明对于大宗物品仅检查

①　Sheynin O B. V Ya Buniakovsky's work in the theory of probability. Arch. History Exact Sci. , 1991, 43 (2)：199~223.

②　Sheynin P B. On V Ya Buniakovsky's work in the theory of probability. Inst. Hist. Nat. Sci. & Technology, No. 17. Moscow, 1988.

其中一小部分的质量就可以了，这可谓开了质量控制先河。后来布尼亚可夫斯基又提出分层抽样的雏形。

奥斯特罗格拉茨基也研究了抽样检查问题。在 1848 年发表的论文"概率论所支撑的一个问题"中，他给出相关统计控制公式，并指出其结果可用来检验产品的质量，且可减轻检验员繁重的检查工作。例如，检查多袋面粉或大量糖果时，其工作量将缩减到原来的 1/20。奥斯特罗格拉茨基很可能已读到布尼亚可夫斯基的文章，但因他后来一直和布尼亚可夫斯基持敌对态度，难以确定其确切观点，直到现在也没有人检查他所导出的公式。

7. 概率论应用于其他数学分支

1) 代数方程

布尼亚可夫斯基的概率著作确保了"数值概率"问题的流行。他解决了具有实根的二次方程随机选取非零整系数问题。若方程

$$x^2 + px + q = 0$$

的系数 p，q 随机取值于 ± 1，± 2，$\cdots$，$\pm m$，求其有实根的概率。该问题导致求不等式

$$p^2 - 4q \geqslant 0, \qquad q > 0$$

的整数解。布尼亚可夫斯基指出，当 $m \to \infty$ 时，所求概率趋于 1。[①]

2) 随机求和

1867 年，布尼亚可夫斯基在"论数值表的求和逼近"（*On the approximate summation of numerical tables*）一文中，解决了几个大量数值随机求和问题。

---

① Sheynin P B. On V Ya Buniakovsky's work in the theory of probability. Inst. Hist. Nat. Sci. & Technology, No. 17. Moscow, 1988.

假设从 1, 2, …, m 中，重复选取 n 个数并求其和。为了确定概率

$$P\left(\left|s - \frac{(m+1)n}{2}\right| \leqslant l\right)$$

其中 s 是所取数值之和，$(m+1)n/2 \equiv a$ 是 s 的平均值，l 是较小的数，他证得

$$P(-\alpha \leqslant s - a \leqslant \alpha) \approx \frac{\sqrt{2}}{\sigma\sqrt{\pi}}\int_0^\alpha \exp[-z^2/(2\sigma^2)]\,\mathrm{d}z$$

其中

$$\sigma^2 = \frac{n(m^2-1)}{12} \text{①}$$

这里 σ^2 是整随机变量之和均匀分布于区间 $[1, m]$ 的方差。实际上，布尼亚可夫斯基推导出这个所取数值之和与其平均值之差服从正态分布 $N(0, \sigma^2)$。

布尼亚可夫斯基利用所得公式求函数值之和及观测值之和。他计算了自变量连续变化时平方根和立方根之和。他还求出了连续 6 个月某地在一天的相同时刻所测大气压平均值，这是其数学表格的实际应用。他强调其方法只能适用于部分表格变量之和，即所有具有相同先验概率的可能值之和。

3) 排列理论

1871 年，布尼亚可夫斯基在"论一类缺陷问题的组合"（*On a special kind of combinations occurring in problems connected with defects*）一文中，研究了一些现今属于随机排列理论问题。他利用母函数逼近解决了问题：若某书籍有一些缺页，或印刷不清晰、超出书面等，则可利用相关排列原理来复原书籍。但

---

① Гнеденко Б В. Развитие Теории Вероятностей в России. Москва：Издательство Академии Наук СССР，1948.

这个方法他再也没有应用和解释过。[①]

4）数的分拆

1875 年，布尼亚可夫斯基求解了数的分拆问题。罐中有标着数字 $1-n$ 的 n 个球，一次从罐中取出 α 个球，确定其数字之和为 s 的概率。

欧拉曾研究过类似问题，注意到乘积形如 $(1 + x^\alpha z)(1 + x^\beta z)(1 + x^\gamma z)$ … 的展开式中 $x^n z^m$ 项的系数，可由含有 α，β，γ，…不同的 m 项表示出来，但没有给出计算结果。

泊松考察了问题的一般情形，但没有给出解答。

1867 年，奥廷格（Ottinger）借用欧拉的数学技巧，把乘积 $(1 + xz)(1 + x^2 z) \cdots (1 + x^m z)$ 转化为 $1 + v_1 z + v_2 z^2 + \cdots + v_m z^m$，并导出表达式的系数

$$v_r = \frac{(x - x^{m+1})(x^2 - x^{m+1}) \cdots (x^r - x^{m+1})}{(1 - x)(1 - x^2) \cdots (1 - x^r)}, \qquad r = 1, 2, \cdots, m$$

他从泊松的研究中找到思路，但也没有完全解决该问题。

布尼亚可夫斯基指出，解决问题的难度就是确定乘积 $(1 + tx)(1 + tx^2) \cdots (1 + tx^n)$ 展开式中 $t^\alpha x^s$ 的系数。当 α 较小时，他利用相当复杂的有限差分方程确定了其系数，并导出递推公式。[②]

5）货物分装

丹尼尔曾利用道德期望研究货物分装问题。即具有同分布的货物若分装在两只船上比全装在一条船上运费的道德期望值要增加。

布尼亚可夫斯基讨论了丹尼尔的研究问题，并把问题推广

---

① Sheynin O B. V Ya Buniakovsky's work in the theory of probability. Arch. History Exact Sci. , 1991, 43 (2)：199～223.

② Зворыкин А А. Биографический Словарь Деятелей Естествознания и Техники. Москва：Издательство Академии Наук СССР, 1959.

为分配到几只船上。拉普拉斯也研究了类似问题，但布尼亚可夫斯基没有提及拉普拉斯的结论。

1880 年，布尼亚可夫斯基又进一步研究了类似问题。他建立了当货物损失概率不等情形而分装在两船的概率模型，并指出道德期望值的增加依赖于资金数量。

布尼亚可夫斯基还把道德期望应用于人口统计研究，其中包括人口年龄的分布问题、死亡率问题和征兵问题，建议在计数劳动力时不要把孩子考虑在内。他对俄罗斯人口统计问题的研究出版了大量著作。这些著作解决了一些实际问题，尤其是推动了保险业和养老金体制的发展。这对俄罗斯人口统计研究的发展起到了重要的作用。他一再强调数字的意义，认为任何不考查数字意义的数学家不是真正的数学家。

8. 概率论应用于社会科学

步拉普拉斯后尘，布尼亚可夫斯基在《数学概率论基础》中以长达 60 页的篇幅叙述"概率分析应用到供词、传说、候选人与不同意见之间的各种选择和依多数表决的司法判决"。

假设 s 个目击者证词为真的概率均为 $p(p>1/2)$，其中 r 人认为某事已发生，余 $s-r=q(q<r)$ 人持相反态度。他求得第一组证词为真的概率为

$$P = \frac{p^{r-p}}{p^{r-p}+(1-p)^{r-p}}$$

结果与 $r-q$ 人态度一致的概率相等。他验证了当 $s=212$，$r=112$ 时，与 $s=r=12$ 时概率相等。[①]

布尼亚可夫斯基又进一步证明相关结论，给出证词为真的概率积分公式，其概率值为区间 [0，1] 的变量。

---

① Sheynin P B. On V Ya Buniakovsky's work in the theory of probability. Inst. Hist. Nat. Sci. & Technology, No. 17. Moscow, 1988.

布尼亚可夫斯基研究了拉普拉斯陪审团裁决的实例, 指出每个陪审员犯错误的概率取值于 [0, 1/2]。布尼亚可夫斯基也考察了证言的四种可能情况。依据从装有标明 1 到 n 的 n 张票的罐中抽取第 i 张票所发生情况, 布尼亚可夫斯基验证了相关概率。最典型例子为: 由俄文 36 个字母中任取 6 个并按取出顺序排列, 有 2 个证人说组成了 Moskva (莫斯科) 单词, 确定 "证词为真" 事件的概率。

假定 6 个俄文字母可组成 5 万个单词, 而证人讲真话的概率均为 9/10, 布尼亚可夫斯基求得 "证词为真" 的概率为 81/82, 并求得真正组成俄文单词的概率为

$$50000 : (36 \cdot 35 \cdot 34 \cdot 33 \cdot 32 \cdot 31) = 1/28048$$

布尼亚可夫斯基还讨论了证人讲真话概率不等情形, 其证词为真的概率为

$$P = \frac{p_1 p_2}{p_1 p_2 + (1 - p_1)(1 - p_2)}$$

取 $p_1 = 81/82$, $p_2 = 1/28048$, 求得 $P \approx 1/347$。这低于一般人按常识判断结果, 因而不符合实际。[①]

马尔可夫在《概率演算》中尖刻地嘲讽了这个概率论应用于 "伦理科学" 的例子, 认为该例

充分阐明在解类似本质上不确定问题时, 难免要引出许多任意性的假设。如果容许证人有错误且取消其证词的独立性, 则所考虑的问题还会有更不确定的性质。[②]

这就一针见血地道破了应用的荒诞不经。

布尼亚可夫斯基研究了秩相关问题。其方法为: 假设某事

① Sheynin O B. V Ya Buniakovsky's work in the theory of probability. Arch. History Exact Sci. , 1991, 43 (2): 199~223.

② Марков А. А. Исчисление вероятностей. 4-е изд. ГИЗ, 1924.

件由 c_1, c_2, $\cdots$, c_i 之一而导致，其未知导致概率分别为 p_1, p_2, $\cdots$, $p_i (p_1 + p_2 + \cdots + p_i = 1)$。先让每个专家以递减顺序排列这些概率值，再确定这些概率值的平均值。

布尼亚可夫斯基宣称，要把概率论应用于法理学研究。他重复了泊松的轻率结论：若每个陪审员给出正确判断的概率相等，则多数陪审员判断正确的概率不依赖于陪审团总人数而与投票数之差相关。若多数人的数值不固定，陪审员的投票之差可以是 1，3，$\cdots$，$(2n-3)$，因而泊松和布尼亚可夫斯基的论断不攻自破。

9. 概率论应用于语言学研究

语言学作为数学与人文科学间的桥梁是数学家和语言学家共同构建的。数学家不仅以数学为工具研究了语言，而且在研究语言的过程中发展了数学科学。1847 年，布尼亚可夫斯基认为，可应用概率论进行语法、词源和语言历史比较研究。

> 相关论述源于我以前对单词结构的概率分析及对语言学的相关讨论。确定单词的有关统计数据，如字母出现频率、单词使用频率、所有字母使用频率的排序、词的分类、外来词的利用等都是很有必要的。通过这些资料可对几种文字进行比较研究，其结论将成为语言学家解释一些不能自圆其说现象的依据。[1]

那时，统计学应用于语言学已经出现，可惜布尼亚可夫斯基没有出版其相关著作。但其概率方法应用于语言学的思想日益受到重视。

正是在研究俄语字母排列问题中，马尔可夫创立了马尔可夫链概念。

---

[1]　Sheynin O B. V Ya Buniakovsky's work in the theory of probability. Arch. History Exact Sci. , 1991, 43（2）: 199～223.

苏联数学家库拉金娜用集合论建立了语言模型，精确定义了一些语法概念。这一模型成为苏联科学院数学研究所和语言研究所联合研制的法俄机器翻译系统的理论基础。

《静静的顿河》的作者考证显示了概率论的威力。该书署名作者为肖洛霍夫，但有人怀疑是哥萨克作家克留柯夫的作品。捷泽等通过计算句子的平均长度、词类统计分析、句子结构分析、频率词的使用等确认作者就是肖洛霍夫。[①]

10. 数学观察理论

数学观察理论的基本问题就是确定随机测量误差的概率分布。在《数学概率论基础》中，布尼亚可夫斯基较详尽地论述了数学观察理论。他首先研究算术平均值的分布和观测误差的线性函数。和拉普拉斯一样，他假设误差取值于某个区间并不服从任何分布，然后证明了相关的极限定理。参照高斯的证明，布尼亚可夫斯基描述了最小二乘法。可惜他没有集中在数学大师的成就上，甚至也没有运用高斯引进的数学符号。

1859 年，布尼亚可夫斯基设计出一个带有微调的机械装置，可计算具有 4 位有效数字的平方和。他试图利用这个仪器引申出调整观察误差的正态方程，但精确度较差。

1867 年，布尼亚可夫斯基就所发明的计算机在圣彼得堡数学与物理系做了一场精彩的报告。该仪器旨在消除传统计算机在进位设置的弊端。他用一些简单的机械排列来替代单位元，因而在从低位向高位转换时变得十分自然。布尼亚可夫斯基所设计的计算机可应用于气象学，直接计算年平均、月平均及日

---

① 代数语言学、统计语言学、应用数理语言学等数学与语言学的交叉学科已应运而生。北京大学首先开设数理语言学课程。我国的"748 工程"从 21 657 039 个汉字样本中，统计出不同的汉字 6374 个，编成《汉字频率表》。1985 年，原北京航空学院（现北京航空航天大学）计算机科学工程系又抽样 11 873 029 个字进行统计，为现代汉字的定量分析提供了大量数据。

平均的相关数据。

受其影响，切比雪夫也设计出数字加法器。理论联系实际是布尼亚可夫斯基和切比雪夫的共同爱好所在。他们对机械制作都有着浓厚的兴趣，共同设计了40余种机器及80余种这些机器的变种。

11. 概率论史研究

圣彼得堡数学学派的许多优秀传统可追溯到欧拉。布尼亚可夫斯基、奥斯特罗格拉茨基、切比雪夫和马尔可夫等都熟悉欧拉和其他18世纪数学家的著作。[①]圣彼得堡数学学派对欧拉著作的兴趣不仅在于历史研究，而且还经常在欧拉的著作中找到研究课题。[②]

蒙蒂克拉曾写过约45页的概率论史，但属于科普性质。拉普拉斯也曾介绍了概率论的发展，但缺乏系统性。布尼亚可夫斯基在《数学概率论基础》中，对概率论发展历史进行了研究。他介绍了概率论的诞生、伯努利大数定理、正态分布、最小二乘法和拉普拉斯的有关研究等。其中也有些不足之处，如他认为，"*Lettreáun ami sur les parties du jeu de paume*"是由不著名数学家所写，实际上为雅各布所著；把棣莫弗发表《机会学说》[③]的时间误写为1716年；没有重点描述雅各布、高斯等数学大师的概率成就等。

布尼亚可夫斯基曾多次参加俄语辞典的编写工作。如他参

---

① 曾有人建议圣彼得堡数学学派改称为欧拉－切比雪夫学派。

② Zdravkovska S, Duren P. Golden years of Moscow mathematics. History of Mathematics, 1993, 6: 1～33.

③ 棣莫弗的书中没有太多理论，他用一长串问题，而不是定理和证明来表达自己的观点。他声称正在创建概率代数，但书中没有多少代数知识，且由于没有多少代数符号，而精心写成了许多长句，用"at a venture"表示"随机取"。他否认了运气在机会游戏中的作用，与卡尔达诺的观点完全相反。

加了普鲁士辞典和圣彼得堡科学院组织的辞典编写。在这两部辞典中，他负责数学术语的编撰。概率术语被编在 1847 年出版的第 1 卷中。纵观布尼亚可夫斯基的研究及其编纂的百科全书、辞典等，可看出他对数学史很感兴趣，且一直保持到晚年。

　　受布尼亚可夫斯基、切比雪夫的影响，马尔可夫对概率论史也产生了兴趣。他研究了伯努利大数定理，探讨了最小二乘法的发展，第一个记录下棣莫弗对概率论的贡献，并引进棣莫弗－拉普拉斯定理概率术语。此外，他还指出斯特林公式的命名是不正确的，因为棣莫弗在公式的推导中起到了关键性的作用。

　　　　棣莫弗第一个导出这个公式，但他没有给出常数
　　的确切值，而斯特林仅求出常数值为 π。[1]

　　马尔可夫发现克罗内克（L. Kronecker, 1823 ~ 1891）早在他之前解决了"切比雪夫"问题，即确定随机选取分数的分子和分母可约分之概率。关于矩方法马尔可夫论证道：

　　　　尽管切比雪夫把矩方法归功于比埃奈梅，正确地
　　讲该方法应称为切比雪夫－比埃奈梅法，或简称切比
　　雪夫法。在比埃奈梅的论文中，矩方法尚不成熟，仅
　　是一个初步形式。而切比雪夫所做的主要工作是：
　　①把该法与极大极小问题相联系；②利用该法证明大
　　数定理和中心极限定理。正是通过切比雪夫的努力，
　　才赋予矩方法重要的价值。[2]

　　后来的研究表明，比埃奈梅不仅给出证明思路，而且给出完整的证明，尽管从上下文来看显得有些孤立。

---

　　①　Sheynin O B. A. A. Markov's work on probability. Arch. History Exact Sci. , 1989, 39（3）：337 ~ 377.

　　②　Gillispie Ch C. Dictionary of Scientific Biography. New York：Charles Scribner's Sons, Vol. 9. 1971. 124 ~ 130.

从 1910 年马尔可夫给查普罗夫（Alexander Alexandrovich Chuprov，1874～1926）的信中，可以判断他不太熟悉凯特勒的工作，但他相信这位比利时统计学家所确定的概率。对凯特勒给出几个含糊的概率表达式，马尔可夫给予了肯定，认为由于生命环境的变化，相应的概率也会发生变化。

从 20 世纪 30 年代起，莫斯科大学就开设了数学史必修课，同时组织了数学史讨论班。1945 年后，俄罗斯数学史研究有了较大发展。1948 年创办了《数学史研究》，专门发表数学史研究成果。

第二节　圣彼得堡数学学派对大数定理理论的发展

所有关于大量随机现象平均结果的稳定性定理，统称为大数定理。"大数定理"术语由泊松首先给出。大数定理刻画了频率的稳定性，而频率稳定性揭示了随机现象固有的规律性，即个别随机现象的行为对大量随机现象产生的平均效果几乎不发生影响，尽管单个随机现象的具体实现不可避免地引起随机误差，然而在大量随机现象共同作用下，其随机误差的互相抵消、补偿和拉平，致使总平均结果趋于稳定。[1]

按现在的数学术语，大数定理的一般形式为：

若 ξ_1，ξ_2，…，ξ_n，…是随机变量序列，如果存在常数列

---

[1]　大数定理的"平均化"影响在物理现象中表现得格外准确。按照现代物理学的观点，任何气体都是由大量不断运动的分子所组成。对每个分子而言，不能预言其在指定时刻的运动速度及位置，但在一定条件下，可计算气体分子以某速度运动的百分率，或有百分之几的分子将落在某指定体积内。这正是物理学所需要的数据，因气体的主要特征——压力、温度、黏度等并不是由个别分子的复杂行为所决定，而是由其集体作用所决定。如气体的压力等于单位时间内撞击在单位面积上的分子总影响。

a_1，a_2，$\cdots$，a_n，$\cdots$，对任意 $\varepsilon > 0$，有

$$\lim_{n \to \infty} P\left(\left| \frac{1}{n} \sum_{k=1}^{n} \xi_k - a_n \right| < \varepsilon \right) = 1$$

则称随机变量序列 ξ_1，ξ_2，$\cdots$，ξ_n，$\cdots$服从大数定理。[①]

　　因定理条件之别，而产生了多种不同的大数定理。继伯努利大数定理、泊松大数定理后，1866 年切比雪夫给出切比雪夫大数定理[②]，这是大数定理的较一般形式，伯努利大数定理和泊松大数定理皆为其特例。马尔可夫进一步推广了大数定理的条件，得到马尔可夫大数定理。而由马尔可夫的缩减法概率思想，又可导出辛钦（A. Я. Хинчин, 1894~1959）大数定理。

一、对伯努利大数定理的研究

1. 尼古拉的研究

　　为了验证男女出生比为 18∶17 的假设，尼古拉以伯努利大数定理为基础，改进了有关不等式。在计算过程中，尼古拉需要估计概率

$$p_d = P(\mid x - np \mid \leqslant d)$$

这里 d 是正整数。他给出定理：对任意 $d > 0$，有

$$\frac{p_d}{1 - p_d} > \min\left(\frac{f_0}{f_d}, \frac{f_0}{f_{-d}} \right) - 1$$

即

$$p_d > 1 - \max\left(\frac{f_d}{f_0}, \frac{f_{-d}}{f_0} \right)$$

并改进雅各布结果为

---

① 这种类型的大数定理属于弱大数定理。

② 该文首先发表在《圣彼得堡科学院通讯》，1867 年被"刘维尔杂志"（《纯粹与应用数学杂志》）转载。

$$k(r,s,c) \geqslant \frac{\ln(c+1)}{\ln[(r+1)/r]} \frac{r+s+1}{r+1} - \frac{s}{r+1} ①$$

在伯努利大数定理中，若 $C = 1000$，则 $k \geqslant 25550$，按尼古拉的估计则可得 $k \geqslant 17350$。

2. 马尔可夫的研究

在未参照尼古拉结果的情况下，马尔可夫也独立导出类似结果。他在《概率演算》中写道，马尔可夫是俄罗斯报告伯努利大数定理证明的第一人，并利用现代符号表示该定理及其证明，而没有限制伯努利所使用的 n、p、ε。在脚注中，马尔可夫指出有两处与伯努利不同，其他均为以现代符号给出定理证明。②

在给定误差范围的条件下，马尔可夫提供了计算尾部概率的方法。他利用斯特林近似公式估计频率值界限，用连分数计算有关尾部纵坐标之比，并举例说明其方法：就 $p = 3/5$，$n = 6520$，应用伯努利大数定理得出

$$0.999028 < P\left(|h_n - p| < \frac{1}{50}\right) < 0.999044$$

3. 切比雪夫的研究

切比雪夫于 1846 年在克雷尔杂志上发表的"概率论中基本定理的初步证明"一文中③，较详尽地研究了伯努利大数定理。他以强几何级数为工具，把尼古拉的思路应用于二项分布各项，得到

①　Hald A. A History of Mathematical Statistics from 1750 to 1930. New York：Wiley，1998.

②　Марков А А. Исчисление вероятностей. 4-е изд. ГИЗ，1924.

③　Chebyshev P L. Démonstration élémentaire d'une proposition générale de la Théorie des probabilités. J. Reine Angew. Math. ，1846，33：259～267.

$$\sum_{i=d+1}^{ks} f_i = f_d \left\{ \frac{f_{d+1}}{f_d} + \frac{f_{d+2}}{f_{d+1}} + \frac{f_{d+1}}{f_d} + \cdots \right\} < f_d = \sum_{i=1}^{\infty} \left(\frac{f_{d+1}}{f_d} \right)^i$$

当 $d = k$ 时, 则有

$$\sum_{i=d+1}^{ks} f_i < f_d \frac{(ks - d)p}{d + p} < \frac{f_d(ks - d)p}{d}$$

而当 $d = m - kr = m - np$, $m > np$ 时, 可得

$$\sum_{x=m+1}^{n} b(x, n, p) < \frac{b(m, n, p)(n - m)p}{m - np}$$

若应用比埃奈梅 – 切比雪夫不等式, 则可得

$$P\left(|h_n - p| \leqslant \frac{1}{t} \right) \geqslant 1 - t^2 \frac{pq}{kt} > \frac{c}{c + 1}$$

于是有 $k \geqslant tpq(c + 1)$。此证明依赖于二项分布的期望和方差。

4. 辛钦重对数律

伯努利大数定理也可叙述为: 设在每次试验中随机事件 A 发生的概率为 p, 重复独立进行 n 次试验, μ_n 为 A 发生的次数, 则依概率有

$$|\mu_n'| = |\mu_n - np| = o(n)$$

即频数与理论发生数之差是试验次数的高阶无穷小, 即随着试验次数的增加上述差愈来愈小。

1913 年, 豪斯道夫 (F. Hausdorff, 1868 ~ 1942) 加强了伯努利的结论: 对任意 $\varepsilon > 0$, 有

$$|\mu_n'| = o(n^{1/2+\varepsilon})$$

1914 年, 英国数学家哈代和李特伍德证得:

$$|\mu_n'| = o(\sqrt{n \ln n})$$

1923 年, 辛钦证明了更强的估计式:

$$|\mu_n'| = o(\sqrt{n \ln \ln n})$$

1924 年, 辛钦又获得结果:

$$P\left(\limsup_{n\to\infty} \frac{|\mu_n'|}{\sqrt{2npq\,\ln\ln n}} = 1\right) = 1^{①}$$

此即重对数律。它揭示了当观测次数增加时，频数与理论发生数最大可能偏差的精确界限。可表述为：对任意给定的正数 $\varepsilon > 0$，$\delta > 0$ 及任意大的 N，可找到正数 $n_0 \geqslant N$，使得

（1）至少有一个 $n \geqslant n_0$ 满足不等式

$$|\mu_n'| > (1 + \delta)\sqrt{2npq\,\ln\ln n}$$

的概率小于 ε，且

（2）至少有一个 $n \geqslant n_0$ 满足不等式

$$|\mu_n'| > (1 - \delta)\sqrt{2npq\,\ln\ln n}$$

的概率大于 $1 - \varepsilon$。[②]

二、对泊松大数定理的研究

切比雪夫第一个给出伯努利大数定理和泊松大数定理的严格证明。1844 年 10 月 17 日，切比雪夫的硕士论文"试论概率论的基础分析"定稿。该文覆盖了概率论的基本理论，包括雅各布和泊松提出的二项分布概率模型以及大数定理、棣莫弗 - 拉普拉斯极限定理、数学观察理论等。文中切比雪夫第一次严格地证明了伯努利大数定理，并把结果推广到泊松大数定理。他系统地把各种概率问题归结为计算随机变量之和与其数学期望的"离差"，并提出"n 的平方根规律"，即频率与概率间的偏差级为 $1/\sqrt{n}$。[③]

切比雪夫的研究动机为：

①　肖果能. 概率论的莫斯科学派. 数学译林，2001，20（2）：158.

②　Гнеденко Б В. Развитие Теории Вероятностей в России. Москва：Издательство Академии Наук СССР，1948.

③　Bernstein S N. On Chebyshev's works on the theory of probability. Reprinted 1964 in author's Collected works，Vol. 4. Moscow：Moskovskogo Universiteta. 409 ~ 433.

以初等数学知识证明概率论中的基本定理和主要应用原理；在观测数据的基础上，为各个科学分支提供支持和服务。[①]

因此，切比雪夫在论文中几乎没用高深的数学知识，故论文显得有些烦琐和冗长，尤其是函数的积分式全用和式表示。他考察了"先验极限"的性质，这是拉普拉斯没有涉及的。

在论文中，切比雪夫应用巧妙的代数方法，严格证明了极限定理：若事件 E 在每次试验中出现的概率为 $p_k(k=1,2,\cdots,n)$，则事件 E 出现的总次数 μ 服从

$$\lim_{n\to\infty}P\left(\left|\frac{\mu}{n}-\frac{\sum\limits_{i=1}^{n}p_i}{n}\right|<\varepsilon\right)=1$$

此即泊松大数定理的极限表达式。切比雪夫认为，泊松不必应用中心极限定理来证明大数定理，且因估计误差未知，其证明不严格。

在逼近分析中，泊松无视几何学家所采用的巧妙方法，而没有给出极限的误差，正是这个不确定性使得整个证明不严密。[②]

切比雪夫通过估计事件 E 发生次数不少于 m 次的概率 p_m，确定了"误差的极限"。他用泊松大数定理给出估计，所得不等式为

$$p_m<\frac{1}{2(m-s)}\sqrt{\frac{m(\mu-m)}{\mu}}\left(\frac{s}{m}\right)^m\left(\frac{\mu-s}{\mu-m}\right)^{\mu-m+1}$$

其中 $s=p_1+p_2+\cdots+p_\mu$，$m>s+1$。

---

① Chebyshev P L. Essay on the elementary analysis of the theory of probability (1845). Reprinted 1951 in Vol. 5 of the author's Complete works. Moscow: Nauk SSSR. 26 ~ 87.

② Прудников В Е. П. Л. Чебышев Ученый и Педагог. Москва: Издательство Академии Наук СССР, 1964.

需要说明的是，无论泊松还是切比雪夫都假定所讨论事件是相互独立的。这个假定在概率论发展初期是如此自然，以致切比雪夫在以后讨论中也没有考察这个条件。在论文中，切比雪夫还指导读者应用标准正态分布表来计算有关概率。尽管这篇文章在当时没有产生很大的影响力，但现在看来，切比雪夫的硕士论文在概率论的新方向——极限理论上迈出了重要一步。

1986 年，普罗霍罗夫对切比雪夫的结果进行了研究。他利用马尔可夫的二项逼近公式：

$$f(n;m) \cdot g(n;m) < C_n^m p^m q^{n-m} < g(n;m); n, m, n-m \geqslant 1$$

其中

$$f(n;m) = \exp\left[\frac{1}{12n} - \frac{1}{12m} - \frac{1}{12(n-m)}\right]$$

$$g(n;m) = \left[\frac{n}{2\pi m(n-m)}\right]^{\frac{1}{2}} \cdot \left(\frac{np}{m}\right)^m \cdot \left(\frac{nq}{n-m}\right)^{n-m}$$

证得切比雪夫估计式中的系数 1/2 可用 $1/\sqrt{2\pi} \approx 0.4$ 来代替。

三、切比雪夫大数定理

概率论在诞生初期虽显示出旺盛的生命力，但在逻辑上存在一些混乱，从而受到一些非难，这就需要固定概率论的逻辑基础，以便维护科学真理和促进概率论的发展。正是圣彼得堡数学学派给门庭冷落的概率论带来了勃勃生机。在西欧先进的数学文化和俄罗斯良好的数学文化背景影响下，切比雪夫最先意识到需在随机变量意义下重新描述某些概率概念，概率论的演算必须满足严格性和简单性的要求。正是在此思想的指导下，圣彼得堡数学学派致力于将概率论植入数学主流、为概率论提供严密而严格的数学基础。他们不仅善于消化和吸收西欧国家先进的数学知识，而且勇于开辟新的研究方向，构建新的概率理论大厦，其研究成果处处闪烁着创造性的光辉。

1. 切比雪夫的概率思想

切比雪夫所从事的大数定理研究属于概率论的古典极限定理范畴。他打破了拉普拉斯的传统概率论观点，强调概率论应用于发现自然科学规律，其概率思想主要表现在：

（1）构建概率理论新体系。首先引入并使用随机变量概念，引进了概率密度函数、特征函数、二阶完全平方及其他一些基本概念，构建了新的概率理论体系。他预见到随机变量及其期望值能带来更灵活算法的课题。现今随机变量是概率论与数理统计中最重要的概念之一。

（2）发展"矩方法"理论。所创造的"矩方法"解决了许多困难的极限估值问题，直到今天仍被广泛运用。

（3）建立比埃奈梅 – 切比雪夫不等式。该不等式是一系列精确估计概率问题的先导。

（4）完善极限定理的证明。第一次严格证明了伯努利大数定理和泊松大数定理，并创立了切比雪夫大数定理，渴望从极限规律中精确地估计任何次试验中的可能偏差。

（5）提出收敛速度之猜想。所提出地估计收敛速度之猜想，即在一定条件下，可能按照 $n^{1/2}$（n 为项数）的方幂渐进展开独立随机变量和的分布函数。后来被证实并影响到 20 世纪对收敛速度的一致估计和分布函数的渐进展开研究。

（6）洞察概率论本质。注重概率及相关概念的抽象化，为概率论公理化打下了基础。

这些概率新思想是圣彼得堡数学学派的理论基础，成为推动俄罗斯概率论发展的动力，引发了古典概率论的变革，改变了概率论的研究方法，促进了概率论向严密数学的转化，为近代概率论的发展奠定了坚实基础。

这些概率思想源于切比雪夫对概率论的研究工作，其独特研究方式可概括为①：

（1）谋求最佳。多角度、全方位地分析问题和研究问题，从多种途径导出同一命题，寻觅最佳方案，表现出其思维的活跃性和整体性。

（2）浅入深出。具有简洁化和初等化风格，尽量用最初等的数学知识获取高深的数学理论，表现出其高屋建瓴的大家风范。

（3）追求精确。注重研究结果的精确化，强调一些近似结果的数量化，试图精确估计在一定次数试验之下极限定理的可能偏差，表现出其缜密思维和一丝不苟的科学研究态度。

（4）重视基础。重视理论基础，善于以经典课题为研究切入点，表明他能够抓住问题的本质，力求统揽的非凡气度。

（5）注重实际。注重理论联系实际，较为详细地研究了概率论在数学观测理论的应用，而几乎没有讨论概率论的社会学应用，表明他能够打破旧的研究模式擅于开辟新的道路。

科尔莫戈罗夫将切比雪夫的概率思想概括为：

> 从方法论观点来看，切比雪夫所带来的根本变革
> 不在于他是第一个在极限理论中坚持绝对精确的数学
> 家（棣莫弗、拉普拉斯和泊松的证明与形式逻辑的背

---

① 切比雪夫出身贵族家庭。他排行第二，左脚生来有残疾，因而童年时代经常独坐家中，养成了在孤寂中思索的习惯。1832 年，切比雪夫全家迁往莫斯科。为了孩子们的教育，父母聘请了波戈列日斯基为家庭教师。波戈列日斯基是当时莫斯科最有名的私人教师和几本流行的初等数学教科书作者。1837 年，切比雪夫进入莫斯科大学，成为哲学系下属的物理数学系学生。在最后一学年，切比雪夫递交了题为"方程根的计算"的论文，其中提出了一种建立在反函数的级数展开式基础之上的方程近似解法，因此获得该年度系里颁发的银质奖章。1843 年，切比雪夫通过了硕士课程考试，并在刘维尔杂志上发表了一篇关于多重积分的文章。1844 年，他又在克雷尔杂志上发表了一篇讨论泰勒级数收敛性的文章。1845 年，他完成了硕士学位论文"试论概率论的基础分析"，于次年夏天通过了答辩。1846 年，切比雪夫在圣彼得堡大学任助教。

景是不协调的，他们不同于雅各布·伯努利，后者用
详尽的算术精确性证明了其极限定理），其主要意义是
他总渴望从极限规律中精确地估计任何次试验中的可
能偏差并以有效的不等式表达出来。[①]

切比雪夫清楚地预见到诸如随机变量、数学期望等概念的
应用价值。虽然这些概念可从"随机事件"和"概率"导出。
科尔莫戈罗夫认为：

> 切比雪夫在研究随机事件 A 时，往往考虑其随机
> 变量 ξ_A 的特征，这样可以使 A 发生的各种情况相一致。
> 其概率 $P(A)$ 不过是随机变量 ξ_A 的期望 $E\xi_A$。这种特
> 征函数方法后来被广泛应用于实变函数之中。[②]

切比雪夫所给概率论定义不同于拉普拉斯的古典概率定义，
实为向概率论公理化迈出的启发性第一步。为说明其观点，切
比雪夫给出几个例子，其中就有确定最简分数的概率。

记 p_m 为素数 m 不是分数 A/B 约分因子的概率，则所求概率
为 $P = p_2 p_3 p_5 \cdots p_m$。而 A（或 B）能被素数 m 整除的概率是 $1/m$，
故 $p_m = 1 - 1/m^2$，有

$$P = (1 - 1/2^2)(1 - 1/3^2)(1 - 1/5^2) \cdots (1 - 1/m^2) \cdots$$
$$1/P = 1 + 1/2^2 + 1/3^2 + 1/4^2 + \cdots = \pi^2/6$$

切比雪夫用 $\ln(\sin x/x)$ 的两种不同级数展开式确定级数
之和：

$$\ln \frac{\sin x}{x} = \ln\left(1 - \frac{x^2}{6} + \frac{x^4}{120} - \cdots\right)$$
$$= \ln\left(1 - \frac{x^2}{\pi^2}\right) + \ln\left(1 - \frac{x^2}{4\pi^2}\right) + \ln\left(1 - \frac{x^2}{9\pi^2}\right) + \cdots$$

① Kolmogorov A N, Yushkevich A P. Mathematics of the 19th Century. Basel, Boston, Berlin: Birkhauser, 1992.

② Sheynin O B. Chebyshev's lectures on the theory of probability. Arch. History Exact Sci., 1994, 46 (1): 321~340.

假设 A, B 相互独立，以相等的概率取值于 $\sqrt{N}$, $\sqrt{N}+1$, $\sqrt{N}+2$, $\cdots$, N, 其中 $\sqrt{N}$ 是很大的自然数，或当 $N\to\infty$ 时，则结论成立。否则，仅为近似值。

切比雪夫注释到，某分数不被 2, 3, 5 约分的概率满足 $1/19 < 1 - P < 1/20$。[1] 这个验证表明了他注重实际的态度。

切比雪夫所给数学期望的定义为：记 E_1, E_2, $\cdots$, E_n 为互不相容的事件组，其测量数值分别是 a_1, a_2, $\cdots$, a_n（若每个事件代表一定的收益，则数值为收益值），其概率分别为 p_1, p_2, $\cdots$, p_n, 则 $\sum_{i=1}^{n} a_i p_i$ 是事件组中事件发生的期望值，即数值 a_1, a_2, $\cdots$, a_n 的数学期望。

切比雪夫所给的数学期望定义已走出赌博模型，形成一般性概念，但尚未考虑随机变量取值无限的情形。另外，尽管切比雪夫给出概率密度函数概念，但没有给出连续型随机变量数学期望定义。

对于切比雪夫的数学严密性，伯恩斯坦曾提出异议：

> 在切比雪夫的概率理论研究中，尤其是在他晚年时，在其讲课中，有时就偏离了自己所倡导的公式明确化和证明严密化。[2]

马尔可夫也曾指出切比雪夫的有关证明缺乏严密性。这些瑕点可在切比雪夫对中心极限定理的证明、数学观测理论中看到。产生的原因之一可能是其兴趣当时没有全在概率论研究上。

---

① 这里切比雪夫错误地把 $1 - p$ 看做不可约的概率。

② Bernstein S N. On Chebyshev's works on the theory of probability. Reprinted 1964 in author's Collected works. Vol. 4. Moscow: Moskov skogo Univer siteta. 409～433.

2. 切比雪夫对几种常见分布的研究

1）泊松试验

母函数概念是拉普拉斯引进的，它是概率论中第一个被系统应用的变换法。在整值随机变量场合母函数是重要工具，可作为特征函数的先导。概率分布与母函数是一一对应的，因而对于概率分布的许多研究可以转化为所对应母函数的研究。母函数另一个重要性质是独立随机变量之和的母函数为这些随机变量的母函数之积。现在由母函数法发展起来的 Z 变换法已成为解决许多问题的重要工具。

切比雪夫利用母函数研究了泊松试验的有关性质[①]。设随机事件 A 在 n 次独立随机试验中发生的概率依次为 p_1，p_2，$\cdots$，p_n，且 $q_i = 1 - p_i$，$p_{n,m}$ 表示 n 次随机试验中随机事件 A 出现 m 次的概率。由于在第 i 次试验随机事件 A 的母函数为

$$P(t) = q_i + p_i t$$

则有

$$(p_1 t + q_1)(p_2 t + q_2)\cdots(p_n t + q_n) = \sum p_{n,k} t^k$$

应用定积分公式

$$A_m = \frac{1}{2\pi} \int_{-\pi}^{\pi} f[\exp(\varphi i)] \cdot \exp(-m\varphi i)\,\mathrm{d}\varphi$$

其中 $f(x) = A_0 + A_1 x + A_2 x^2 + \cdots + A_m x^m + \cdots$，切比雪夫推导出

$$p_{n,m} = \frac{1}{2\pi} \int_{-\pi}^{\pi} [p_1 \exp(\varphi i) + q_1][p_2 \exp(\varphi i)$$
$$+ q_2]\cdots[p_n \exp(\varphi i) + q_n] \cdot \exp(-m\varphi i)\,\mathrm{d}\varphi$$

由于当 φ 值较小时，上式才有意义，由数学变换得

---

① Гнеденко Б В. Развитие Теории Вероятностей в России. Москва：Издательство Академии Наук СССР, 1948.

$$p_{n,m} = \frac{1}{\pi} \int_0^\pi \exp\left(-\frac{nQ\varphi^2}{2}\right)\cos\left[(np-m)\varphi\right]\mathrm{d}\varphi$$

其中 $p = (p_1 + p_2 + \cdots + p_n)/n$，$Q = [pq]/n$。当 n 很大时，假定积分值的上限为无穷大，有

$$p_{n,m} = \frac{1}{(2\pi nQ)^{1/2}}\exp\left[-\frac{(np-m)^2}{2nQ}\right]$$

积分上式则得 m 介于 L，M 间的概率。

若记 $(L - np)/\sqrt{2nQ} = -t$，$(M - np)/\sqrt{2nQ} = t$，$(m - np)/\sqrt{2nQ} = z$，则

$$P\left(-t(2Q/n)^{1/2} < m/n - p < t(2Q/n)^{1/2}\right)$$
$$= \frac{2}{\sqrt{\pi}}\int_0^t \exp(-z^2)\,\mathrm{d}z$$

切比雪夫认为，泊松就是利用上述公式证明了泊松大数定理。[①]

2）二项分布

切比雪夫注意到，若在泊松试验中 p_i 为常数，则为二项分布，其母函数为

$$\sum_{m=0}^n p_{n,m} t^m = (pt + q)^n$$

对 t 求导，并令 $t = 1$，则得

$$E\xi = \sum_{m=0}^n mp_{n,m} = np$$

对 t 求二阶导数，并令 $t = 1$，得

$$E(\xi(\xi - 1)) = \sum_{m=2}^\infty m(m-1)p_k = P''(1)$$

故

① Sheynin O B. Chebyshev's lectures on the theory of probability. Arch. History Exact Sci., 1994, 46（1）：321～340.

$$D\xi = E\xi^2 - (E\xi)^2 = P''(1) + P'(1) - [P'(1)]^2 = npq$$

切比雪夫没有过多的解释其结果，而是直接导出，对任何 $s \neq 0$ 有

$$\sum_{m=0}^{n} p_{n,m} \left(\frac{m - np}{s \sqrt{npq}} \right)^2 = 1/s^2$$

当 $s > 0$ 时

$$P((|m - np|/\sqrt{npq}) < s) > 1 - 1/s^2$$

此即二项分布形式下的比埃奈梅 – 切比雪夫不等式。[①]

由二项分布的概率分布表达式 $p_{n,m} = C_n^m p^m q^{n-m}$，切比雪夫利用纯代数方法得到随机事件出现的最可能值 $m \approx np$。利用斯特林近似公式，切比雪夫得到概率分布的近似表达式

$$p_{n,m} = \frac{n}{[2\pi m(n-m)]^{1/2}} \cdot \frac{n^n p^m q^{n-m}}{m^m (n-m)^{n-m}}$$

并验证了 $m = np$。求概率分布表达式对 m 的导数，利用所求的近似公式，得到更精确的表达式 $m = np - (1 - 2p)/2$。他利用有限差分方程

$$p_{n,m} = pp_{n-1,m-1} + qp_{n-1,m}$$

也获得以上结论。[②]

在二项分布中，若参数 p 未知，切比雪夫估计了其取值范围。假设参数 p 服从 $[0, 1]$ 上均匀分布，则

$$P(p_1 < p < p_2) = \int_{p_1}^{p_2} x^m (1-x)^{n-m} dx \bigg/ \int_0^1 x^m (1-x)^{n-m} dx$$

若 $p_2 - p_1 = 2\omega$，$p_2 + p_1 = 2\rho$，则分子为

$$N = 2\omega(\rho + \theta\omega)^m (1 - \rho - \theta\omega)^{n-m}$$

其中 θ 为真分数，若 $p_2 = m/n + \omega$，$p_1 = m/n - \omega$，有 $\rho = m/n$，

① Штокало И З. История Отечественной Математики. Киев: Издательство Наукwa думка, 1967.

② Bernstein S N. Chebyshev and his influence on the development of mathematics. Uchenye zapiski Moskovskogo Universiteta, 1920, 91: 35~45.

且当 $\omega \to 0$ 时，$N/(2\omega)$ 的极限取得最大值。

假设 $p_1 = m/n + z_1$，$p_2 = m/n + z_2$，z_1，z_2 取值很小，以 $m/n + z$ 代替 x，得

$$N = \int_{z_1}^{z_2} \exp\{-n^3 z^2 / [2m(n-m)]\} dz$$

对分母应用斯特林近似公式，切比雪夫得到

$$P(t_1 < (p - m/n)/s < t_2) = 1/\sqrt{\pi} \int_{t_1}^{t_2} \exp(-t^2) dt$$

其中 $s = [2m(n-m)/n^3]^{1/2}$。[①]

切比雪夫还研究了问题：某事件在 n 重伯努利试验中发生 m 次，确定再进行 k 次试验该事件发生 r 次的概率。易得

$$P = C_k^r \int_0^1 x^{m+k}(1-x)^{n-m+k-r} dx \Big/ \int_0^1 x^m(1-x)^{n-m} dx$$

当 $r = km/n$ 时，P 取得最大值。应用斯特林近似公式，切比雪夫得到

$$P_{\max} = \{n^3 / [2\pi km(n+k)(n-m)]\}^{1/2}$$

对 P 实施变换，再次应用斯特林近似公式，得

$$P = \frac{\exp[-n^3 z^2 / 2km(n+k)(n-m)]}{[2\pi km(n+k)(n-m)/n^3]^{1/2}}, \quad z = r - km/n$$

进而得到积分定理

$$P(0 < r - km/n < t[(2m/n)(1-m/n)(1/n + 1/k)]^{1/2})$$
$$= 2/\sqrt{\pi} \int_0^t \exp(-x^2) dx$$

3）多项分布

随机事件列 A_1，A_2，$\cdots$，A_k 在每次试验中当且仅当出现一个，其概率分别为 p_i $(i = 1, 2, \cdots, k)$，重复试验 n 次。记事件 A_i 出现 m_i $(i = 1, 2, \cdots, k)$ 次的概率为 p，有 $m_1 + m_2 + \cdots + m_k$

---

① Bernstein S N. On Chebyshev's works on the theory of probability. Reprinted 1964 in author's Collected works. Vol. 4. Moscow：Moskov Skogo Universiteta 409 ~ 433.

$= n$，则其母函数为

$$(p_1 t_1 + p_2 t_2 + \cdots + p_n t_n)^n = \sum pt_1^{m_1} t_2^{m_2} \cdots t_k^{m_k}$$

切比雪夫利用随机变量概念，对每个事件赋予数值。即事件 A_i 意味着某确定函数 Θ 的函数值为 $\Theta(i) = s_i$。则在 n 次试验中事件出现的总数为 $\sum m_i s_i = s$。以 $t^{\Theta(i)}$ 代替 t^i，其母函数为

$$\sum pt^s = [p_1 t^{\Theta(1)} + p_2 t^{\Theta(2)} + \cdots + p_k t^{\Theta(k)}]^n$$

假定 $p_i = 1/k$、$\Theta(i) = i$、$p_s = P(m_1 + 2m_2 + \cdots + km_k = s)$，则

$$\sum p_s t^s = t^n (1 + t + t^2 + \cdots + t^{k-1})^n / k^n = \left(\frac{t}{k}\right)^n \frac{(t^n - 1)^n}{(t - 1)^n}$$

设上式右边为幂级数 $f(t) = A_0 + A_1 t + A_2 t^2 + \cdots + A_s t^s + \cdots$，利用积分式

$$A_m = \frac{1}{2\pi} \int_{-\pi}^{\pi} f[\exp(\varphi i)] \cdot \exp(-m\varphi i) \mathrm{d}\varphi$$

得

$$k^n P_s = \frac{1}{2\pi} \int_{-\pi}^{\pi} \exp[\varphi i(n - s)] \left[\frac{\exp(k\varphi i) - 1}{\exp(\varphi i) - 1}\right]^n \mathrm{d}\varphi$$

有

$$P_s = \frac{1}{2\pi} \int_{-\pi}^{\pi} \exp\left[\left(n\frac{k+1}{2} - s\right)\varphi i\right] \left[\frac{\sin(k\varphi)/2}{k\sin\varphi/2}\right]^n \mathrm{d}\varphi$$

$$= \frac{1}{\pi} \int_0^{\pi} \cos\left[\left(n\frac{k+1}{2} - s\right)\varphi\right] \left[\frac{\sin(k\varphi)/2}{k\sin\varphi/2}\right]^n \mathrm{d}\varphi$$

当 k，n 足够大时，导出积分的概率

$$P(-ku\sqrt{n}/6 < s - kn/2 < ku\sqrt{n}/6) = 2/\sqrt{\pi} \int_0^u \exp(-t^2) \mathrm{d}t$$

切比雪夫注释道，此公式可用于区分机会和规律。因此，若 s 为某行星轨道随机倾角的和，则 s/n 一定等于最大倾角的一

半，即为 $90°$。①

3. 比埃奈梅 – 切比雪夫不等式

比埃奈梅 – 切比雪夫不等式是证明概率论极限定理的重要工具，是一系列精确估计概率问题的先导。在 1853 年比埃奈梅递交给科学院的论文中证明了该不等式，而切比雪夫于 1866 年再次证明了这个不等式，这两篇文章被刘维尔同时刊登在《纯粹数学与应用数学》1867 年第 2 期上。

数学史家一致认为，该不等式由比埃奈梅和切比雪夫各自独立发现和建立。故在我国概率论教材中的切比雪夫不等式应称为比埃奈梅 – 切比雪夫不等式。

切比雪夫的证明 1860 年，切比雪夫开始在圣彼得堡大学接替布尼亚可夫斯基讲授概率论，因而其研究兴趣再次转移到概率论。在 1866 年发表的论文"论均值"中，他给出比埃奈梅 – 切比雪夫不等式及其证明。②

定理 4.1 若以 a，b，c，$\cdots$表示 x，y，z，$\cdots$的数学期望，以 a_1，b_1，c_1，$\cdots$ 表示相应的平方 x^2，y^2，z^2，$\cdots$ 的数学期望，记

$$L = a + b + c + \cdots - \alpha \sqrt{a_1 + b_1 + c_1 + \cdots - a^2 - b^2 - c^2 - \cdots}$$

$$M = a + b + c + \cdots + \alpha \sqrt{a_1 + b_1 + c_1 + \cdots - a^2 - b^2 - c^2 - \cdots}$$

则对任何 $\alpha > 0$，有

$$P(L \leq x + y + z + \cdots \leq M) > 1 - 1/\alpha^2$$

也可以假定：

$$L' = \frac{a + b + c + \cdots}{n} - \frac{\alpha}{\sqrt{n}} \sqrt{\frac{a_1 + b_1 + c_1 + \cdots - a^2 - b^2 - c^2 - \cdots}{n}}$$

---

① 这与实际情况有些不符，因轨道倾角并不是随机变化的。

② Chebyshev P L. Des valeurs moyennes. Liouville's J. Math. Pures Appl.，1867，12 (2)：177～184.

$$M' = \frac{a + b + c + \cdots}{n} + \frac{\alpha}{\sqrt{n}} \sqrt{\frac{a_1 + b_1 + c_1 + \cdots - a^2 - b^2 - c^2 - \cdots}{n}}$$

其中 n 为随机变量的个数。则有

$$P\left(L' \leqslant \frac{x + y + z + \cdots}{n} \leqslant M' \right) > 1 - \frac{1}{\alpha^2}$$

此即比埃奈梅 – 切比雪夫不等式。

设 $\xi = x + y + z + \cdots$，则结论表示为

$$P\left(|\xi - E\xi| < \alpha \sqrt{D\xi} \right) > 1 - \frac{1}{\alpha^2}$$

取 $\varepsilon = \alpha \sqrt{D\xi}$，则有

$$P\left(|\xi - E\xi| < \varepsilon \right) > 1 - \frac{D\xi}{\varepsilon^2} = 1 - \frac{D\xi}{\alpha^2 D\xi} = 1 - \frac{1}{\alpha^2}$$

此即现今比埃奈梅 – 切比雪夫不等式表达式。

切比雪夫证明如下（原证明叙述有些繁杂，笔者做了一些简化）：

设

$$P(x = x_i) = p_i, \quad i = 1, 2, \cdots, l, \quad \sum_{i=1}^{l} p_i = 1$$

$$P(y = y_j) = q_j, \quad j = 1, 2, \cdots, m, \quad \sum_{j=1}^{m} q_i = 1$$

$$P(z = z_k) = r_k, \quad k = 1, 2, \cdots, n, \quad \sum_{k=1}^{n} r_i = 1$$

......

由数学期望的定义得

$$a = \sum_{i=1}^{l} x_i p_i, \quad b = \sum_{j=1}^{m} y_j q_j, \quad c = \sum_{k=1}^{n} z_k q_k, \cdots$$

$$a_1 = \sum_{i=1}^{l} x_i^2 p_i, \quad b_1 = \sum_{j=1}^{m} y_j^2 q_j, \quad c_1 = \sum_{k=1}^{n} z_k^2 q_k, \cdots$$

利用以上结果可得

$$\sum_{i=1}^{l}\sum_{j=1}^{m}\sum_{k=1}^{n}(x_i + y_j + r_k + \cdots)^2 p_i q_j r_k$$

$$= a_1 + b_1 + c_1 + \cdots - a^2 - b^2 - c^2 - \cdots$$

因此

$$\sum_{i=1}^{l}\sum_{j=1}^{m}\sum_{k=1}^{n}\frac{(x_i + y_j + z_k + \cdots - a - b - c\cdots)^2}{\alpha^2(a_1 + b_1 + c_1 + \cdots - a^2 - b^2 - c^2 - \cdots)}p_i q_j r_k = 1$$

注意每项都大于 0，去掉使得因子

$$\frac{(x_i + y_j + z_k + \cdots - a - b - c\cdots)^2}{\alpha^2(a_1 + b_1 + c_1 + \cdots - a^2 - b^2 - c^2 - \cdots)}$$

小于 1 的项，则有

$$\sum_{i}\sum_{j}\sum_{k}\frac{(x_i + y_j + z_k + \cdots - a - b - c\cdots)^2}{\alpha^2(a_1 + b_1 + c_1 + \cdots - a^2 - b^2 - c^2 - \cdots)}p_i q_j r_k < \frac{1}{\alpha^2}$$

其中每项 $p_i q_j r_k$ 的系数都满足

$$\frac{(x_i + y_j + z_k + \cdots - a - b - c\cdots)^2}{\alpha^2(a_1 + b_1 + c_1 + \cdots - a^2 - b^2 - c^2 - \cdots)} > 1$$

记 P 表示 x，y，z，$\cdots$ 的取值不满足上式的概率，即满足下式

$$\frac{(x + y + z + \cdots - a - b - c\cdots)^2}{\alpha^2(a_1 + b_1 + c_1 + \cdots - a^2 - b^2 - c^2 - \cdots)} \leqslant 1$$

的概率。因

$$|x + y + z + \cdots - a - b - c - \cdots| <$$

$$\alpha\sqrt{a_1 + b_1 + c_1 + \cdots - a^2 - b^2 - c^2 - \cdots}$$

即为 x，y，z，$\cdots$ 的取值于

$$x + y + z + \cdots < a + b + c + \cdots -$$

$$\alpha\sqrt{a_1 + b_1 + c_1 + \cdots - a^2 - b^2 - c^2 - \cdots}$$

和

$$x + y + z + \cdots < a + b + c + \cdots +$$

$$\alpha\sqrt{a_1 + b_1 + c_1 + \cdots - a^2 - b^2 - c^2 - \cdots}$$

之间的概率。而 $1 - P$ 表示 x，y，z，$\cdots$ 的取值满足式子

$$\frac{(x_i + y_j + z_k + \cdots - a - b - c \cdots)^2}{\alpha^2 \ (a_1 + b_1 + c_1 + \cdots - a^2 - b^2 - c^2 - \cdots)} > 1$$

的概率。则有

$$1 - P < \frac{1}{\alpha^2}$$

故

$$P > 1 - \frac{1}{\alpha^2}$$

证毕[①]。

切比雪夫所证的是不同分布的离散型随机变量序列,其证明之所以冗长而复杂,是因为没有利用现代一些术语,甚至没有用和式符号(这里的和式符号是笔者引进的)。这与他一直坚持用最初等方法证明高深理论的观点是一致的。

切比雪夫将这篇论文同时以俄语刊登在《圣彼得堡科学院通讯》,和以法语发表在刘维尔的《纯粹数学与应用数学》上。直到发表后,切比雪夫才知道比埃奈梅早就给出了相关证明。

4. 切比雪夫大数定理

在"论均值"一文中,切比雪夫给出了切比雪夫大数定理。

定理 4.2 如果量 u_1,u_2,u_3,$\cdots$ 和它们的平方 $u_1{}^2$,$u_2{}^2$,$u_3{}^2$,$\cdots$的数学期望不超过给定的数值,则 N 个量的算术平均值和其数学期望的算术平均值之差不小于某给定的概率,且当 N 趋于无穷时,其值趋于 1。[②]

此即切比雪夫大数定理,用今天的概率符号可表示为:

定理 4.3 设 ξ_1,ξ_2,ξ_3,$\cdots$,ξ_n,$\cdots$是两两不相关的随机

---

① 李文林. 数学珍宝. 北京:科学出版社, 2000.

② Чебышев П Л О. Средних Величинах. Матем. сб т. 2, 1867;Полное собр. соч, т. 2, 1948.

变量序列，且其方差一致有界，则对任意的 $\varepsilon > 0$，皆有

$$\lim_{n \to \infty} P(\,|s_n - Es_n| < \varepsilon) = 1$$

这里 $s_n = \dfrac{1}{n} \sum_{i=1}^{n} \xi_i$。

切比雪夫利用比埃奈梅 – 切比雪夫不等式证得切比雪夫大数定理。伯恩斯坦的研究发现切比雪夫曾试图用特征函数证明大数定理，因当时特征函数概念还达不到数学的严格性要求而放弃。

证明 因为 $\xi_1, \xi_2, \xi_3, \cdots, \xi_n, \cdots$ 两两不相关，故

$$D\left(\frac{1}{n} \sum_{i=1}^{n} \xi_i\right) = \frac{1}{n^2} \sum_{i=1}^{n} D\xi_i \leqslant \frac{c}{n}$$

这里 c 为常数，再由比埃奈梅 – 切比雪夫不等式得

$$P(\,|s_n - Es_n| < \varepsilon) \geqslant 1 - \frac{Ds_n}{\varepsilon^2} \geqslant 1 - \frac{c}{n\varepsilon^2}$$

所以

$$1 \geqslant P(\,|s_n - Es_n| < \varepsilon) \geqslant 1 - \frac{c}{n\varepsilon^2}$$

故当 $n \to \infty$ 时，定理得证。

伯努利大数定理 设 μ_n 是 n 重伯努利试验中随机事件 A 出现的次数，又随机事件 A 在每次试验中出现的概率为 p（$0 < p < 1$），则对任意 $\varepsilon > 0$，恒有

$$\lim_{n \to \infty} P\left(\left|\frac{\mu_n}{n} - p\right| < \varepsilon\right) = 1$$

证明 设（$\xi_i = 1$）表示第 i 次试验出现 A，（$\xi_i = 0$）表示第 i 次试验不出现 A，则

$$E\xi_i = p, \qquad D\xi_i = pq \leqslant \frac{1}{4}$$

而

$$s_n - Es_n = \frac{\mu_n}{n} - p$$

故由切比雪夫大数定理立刻推出伯努利大数定理。伯努利大数定理也可由比埃奈梅 – 切比雪夫不等式直接证得

$$P\left(\left|\frac{\mu_n}{n}-p\right|\geqslant\varepsilon\right)\leqslant\frac{1}{\varepsilon^2}D\left(\frac{\mu_n}{n}\right)=\frac{1}{n\varepsilon^2}D(\xi_i)\leqslant\frac{1}{4n\varepsilon^2}$$

泊松大数定理　若在独立试验序列中随机事件 A 在第 k 次试验出现概率为 p_k，则有

$$\lim_{n\to\infty}P\left(\left|\frac{\mu}{n}-\frac{p_1+p_2+\cdots+p_n}{n}\right|<\varepsilon\right)=1$$

这里 μ 表示随机事件 A 在最初 n 次试验中出现的次数。若以 μ_k 表示在第 k 次试验中事件 A 出现的次数，则有

$$E\mu_k=p_k,\qquad D\mu_k=p_kq_k\leqslant1/4$$

故据切比雪夫大数定理可推出结论。

四、马尔可夫大数定理

从雅各布、泊松、切比雪夫到马尔可夫，他们对大数定理的研究实质是发现大数定理的一般条件，即逐步扩大满足大数定理的随机变量序列范围，从而揭示平均值的统计稳定性，即随机规律性。

马尔可夫不等式　马尔可夫不等式为：设 ξ 为非负随机变量，则对任意实数 $\alpha>0$，有

$$P(\xi\geqslant\alpha)\leqslant\frac{E(\xi)}{\alpha}$$

由此可推出比埃奈梅 – 切比雪夫不等式。

证明　由于 $|\xi-\mu|^2\geqslant\varepsilon^2\Leftrightarrow|\xi-\mu|\geqslant\varepsilon$，据马尔可夫不等式则有

$$P(|\xi-\mu|\geqslant\varepsilon)=P(|\xi-\mu|^2\geqslant\varepsilon^2)\leqslant\frac{E((\xi-\mu)^2)}{\varepsilon^2}=\frac{D(\xi)}{\varepsilon^2}\quad①$$

---

① Markov A A. Selected Works. Leningrad：Yu V Linnik. 1951.

马尔可夫大数定理　1907 年，马尔可夫发表了论文"大数定理对非独立随机变量的推广"，其中他不满足于切比雪夫要求随机变量的方差值一致有界的条件，经过努力找到了两种更弱的条件，极大地改进了切比雪夫的结果。他写道：

> 在推导过程中，切比雪夫仅讨论相互独立随机变量序列，严格限制在这种最简单的情形。……实际上其结果完全可推广到更一般的情形，即相互依赖的随机变量序列。[①]

马尔可夫证明，只要有

$$\frac{1}{n^2} D \left(\sum_{i=1}^{n} \xi_i \right) \to 0$$

则大数定理就能成立，此即马尔可夫大数定理。

证明　利用比埃奈梅 - 切比雪夫不等式得

$$1 \geqslant P(\,|\,s_n - Es_n\,|\, < \varepsilon) = P(\,|\,s_n - E(s_n)\,|\, < \varepsilon)$$

$$\geqslant 1 - \frac{D(s_n)}{\varepsilon^2} = 1 - \frac{D \left(\sum_{i=1}^{n} \xi_i \right)}{\varepsilon^2 n^2}$$

故

$$\frac{1}{n^2} D \left(\sum_{i=1}^{n} \xi_i \right) \to 0 \Leftrightarrow p(\,|\,s_n - Es_n\,|\, < \varepsilon) \to 1$$

在同一篇文章中，马尔可夫得出非独立随机变量和满足大数定理的条件。对某些 $\delta > 0$，以及所有 k（$k = 1, 2, 3, \cdots$），有

$$E\,|\,\xi_k\,|^{1+\delta} \leqslant c, \qquad c > 0$$

迪克豪曼措特斯科（M. A. Tikhomandritskiǐ，1844 ~ 1921）把切比雪夫大数定理推广到连续型随机变量[②]。

---

① Markov A A. Sur quelques cas des théorèmes sur les limites de probabilité et des espérances mathématiques. IAN, 1907, 1 (16)：707~714.
② 迪克豪曼措特斯科是圣彼得堡大学的毕业生，哈尔科夫大学的教授。

马尔可夫在 1907 年给出现代概率论中常用方法——缩减法，由此可导出辛钦大数定理。

辛钦大数定理　若随机变量序列 ξ_1，ξ_2，$\cdots$，独立同分布，且具有有限数学期望 $[E(\xi_k) = a]$，则当 $n \to \infty$ 时，有

$$P\left(\left|\frac{1}{n}\sum_{k=1}^{n}\xi_k - a\right| < \varepsilon\right) \to 1$$

证明　引进新随机变量，若 $|\xi_k| < \delta n$，则 $\eta_k = \xi_k$，$\zeta_k = 0$；若 $|\xi_k| \geq \delta n$，则 $\eta_k = 0$，$\zeta_k = \xi_k$，其中 $\delta > 0$ 为固定数。因而有对任何 k（$1 \leq k \leq n$），$\xi_k = \eta_k + \zeta_k$。

由数学期望和方差的定义可得

$$a_n = E\eta_k = \int_{-\delta n}^{\delta n} x \mathrm{d}F(x)$$

$$D\eta_k = \int_{-\delta n}^{\delta n} x^2 \mathrm{d}F(x) - a_k^2 \leq \delta n \int_{-\delta n}^{\delta n} |x| \mathrm{d}F(x) \leq \delta b n$$

这里 $b = \int_{-\infty}^{\infty} |x| \mathrm{d}F(x)$。因 $n \to \infty$ 时，$a_n \to a$，则当 n 足够大时，对任何 $\varepsilon > 0$，有

$$|a_n - a| < \varepsilon$$

由比埃奈梅 – 切比雪夫不等式得

$$P\left(\left|\frac{1}{n}\sum_{k=1}^{n}\eta_k - a_n\right| \geq \varepsilon\right) \leq \frac{b\delta}{\varepsilon^2}$$

则有

$$P\left(\left|\frac{1}{n}\sum_{k=1}^{n}\eta_k - a\right| \geq 2\varepsilon\right) \leq \frac{b\delta}{\varepsilon^2}$$

而

$$P(\zeta_n \neq 0) = \int_{|x| \geq \delta n} \mathrm{d}F(x) \leq \frac{1}{\delta n} \int_{|x| \geq \delta n} |x| \mathrm{d}F(x)$$

且

$$P\left(\sum_{k=1}^{n}\zeta_k \neq 0\right) \leq \sum_{k=1}^{n} P(\zeta_k \neq 0) \leq n\frac{\delta}{n} = \delta$$

所以

$$P\left(\left|\frac{1}{n}\sum_{k=1}^{n}\xi_k - a\right| \geq 2\delta\right) \leq P\left(\left|\frac{1}{n}\sum_{k=1}^{n}\eta_k - a\right| \geq 2\delta\right)$$

$$+ P\left(\sum_{k=1}^{n}\zeta_k \neq 0\right) \leq \frac{b\delta}{\varepsilon^2} + \delta$$

由 ε、δ 的任意性，上式右边可小于任何正数，定理证毕。[1]

大数定理的充要条件　利用切比雪夫的概率思想，易得类似于马尔可夫大数定理的条件，且为大数定理的充要条件。

定理 4.4　随机变量序列 ξ_1，ξ_2，$\cdots$，对任意正数 $\varepsilon > 0$ 成立

$$\lim_{n\to\infty}P\left(\left|\frac{1}{n}\sum_{k=1}^{n}\xi_k - \frac{1}{n}\sum_{k=1}^{n}E\xi_k\right| < \varepsilon\right) = 1 \qquad (4\text{-}1)$$

的充要条件为，当 $n\to\infty$ 时，有

$$E\frac{\left[\sum_{k=1}^{n}(\xi_k - E\xi_k)\right]^2}{n^2 + \left[\sum_{k=1}^{n}(\xi_k - E\xi_k)\right]^2} \to 0 \qquad (4\text{-}2)$$

证明　首先证明由式（4-2）$\Rightarrow$式（4-1）：

设 $\eta_n = \frac{1}{n}\sum_{k=1}^{n}(\xi_k - E\xi_k)$ 的分布函数为 $\Phi_n(x)$，则有

$$P(|\eta_n| \geq \varepsilon) = \int_{|x|\geq\varepsilon} \mathrm{d}\Phi_n(x) \leq \frac{1+\varepsilon^2}{\varepsilon^2}\int_{|x|\geq\varepsilon}\frac{x^2}{1+x^2}\mathrm{d}\Phi_n(x)$$

$$\leq \frac{1+\varepsilon^2}{\varepsilon^2}\int_{-\infty}^{\infty}\frac{x^2}{1+x^2}\mathrm{d}\Phi_n(x) = \frac{1+\varepsilon^2}{\varepsilon^2}E\frac{\eta_n^2}{1+\eta_n^2}$$

再由式（4-1）$\Rightarrow$式（4-2）

$$P(|\eta_n| \geq \varepsilon) = \int_{|x|\geq\varepsilon}\mathrm{d}\Phi_n(x) \geq \int_{|x|\geq\varepsilon}\frac{x^2}{1+x^2}\mathrm{d}\Phi_n(x)$$

---

[1] Гнеденко Б В. Хинчин А Я. Элементарное Ведение в Теорию Вероятностей, 2-e. Moscow: изд Гостехиздат, 1950.

$$= \int_{-\infty}^{\infty} \frac{x^2}{1+x^2} \mathrm{d}\Phi_n(x) - \int_{|x|<\varepsilon} \frac{x^2}{1+x^2} \mathrm{d}\Phi_n(x)$$

$$\geq \int_{-\infty}^{\infty} \frac{x^2}{1+x^2} \mathrm{d}\Phi_n(x) - \varepsilon^2 = E \frac{\eta_n^2}{1+\eta_n^2} - \varepsilon^2$$

则有

$$0 \leq E \frac{\eta_n^2}{1+\eta_n^2} \leq \varepsilon^2 + P(|\eta_n| \geq \varepsilon)$$

选取 ε 任意小，当 n 足够大时，则上述不等式右边可任意小。定理证毕。[1]

据此定理，可推出前述所有大数定理。

五、伯恩斯坦大数定理

伯恩斯坦[2]对概率论的最大贡献就是把古典概率论和现代概率论联系起来，他把西欧先进数学文化引进到俄罗斯。他曾说：

人类对赌博着迷，因为它让我们跟命运当面抗衡，我们投身这种令人胆寒的战斗，只因自以为有个强大有力的盟友：运气站在我们这边，胜算握在我们手中。[3]

伯恩斯坦最早尝试对概率论基础的严格化，也曾对大数定

---

① 格涅坚科. 概率论教程. 丁寿田泽. 北京：人民教育出版社，1957.

② 伯恩斯坦 1880 年 3 月 6 日生于敖德萨，1968 年 10 月 26 日卒于莫斯科。他 1893 年毕业于法国巴黎大学，1901 年毕业于巴黎综合工科学校。1904 年在巴黎获数学博士学位，1907 年晋升为教授。1914 年在哈尔科夫大学又获纯粹数学博士学位。1907～1933 年在哈尔科夫大学任教，1933～1941 年在列宁格勒综合技术学院和列宁格勒大学工作，1935 年后在苏联科学院数学研究所工作。1925 年当选为乌克兰科学院院士，1929 年当选为苏联科学院院士。他还是巴黎科学院的外国院士，曾获得许多国家的荣誉称号和奖励。伯恩斯坦对偏微分方程、函数构造和多项式逼近理论、概率论都作出了贡献。其主要论著都被收入 1952～1964 年出版的《伯恩斯坦文集》1～4 卷中。

③ Бернштейн С Н. Теория вероятностей. 4-е. изд. Гостехиздат，1950.

理进行了研究，给出伯恩斯坦大数定理。

伯恩斯坦大数定理　设 ξ_1，ξ_2，…为方差有界的随机变量序列，且当 $|j-i|\to\infty$ 时，一致地有 $\mathrm{cov}(\xi_i, \xi_j)\to 0$，则该序列服从大数定理。

证明　记 $D\xi_n=\sigma_n^2$，则存在常数 c，使得 $\sup\limits_n\sigma_n^2\leqslant c$，因而有

$$|\mathrm{cov}\ (\xi_i, \xi_j)|\leqslant|\sigma_i\sigma_j|\leqslant c$$

对任给 $\varepsilon>0$，取 N 足够大，使得当 $|i-j|\geqslant N$ 时，有

$$|\mathrm{cov}\ (\xi_i, \xi_j)|\leqslant\frac{\varepsilon}{2}$$

对取定的 N，存在足够大的 N_1，使得当 $n>N_1$ 时，有 $2Nc/n<\varepsilon/2$。

对任意 $n\geqslant\max(N, N_1)$，在满足 $1\leqslant i, j\leqslant n$ 的 n^2 个数偶 (i, j) 中，满足 $|i-j|<N$ 的有 $n^2-(n-N)^2=2nN$ 个；满足 $|i-j|>N$ 的有 $(n-N)^2$ 个。有

$$\frac{1}{n^2}D\left(\sum_{i=1}^n\xi_i\right)\leqslant\frac{1}{n^2}\Big[\sum_{1\leqslant i,j\leqslant n,\ |i-j|<N}|\mathrm{cov}(\xi_i,\xi_j)|$$

$$+\sum_{1\leqslant i,j\leqslant n,\ |i-j|>N}|\mathrm{cov}(\xi_i,\xi_j)|\Big]$$

$$\leqslant\frac{1}{n^2}\Big[2nNc+(n-N)^2\frac{\varepsilon}{2}\Big]=\frac{2Nc}{n}+\left(\frac{n-N}{n}\right)^2\leqslant\varepsilon$$

由马尔可夫大数定理知，结论成立。

与其他大数定理不同的是，伯恩斯坦注意到随机变量间的相互关系，以协方差一致收敛作为随机变量序列收敛条件。

概率论的基本问题之一就是探索概率接近于 1 的规律，特别是大量独立或弱相依因素累积结果所发生的规律。在实际工作及理论问题中，概率接近于 1 或 0 的事件具有重大意义。大数定理就是研究这种规律的命题之一。

圣彼得堡数学学派在科学上永久性的价值不仅在于窥破了平均数的经验稳定性，而更在于找到了引起平均数统计稳定性

的一般条件。大数定理不仅是概率论的基础，还是连接数理统计的纽带，数理统计的重要方法——参数估计的重要理论基础就是大数定理。因此，圣彼得堡数学学派对大数定理的研究不仅奠定了概率论基础，而且极大地推动了数理统计学的发展。

第三节　圣彼得堡数学学派的中心极限定理思想研究

中心极限定理作为概率论研究中心课题长达两个世纪之多。术语"中心极限定理"由波利亚（G. Polya，1887~1985）于 1920 年给出。[①] 长期以来，对中心极限定理的研究所形成的概率论分析方法，深刻影响着概率论的发展。[②]

1810 年，拉普拉斯推广了棣莫弗的结论，得到棣莫弗 – 拉普拉斯定理。但由于其证明缺乏严密性，泊松、柯西等都试图给出严格证明并推广结果。直至 19 世纪中叶，中心极限定理还仅为简单形式且无满意的严格证明。

1887 年，切比雪夫用矩方法证明了中心极限定理。[③] 马尔可夫进一步完善了其证明，第一个给出中心极限定理的严格证明。[④] 李雅普诺夫于 1900 年给出独立随机变量序列服从中心极限定理的条件，建立了李雅普诺夫定理。他最先系统地应用的

---

① 1912 年，波利亚在匈牙利的布达佩斯大学获得理学博士学位，其博士学位论文《概率演算中的一些问题及相关定积分的研究》中给出"中心极限定理"术语。他是布达佩斯研究概率论的第一人。

② Cramèr H. Half a century with probability theory: some personal recollections. The Annals of Probability, 1976, 4（4）: 509~546.

③ Chebyshev P L. Sur deux théorèmes relatifs aux probabilités. Sur deux théorèmes relatifs aux probabilités. Bull. Phys. -Math. Acad. Sci. st. Pétersbourg, 1887, 55; Acta Math, 1891, 14: 305~315.

④ Sheynin O B. A. A. Markov's work on probability. Arch. History Exact Sci., 1989, 39（3）: 337~377.

特征函数方法，后来成为概率论的基本方法之一。[①]

随着特征函数及其他数学工具的引入，中心极限定理的研究得以较快发展，引发了概率论研究转向近代概率论。20世纪20年代，林德伯格（J. W. Lindeberg）[②] 和莱维（Paul-Pierre Lévy，1886~1971）证明了林德伯格-莱维定理。1935年，林德伯格和费勒（William Feller，1906~1970）又进一步解决了独立随机变量序列的中心极限定理的一般情形，即林德伯格-费勒定理。至此古典中心极限定理得到圆满解决。

一、整数值随机变量序列的中心极限定理证明

正态分布作为一种统计模型，在19世纪极为流行，其主要原因是通过对中心极限定理的研究阐明了其可行性和应用范围。圣彼得堡数学学派充分认识到中心极限定理的重要性，率先对其展开了研究。

切比雪夫对概率论的研究可分为两个阶段：攻读硕士学位期间（1844~1846）和讲授概率论课程期间（1860~1887）。在布拉斯曼的深刻影响下，切比雪夫充分认识到概率论的重要性而撰写了相关的硕士学位论文，提出大数定理的精确化课题。

当接替布尼亚可夫斯基讲授概率论时，切比雪夫再次把研究兴趣聚焦在概率论上。先后研究和推广了大数定理和中心极限定理的条件和结论。关于中心极限定理的证明，切比雪夫发表于1887年，而在讲授概率论时[③]，他用母函数法对整数值随

---

① Liapunov A M. Sur une proposition de la théorie des probabilités. IAN，1900，13（4）：359~386.

② 林德伯格是 Helsingfors 大学的教授，并拥有一个美丽的农场。当有人指责他在科学研究上不是十分积极时，他就说："我是一个农民。"而若有人说他农场经营不好时，他就会说："当然，我的真正工作是一个教授。"

③ 布尼亚可夫斯基 1850~1859 年退休一直在圣彼得堡大学讲授概率论课程，切比雪夫自 1860 年起在圣彼得堡大学讲授概率论。

机变量序列的中心极限定理给出一个较为严格的证明[①]。

1. 拉普拉斯的母函数定义

拉普拉斯在《分析概率论》卷 I 给出母函数的定义：设 y_x 是 x 的任意函数，x 取值为整数值，若

$$u(t) = y_0 + y_1 t + y_2 t^2 + \cdots + y_x t^x + y_{x+1} t^{x+1} + \cdots$$

则称 $u(t)$ 为 y_x 的母函数。

他进一步解释道，变量 y_x 的母函数是关于 t 的幂级数展开式，且拥有 t^x 的系数变量，t^x 的系数表明了 y_x 在级数中的位置，且可据负指数形式向左延伸。

拉普拉斯以母函数为工具解决了大量概率问题。仅以《分析概率论》卷 II 第 2 章的问题 7 为例来说明其思路。

在 $n+1$ 人参加的游戏中，若参加者输掉规定盘数则被淘汰，而赢者与下一位选手继续游戏，直至有人连赢 n 盘为止。求进行 x $(x > n)$ 盘后游戏结束的概率。

拉普拉斯的解法为：设 z_x 为游戏在 x 盘结束的概率，则有

$$z_x = \frac{1}{2} z_{x-1} + \frac{1}{4} z_{x-2} + \cdots + \frac{1}{2^{n-1}} z_{x-n+1}$$

而 z_x 的母函数为

$$\frac{g(t)}{1 - \frac{1}{2} t - \frac{1}{4} t^2 - \cdots - \frac{1}{2^{n-1}} t^{n-1}} = \frac{g(t)(2-t)/2}{1 - t + \frac{t^n}{2^n}}$$

其中 $g(t) = a_0 + a_1 t + \cdots + a_n t^n$，满足 $a_0 = a_1 = \cdots = a_{n-1} = 0$，$a_n = 2^{-(n-1)}$。

拉普拉斯注意到，游戏结束的盘数不多于 x 的概率之母函

---

① 现切比雪夫的讲义内容主要源于李雅普诺夫的听课笔记，他认真记录了老师每一堂的讲解过程。

数等于上式除以 $(1-t)$，然后再利用有限差分方程解得。[1]

2. 切比雪夫利用母函数证明中心极限定理

若随机变量 ξ 是整数值随机变量，且相应的概率分布为 $P(\xi=k)=p_k$，$k=0, 1, \cdots$，则其母函数为

$$P(s) = \sum_{k=0}^{\infty} p_k s^k = E s^{\xi}$$

切比雪夫认为拉普拉斯及以前的数学家对中心极限定理的证明不够严格，因而在讲课时给出整数值中心极限定理的证明：

设随机变量 x, y, z, $\cdots$ 取值于 x_i, y_i, z_i, $\cdots$ 的概率分别为 p_i, q_i, r_i, $\cdots$。记

$$P(x+y+z+\cdots=s)=p_s$$

$$Ex=a, \qquad Ey=b, \qquad Ez=c, \qquad \cdots$$

$$Ex^2=a_1, \qquad Ey^2=b_1, \qquad Ez^2=c_1$$

$$a+b+c+\cdots=A, \qquad a_1-a^2+b_1-b^2+c_1-c^2+\cdots=B$$

利用母函数性质，切比雪夫得到

$$\sum p_s t^s = (p_1 t^{x_1} + p_2 t^{x_2} + \cdots + p_n t^{x_n}) \cdot (q_1 t^{y_1} + q_2 t^{y_2} + \cdots$$

$$+ q_n t^{y_n}) \cdot (r_1 t^{z_1} + r_2 t^{z_2} + \cdots + r_n t^{z_n}) \cdots$$

$$p_s = 1/(2\pi) \int_{-\pi}^{\pi} \left[p_1 \exp(x_1 \varphi i) + \cdots + p_n \exp(x_n \varphi i) \right] \cdots$$

$$\cdot \left[r_1 \exp(z_1 \varphi i) + \cdots + r_n \exp(z_n \varphi i) \right] \cdot \exp(-s\varphi i) \mathrm{d}\varphi$$

$$= 1/(2\pi) \int_{-\pi}^{\pi} \exp(-B\varphi^2/2) \exp(A\varphi i) \exp(-s\varphi i) \mathrm{d}\varphi$$

$$= 1/\pi \int_{0}^{\pi} \exp(-B\varphi^2/2) \cos[(A-s)\varphi] \mathrm{d}\varphi$$

因 B 是方差之和，故为正数且随着随机变量个数的增加而递增。切比雪夫假定积分上限为无穷大，有

[1] Laplace P S M de. Theorie Analytique des Probabilités. Paris：Courcier, 1812.

$$p_s = [1/(2\pi B)]^{1/2} \exp[-(A-s)^2/(2B)]$$

进而得到积分定理

$$P(-u\sqrt{2B} < s - A < u\sqrt{2B}) = 2/\sqrt{\pi} \int_0^u \exp(-t^2)\,dt$$

切比雪夫注释到, 这里所做的某些假设, 可能导致一些错误。从目前看, 当时的数学工具还不能导出满意的边界值。尽管如此, 切比雪夫第一次较严格地证明了中心极限定理。[①]

二、中心极限定理的矩方法证明

在比埃奈梅的矩方法思想影响下, 切比雪夫发展了矩方法理论, 并以此为工具证明了中心极限定理。

1. 圣彼得堡数学学派的矩方法思想

切比雪夫意识到比埃奈梅的矩方法不仅可以解决困难的极限估计问题, 而且还可应用于中心极限定理的证明。在 1874 年递交给法国学术会议的论文"关于积分的极限值"(*Sur les valeurs limites des intégrales*) 中, 他指出矩方法的精髓:

此方法以 $\int_0^A f(x)\,dx, \int_0^A xf(u)\,dx, \int_0^A x^2 f(x)\,dx, \cdots$ 来确

定积分值 $\int_0^a f(x)\,dx$。这里 $A > a$, 且 $f(x)$ 是未知函数并

假定在积分区间内恒为正值。[②]

因此, 若函数 $f(x)$ 在区间 (a, b) 上非负, 且前 $n+1$ 个矩

$$m_k = \int_a^b y^k f(y)\,dy, \qquad k = 0, 1, \cdots, n$$

① Sheynin O B. Chebyshev's lectures on the theory of probability. Arch. History Exact Sci. , 1994, 46 (1): 321~340.

② Chebyshev P L. Oeuvres de P. L. Tchebychef (Markov A, Sonin N eds.). Vol 2. 1899~1907. French translation of Russian edition. Reprinted by Chelsed, New York.

给定，则可在区间 (a, b) 上确定 x 之值，使积分 $\int_a^x f(y)\,\mathrm{d}y$ 在该区间达到最值。

切比雪夫通过连分数收敛于级数

$$\sum m_k / Z^{k+1}$$

的形式分解，给出积分

$$\int_a^x f(x)\,\mathrm{d}x$$

的取值范围以及一些不等式，但没有详细证明。[①]

矩方法还有其他一些应用，如可拟合某概率分布观测点数据，但切比雪夫没有指出这些应用。伯恩斯坦曾认为，对矩方法理解和掌握最好的数学家是李雅普诺夫。尽管李雅普诺夫没有用矩方法证明中心极限定理，但他对矩方法进行了较详尽的研究。

马尔可夫继承了切比雪夫的矩方法思想，在研究中克服种种困难发展矩方法。在 1908 年《概率演算》的德文版引言中，马尔可夫指出，之所以坚持利用矩方法证明中心极限定理和其他定理，其目的就是利用传统数学方法，获得前辈和同时代数学家所取得的研究成果。

马尔可夫的研究向世人展现出圣彼得堡数学学派的最美形象。同切比雪夫一样，马尔可夫采用的数学工具主要是母函数、幂级数、连分数以及代数方程展开为部分分式等，从不采用较高深的数学工具。这种追求初等形式的观点需要娴熟的数学技巧，需要付出更大的努力。只有当重复马尔可夫的工作，才能真正体会到其研究的美感。

在 1884 年的"某些切比雪夫积分的证明"（*Démonstration de certaines inégalités de M. Tchebycheff*）论文中，马尔可夫严格证

---

① 马尔可夫称之为"切比雪夫问题"。

明了切比雪夫所提出的一些不等式，并在同年通过的博士论文第三部分给出切比雪夫问题的完整解答。在 1897 年的一系列论文中做了进一步的阐述，其中最重要的一篇是"关于矩的 L 问题"。文中他把切比雪夫问题拓广为：

若已知：

(1) $m_k = \int_a^b x^k f(x) \,\mathrm{d}x \, (k = 0,1,2,\cdots,n+1)$。

(2) $0 \leqslant f(x) \leqslant L (L$ 为常数)。

(3) $g(x)$ 为 (a, b) 上的已知实函数。

确定积分 $\int_a^b f(x) g(x) \,\mathrm{d}x$ 对所有 $f(x)$ 的最值[①]。

这里出现了泛函的雏形。马尔可夫是在 $g(x)$ 前 $n+1$ 阶导数存在，且在 (a, b) 上不变号的条件下解决了该问题。

荷兰数学家斯蒂尔切斯（Th. J. Stieltjes，1856～1894）同时也进行了类似研究，他在"关于所谓力学积分法的研究"一文中给出与马尔可夫相近的结果。俄罗斯数学界宣称拥有优先权。斯蒂尔切斯声称未见马尔可夫的论文，也不知切比雪夫所提问题。后来马尔可夫与斯蒂尔切斯成为好友，他们频繁交流在矩理论以及有关内插法、构造积分、余项估价和连分数等方面的新成果。

斯蒂尔切斯的"论连分数的研究"综述了有关研究结果，并解决了无穷区间 $(0, \infty)$ 上的矩问题，给出所要寻找函数的一切整数阶矩的连分数表达式。马尔可夫在 1895 年发表的"某些连分数收敛性的两个证明"（*Deux démonstrtions de la convergence de certaines fractions continues*）中，给出了斯蒂尔切斯连分数收敛的充要条件：

---

① Марков А А. Биография А. А. Маркова. Москва：Издательство Академии Наук СССР，1951.

$$\varlimsup_{k \to \infty} \sqrt[k]{m_k} < \infty \ ①$$

马尔可夫和斯蒂尔切斯皆从经典分析中的问题出发，试图对积分的上、下界给出精确估计，研究中都运用了连分数工具，因而不谋而合的现象时常出现。但马尔可夫对精确的结果特别感兴趣，善于繁杂的数字运算，并把对于积分的估值应用到概率论中，这是圣彼得堡数学学派的风格。而斯蒂尔切斯注重从一般原则上考察矩问题，更关心积分形式意义，而不是其估值结果，从而导致了一类应用广泛的斯蒂尔切斯积分，为实变函数论的发展开辟了道路，这应属于法兰西数学学派的风采。

2. 切比雪夫的中心极限定理思想

1887 年，切比雪夫的"论概率中的两个定理"（*Sur deux théorèmes relatifs aux probabilités*）作为圣彼得堡科学院院刊附录而问世②，并于 1891 刊登在法国《数学学报》上③。这篇论文对概率论发展具有划时代的重大理论意义。

文中切比雪夫利用矩方法试图证明中心极限定理，尽管证明有些漏洞，但其命题是正确的。他也认识到自己没有给出严格的论证，并注释到，若应用切比雪夫 – 埃尔米特多项式的渐进展开可得到更严密的证明。

设随机变量序列 ξ_1, ξ_2, $\cdots$, ξ_n, $\cdots$, 其均值皆为 0, 将其标准化 $\zeta_n = \dfrac{\xi_1 + \cdots + \xi_n}{D \ (\xi_1 + \cdots + \xi_n)}$, 相应 k 阶矩记为 m_k, 而标准正态

---

① Гнеденко Б В. Развитие Теории Вероятностей в России. Москва： Издательство Академии Наук СССР, 1948.

② 圣彼得堡科学院记录 55 卷，6 号，1887，附录．

③ Chebyshev P L. Sur deux théorèmes relatifs aux probabilités. Bull. Phys. -Math. Acad. Sci. st. Pétersbourg, 1887, 55; Acta math, 1891, 14: 305~315.

分布的 k 阶矩记为 μ_k。

按照切比雪夫的观点，要证明中心极限定理，需要证明：

（1）当 $n \to \infty$ 时，对任意 k，有 $m_k \to \mu_k$；

（2）对任意 k，若有 $m_k \to \mu_k$，则 $F_{\zeta_n} \to \Phi(x)$。[①]

条件对任意 k 而言，因而要求所有阶矩都存在，这个苛刻条件使得严格证明中心极限定理非常困难。

马尔可夫于 1884 年对切比雪夫所给一些不等式的证明，推动了切比雪夫的相关研究。

1886 年切比雪夫证得，若 $m_k = \mu_k$，则有 $F(x) = \Phi(x)$。他认为这个条件等价于（2），但马尔可夫不赞同这个观点。1887年，切比雪夫又证明了（1）。

最终切比雪夫所给的中心极限定理为：

若：① u_1，u_2，$\cdots$，u_n，$\cdots$ 为随机变量序列，且 $Eu_i = a_i^{(1)} = 0$（$i = 1$，2，$\cdots$）；②记 $Eu_i^k = a_i^k$（$i = 1$，2，$\cdots$），且对所有 k 一致有界。则有

$$\lim_{n \to \infty} P\left(z_1 < \frac{u_1 + u_2 + \cdots + u_n}{\sqrt{2(a_1^{(2)} + a_2^{(2)} + \cdots + a_n^{(2)})}} < z_2 \right) = \frac{1}{\sqrt{\pi}} \int_{z_1}^{z_2} e^{-x^2} dx$$

这里切比雪夫把（2）转换成②，它依赖于矩的阶数，正是这个条件使证明变得相当繁杂。其后的研究表明不必要求对所有的 k 都满足条件。

在切比雪夫的证明中有两点不足：

（1）沿用当时习惯，没有给出随机变量是相互独立的，但在证明中却很自然地应用了这个条件。

（2）没有考虑到当 $n \to \infty$ 时，表达式 $(1/n)\sum_{k=1}^{n} a_k^{(2)}$ 可能趋于 0，在这种情况下结论是错误的。

---

① $\Phi(x)$ 为标准正态分布的分布函数。

3. 马尔可夫的中心极限定理思想

最先发现并指出切比雪夫所给中心极限定理的证明不严密者是马尔可夫。在给圣彼得堡数学学派成员——喀山大学的瓦西里耶夫（A. B. Васильеь，1853 ~ 1929）的信中，马尔可夫写道：

> 在较长一段时间内，切比雪夫正在证明的定理被认为是无误的。实际上，他所给的是一不精确的过程，之所以没有说其为证明，因我认为那是一个不严密的证明。定理的由来简洁易懂，而切比雪夫以初等调查为基础，把问题变得复杂化了。这样自然有了疑问，是否二者本质上一致？可否给出严格的证明？你对切比雪夫工作的研究，加强了我很久以来的愿望，那就是在简化整个证明过程的同时，确保切比雪夫分析的精确化。[①]

这里他特别称老师的结果为"切比雪夫正在证明的定理"，这封信后来以"大数定理和最小二乘法"为题发表在 1898 年的《喀山大学数理学报》上。

同年，马尔可夫在论文"论方程 $\exp(x^2)\,\mathrm{d}^m\exp(-x^2)/\mathrm{d}x^m = 0$ 的根"（*Sur les racines de l'équation* $\exp(x^2)\,\mathrm{d}^m\exp(-x^2)/\mathrm{d}x^m = 0$）中，尽力精确地陈述并证明了切比雪夫提出的命题，改进后的方法被称之切比雪夫 – 马尔可夫方法。[②]

马尔可夫把切比雪夫的条件（1）改为：

（1）对任意 k，$E\xi_1^k$，$E\xi_2^k$，$\cdots$有界。

（2）对所有 n，$D(\xi_1 + \cdots + \xi_n) \geqslant cn$，$c > 0$。

---

① Markov A A. Selected Works. Leningrad: Yu V Linnik, 1951.

② Markov A A. Sur les racines de l'équation $\exp(x^2)\,\mathrm{d}^m\exp(-x^2)/\mathrm{d}x^m = 0$. IAN, 1898, 9 (5): 435 ~ 446.

相应计算以连分数为工具，以多项式 $(x_1 + x_2 + \cdots + x_n)^k$ 的展开式为基础，进一步分析和证明了切比雪夫所提出的有关不等式。

马尔可夫通过实例证明条件（2）是不可忽略的，但切比雪夫没有注意到这一点。马尔可夫认为，需要添加随机变量序列相互独立的条件，以及

$$\lim_{n \to \infty} \frac{E \ (\xi_1 + \xi_2 + \cdots + \xi_n)^2}{n} \neq \varepsilon$$

即上述极限存在且不为 0。他给出随机变量相互独立的简洁表达式为

$$\lim_{n \to \infty} E\left(\frac{\xi_1 + \xi_2 + \cdots + \xi_n}{\sqrt{2E(\xi_1 + \xi_2 + \cdots + \xi_n)^2}}\right)^m = \frac{1}{\sqrt{\pi}} \int_{-\infty}^{\infty} x^m \exp(-x^2) \, dx$$

马尔可夫宣称用上述条件，可导出中心极限定理。即若对任意自然数 m，有

$$\lim_{n \to \infty} E(\xi_1 + \xi_2 + \cdots + \xi_n)^m = \frac{1}{\sqrt{\pi}} \int_{-\infty}^{\infty} x^m \exp(-x^2) \, dx$$

则

$$\lim_{n \to \infty} P(t_1 < \xi_1 + \xi_2 + \cdots + \xi_n < t_2) = \frac{1}{\sqrt{\pi}} \int_{t_1}^{t_2} \exp(-x^2) \, dx$$

马尔可夫称上述定理是他和切比雪夫共同创立的。他应用狄利克雷不连续因子建立了这个定理，并认为其证明仍不够严格。

后来马尔可夫将条件

$$\lim_{n \to \infty} \frac{E \ (\xi_1 + \xi_2 + \cdots + \xi_n)^2}{n} \neq \varepsilon$$

转换成不等式

$$\lim_{n \to \infty} E\xi_k^2 \neq 0, \quad k = 1, 2, \cdots, n$$

1898 年，马尔可夫所给中心极限定理为：

设随机变量序列 $\xi_1, \xi_2, \cdots, \xi_n, \cdots$ 相互独立，记

$$B_n = \sqrt{D\xi_1 + D\xi_2 + \cdots + D\xi_n}$$

$$C_n(r) = E\left|\xi_1 - E\xi_1\right|^r + E\left|\xi_2 - E\xi_2\right|^r + \cdots + E\left|\xi_n - E\xi_n\right|^r$$

若对所有 $r \geqslant 3$ 的整数有

$$\lim_{n \to \infty} \frac{C_n(r)}{B_n^r} = 0$$

则

$$\lim_{n \to \infty} P\left(\frac{1}{B_n} \sum_{k=1}^{n}(\xi_k - E\xi_k) < x\right) = \frac{1}{\sqrt{2\pi}} \int_{-\infty}^{x} e^{-z^2/2} \, dz$$

在上述 1898 年的两篇论文中，马尔可夫采用矩方法第一次严格证明了中心极限定理，因证明较为复杂，这里不再给出。马尔可夫对中心极限定理的证明是概率论发展史上的重大事件，表明概率论同其他数学分支一样，可以有完美的逻辑基础和严密的数学论证。正是在此基础上，概率论逐步成为数学的新分支，并日臻完善起来。

后来马尔可夫证得，若对相互独立随机变量序列 ξ_1，ξ_2，$\cdots$，ξ_n，$\cdots$，存在有二阶矩 b_k，$k = 1$，2，$\cdots$，且存在绝对矩 $E\xi_k^\alpha \equiv b_k^{(\alpha)}$，$\alpha = 3$，$4$，$5$，$\cdots$，则有下式成立：

$$\lim_{n \to \infty} \frac{b_1^{(\alpha)} + b_2^{(\alpha)} + \cdots + b_n^{(\alpha)}}{(b_1 + b_2 + \cdots + b_n)^{\alpha/2}} = 0 \text{[①]}$$

1908 年，马尔可夫又最大限度地扩展了矩方法的应用，并再次证明了中心极限定理。此时，他已把定理的条件换成了李雅普诺夫所得条件：

$$\lim_{n \to \infty} \frac{\left[b_1^{(2+\delta)} + b_2^{(2+\delta)} + \cdots + b_n^{(2+\delta)}\right]^2}{(b_1 + b_2 + \cdots + b_n)^{2+\delta}} = 0, \qquad \delta > 0$$

至此，矩方法严格证明中心极限定理获得圆满成功。[②]

---

①　Markov A A. Sur quelques cas des théorèmes sur les limites de probabilité et des espérances mathématiques. IAN, 1907, 1 (6)：707~714.

②　Markov A A. Sur quelques cas du théorèmes sur la limite de probabilité. IAN, 1908, 2 (6)：483~496.

三、李雅普诺夫定理

李雅普诺夫所发表的两篇关于概率论的论文，在概率论发展史上具有划时代的理论意义。李雅普诺夫不像马尔可夫那样完全沉迷于切比雪夫的概率思想中，他有一套独特的思维方法，被切比雪夫誉为"超越方法"。正是他不同凡响的方法激起马尔可夫"暴风雨般的技巧"。

在大学三、四年级时，李雅普诺夫系统地听过切比雪夫讲授的概率论课程，对老师当年在讲到极限定理证明时的一段话有着深刻印象。切比雪夫当时说：

> 我们在证明时做了种种假设，但却未能估计出由此而产生的误差，因而结论是不严密的。直到今日，我们还无法采用任何令人满意的数学手段来证明这些结论。[①]

也正是这番话，激发了李雅普诺夫对概率论的研究兴趣。

1. 特征函数方法

特征函数概念最早出现在拉普拉斯 1785 年的文章中。为简化计算多项式展开式的系数，拉普拉斯发明了简洁的特征函数形式和反演公式。[②]

设 y_n 表示二项式 $(1+1)^{2n}$ 的中间项，显然它等于二项式 $(e^{it}+e^{-it})^{2n}$ 中不含 e^{it} 的项，因为

$$\int_0^\pi (e^{it}+e^{-it})^{2n} dt = \pi y_n$$

则有

---

① Цесевич В П. А. М. Ляпунов. Москва：Издательство Знани，1970.

② Hald A. A History of Mathematical Statistics from 1750 to 1930. New York：Wiley，1998.

$$y_n = \frac{2^{2n}}{\pi} \int_0^\pi \cos^{2n} t dt = \frac{2^{2n}}{\pi} \frac{2 \cdot (2n-1)!!}{(2n)!!} \frac{\pi}{2} = 2^{2n} \frac{(2n-1)!!}{(2n)!!}$$

拉普拉斯认为此法可推广到三项式和四项式甚至更高阶展开式。对于三项式 $(1+1+1)^n$ 的中间项 y_n 等于 $(e^{it}+1+e^{-it})^n$ 展开式不含 e^{it} 的项，可得

$$y_n = \frac{1}{\pi} \int_0^\pi (2\cos t + 1)^n dt$$

下用现代符号给出拉普拉斯的相应表达式。他定义特征函数为

$$\psi(t) = E(e^{itx})$$

这与现在的定义几乎没有区别[1]。若随机变量 x 等可能取值于 -1、1，则其特征函数为

$$\psi(t) = (e^{it} + e^{-it})/2$$

若随机变量 x 等可能取值 $-1, 0, 1$，则其特征函数为

$$\psi(t) = (e^{it} + 1 + e^{-it})/3$$

设 $s_n = x_1 + \cdots + x_n$ 是 n 个相互独立同分布随机变量之和，拉普拉斯得到以下结果：

$$P(s_{2n} = 0) = \frac{1}{\pi} \int_0^\pi \psi^{2n}(t) dt \sim \frac{1}{\sqrt{n\pi}}$$

$$P(s_n = 0) = \frac{1}{\pi} \int_0^\pi \psi^n(t) dt \sim \frac{\sqrt{3}}{2\sqrt{n\pi}}$$

特征函数方法就是对每个随机变量 ξ [或其分布函数 $F(x)$] 做一个傅里叶变换，得到实变量的复值函数

$$f(t) = E e^{itx} = \int e^{itx} dF(x)$$

在此变换下，相互独立随机变量和的特征函数等于相应随机变量特征函数之积，即 $f(t) = E e^{it(x_1+x_2+\cdots+x_n)} = E(e^{itx_1} e^{itx_2} \cdots e^{itx_n}) = E e^{itx_1}$

---

① 复旦大学. 概率论基础. 北京：人民教育出版社，1983.

$Ee^{itx_2}\cdots Ee^{itx_n}=f_1(t)f_2(t)\cdots f_n(t)$ 这就为研究独立随机变量和的极限分布提供了简便有力的工具。

受拉普拉斯、泊松和柯西等影响，李雅普诺夫早已在相关研究中引进了特征函数。他在 1900 年发表的 "概率论的一个定理"（Sur une proposition de la théorie des probabilités）论文中指出，矩方法过于复杂和笨拙，因而需从全新的角度考察中心极限定理，并引入了特征函数来证明中心极限定理，其证明方法与现在用于素数理论中的方法相类似，避免了矩方法要求高阶矩存在的苛刻条件①。他利用特征函数精确描述了中心极限定理的条件，第一次科学地解释了实际问题中遇到的许多随机变量近似服从正态分布的原因。

2. 李雅普诺夫定理

在对中心极限定理的证明中，马尔可夫要求对任何整数 $r \geqslant 3$，相互独立随机变量序列的 r 阶矩，在一定意义上的平均值 $M_n^{(r)} \to 0$（$n \to \infty$）。寻找适当 $\delta > 0$，以 $r = 2 + \delta$ 阶矩的性质来代替马尔可夫条件是李雅普诺夫的研究目标。

1900 年，李雅普诺夫首先将 δ 取作 1，试图仅用 $M_n^{(3)} \to 0$（$n \to \infty$）来代替马尔可夫的条件，但因推算困难，他又添加上所有随机变量的 3 阶矩一致有界等条件，从而部分实现了用 3 阶矩的存在代替所有矩存在的拓广。他又于 1901 年发表的 "概率论极限定理的新形式"（Nouvelle forme du thèorème sur la limite des probabilitès）中，对满足 $0 < \delta \leqslant 1$ 的任意 δ 证明了中心极限定理成立②，这是对拉普拉斯和切比雪夫概率思想方法的极

① Liapunov A M. Sur une proposition de la théorie des probabilités. IAN，1900，13（4）：359～386.

② Ляпунов A M. Nouvelle Forme du Thèorème sur la Limite des Probabilitès. Zapiski Acad. Sci. Pétersbg. cl. phys. - math.，Sér 8，t. 12，5，1901.

大发展。

李雅普诺夫所给中心极限定理为：

设 ξ_1，ξ_2，$\cdots$，ξ_n，$\cdots$是相互独立的随机变量序列，且具有有限的数学期望和方差：

$$E(\xi_k) = \mu_k, \quad D(\xi_k) = \sigma_k^2 \neq 0, \quad k = 1,2,\cdots$$

记 $B_n^2 = \sum_{k=1}^{n} \sigma_k^2$ ，若存在正数 δ，满足：

（1）$d_n = E|\xi_n|^{2+\delta}$有界。

（2）$\lim\limits_{n \to \infty} \dfrac{1}{B_n^{2+\delta}} \sum\limits_{k=1}^{n} E|\xi_k - \mu_k|^{2+\delta} = 0$。

则对于任意 $x \in (-\infty, +\infty)$，随机变量 $Z_n = \dfrac{\sum\limits_{k=1}^{n} \xi_k - \sum\limits_{k=1}^{n} \mu_k}{B_n}$ 的分布函数 $F_n(x)$ 均有

$$\lim_{n \to \infty} F_n(x) = \lim_{n \to \infty} P\left(\frac{\sum\limits_{k=1}^{n} \xi_k - \sum\limits_{k=1}^{n} \mu_k}{B_n} \leqslant x \right) = \frac{1}{\sqrt{2\pi}} \int_{-\infty}^{x} e^{-t^2/2} dt$$

定理表明，当 $n \to \infty$ 时，Z_n 的极限分布为标准正态分布 $N(0,1)$。定理的条件已接近于充要条件。尽管条件（2）类似于切比雪夫和马尔可夫所给条件，但条件（1）比切比雪夫和马尔可夫所给条件要宽松得多，没有要求3阶以上矩存在。

其证明思路用今日术语简述如下：

记 $f_{nk}(t)$ 和 $F_{nk}(x)$ 分别为 z_n 的特征函数和分布函数，须证明

$$f_{n1}(t)\cdots f_{nn}(t) \to e^{-t^2/2}$$

其等价形式为

$$\sum_{k=1}^{n} [f_{nk}(t) - 1] + \frac{1}{2}t^2 \to 0$$

而

$$\sum_{k=1}^{n} [f_{nk}(t) - 1] + \frac{1}{2}t^2 = \sum_{k=1}^{n} \int_{-\infty}^{\infty} \left(e^{itx} - 1 - itx + \frac{t^2 x^2}{2} \right) dF_{nk}(x)$$

因当 $|x| \leqslant \tau$ 时, 有

$$\left| e^{itx} - 1 - itx + \frac{t^2 x^2}{2} \right| \leqslant \frac{|tx|^3}{6} \leqslant \frac{\tau |t|^3 x^2}{6}$$

而当 $|x| > \tau$ 时, 有

$$\left| e^{itx} - 1 - itx + \frac{t^2 x^2}{2} \right| \leqslant \left| e^{itx} - 1 - itx \right| + \frac{t^2 x^2}{2} \leqslant t^2 x^2$$

故

$$\left| \sum_{k=1}^{n} [f_{nk}(t) - 1] + \frac{1}{2}t^2 \right|$$

$$\leqslant \sum_{k=1}^{n} \int_{|x| \leqslant \tau} \frac{\tau |t|^3 x^2}{6} dF_{nk}(x) + \sum_{k=1}^{n} \int_{|x| > \tau} t^2 x^2 dF_{nk}(x)$$

$$\cdots\cdots$$

$$\leqslant \frac{\tau |t|^3}{6} + \frac{1}{\tau^\delta} \cdot \frac{1}{B_n^{2+\delta}} \sum_{k=1}^{n} \int_{-\infty}^{\infty} |x - a_k|^{2+\delta} dF_k(x)$$

$$\leqslant \frac{\varepsilon}{2} + \frac{\varepsilon}{2} = \varepsilon$$

再据特征函数连续性, 定理得证。[1]

李雅普诺夫在证明过程中, 利用了引理:

设 $F_n(t)$ 是随机变量 z_n 的分布函数, 且 $Ez_n = 1$, $Dz_n = 0$, 若 z_n 的特征函数 $E[\exp(-i\theta z_n)]$ 在任何关于原点对称的有限区间上一致收敛于 $\exp\left(-\frac{1}{2}\theta^2\right)$, 则对所有 t, 有

$$F_n(t) \to \Phi(t) \text{[2]}$$

---

① Ляпунов A M. Nouvelle Forme du Thèorème sur la Limite des Probabilitès. Zapiski Acad. Sci. Pétersbg. cl. Phy. -Math. , SéR 8, t. 12, 5, 1901.

② Bernstein S N. Sur lèxtension du théorème limite du cacul des Probabilites, etc. Math. Annalen, Bd, 1926, 97: 1~59.

他虽未明确提出，但给出其证明。

与矩方法相比，特征函数法显得更灵活、更具一般性。因为独立随机变量和的分布是各加项分布的卷积，而在加项数目趋于无穷场合，对卷积作数学处理是比较困难的，为此切比雪夫和马尔可夫才设法通过矩来考察其一般规律。矩方法所损失的随机变量分布规律信息较多，而特征函数方法则保留了全部信息，同时提供了特征函数的收敛性质与分布函数的收敛性质间一一对应关系。

因此，李雅普诺夫的成功不仅在于所证明定理的内容，更在于证明过程中所创造的崭新方法——特征函数法。通过特征函数法实现了概率分析方法的革新，为极限定理的进一步精确化奠定了基础，为概率论学科的飞跃发展准备了条件。正是特征函数方法的引入，才使得概率论极限定理理论获得了疾足长进的机会。

3. 林德伯格条件

在李雅普诺夫中心极限定理思想的启发下，林德伯格和莱维进一步研究了中心极限定理，使得相关理论的更加完善尽美。林德伯格直率地承认李雅普诺夫的优先权，并致以感谢。他还研究了切比雪夫所应用的斯蒂尔切斯矩方法。而莱维及其他法国数学家始终未认可俄罗斯数学家的贡献。

1922 年，林德伯格推广了李雅普诺夫条件，得到林德伯格条件：对任何 $\tau > 0$，有

$$\lim_{n \to \infty} \frac{1}{B_n^2} \sum_{k=1}^{n} \int_{|x-a_k|>\tau B_n} (x - a_k)^2 \mathrm{d}F_k(x) = 0 \text{ ①}$$

该条件是 z_n 趋于正态分布的充分条件，表明总和中的各加项"均匀的小"。解释如下：

---

① 魏宗舒等. 概率论与数理统计教程. 北京：高等教育出版社，2005.

记 $A_k = \{ |\xi_k - a_k| > \tau B_n \}$（$k = 1, 2, \cdots, n$），以 $F_k(x)$ 表示 ξ_k 的分布函数，则有

$$P(\sup_{1 \leqslant k \leqslant n} |\xi_k - a_k| > \tau B_n) = P(A_1 + A_2 + \cdots + A_n) \leqslant \sum_{k=1}^{n} P(A_k)$$

$$= \sum_{k=1}^{n} \int_{|x - a_k| > \tau B_n} \mathrm{d}F_k(x) \leqslant \frac{1}{(\tau B_n)^2} \sum_{k=1}^{n} \int_{|x - a_k| > \tau B_n} (x - a_k)^2 \mathrm{d}F_k(x)$$

1935 年，费勒进一步指出，若下面条件满足：

$$\lim_{n \to \infty} \max_{k \leqslant n} \frac{b_k}{B_n} = 0$$

则林德伯格条件就是中心极限定理成立的必要条件。这里费勒条件可解释为：总和是大量"可忽略的"分量之和。而由李雅普诺夫条件可推出林德伯格条件：

$$\frac{1}{B_n^2} \sum_{k=1}^{n} \int_{|x - a_k| > \tau B_n} (x - a_k)^2 \mathrm{d}F_k(x)$$

$$\leqslant \frac{1}{B_n^2 (\tau B_n)^2} \sum_{k=1}^{n} \int_{|x - a_k| > \tau B_n} |x - a_k|^{2+\delta} \mathrm{d}F_k(x)$$

$$\leqslant \frac{1}{\tau^\delta} \frac{\sum_{k=1}^{n} \int_{-\infty}^{\infty} |x - a_k|^{2+\delta} \mathrm{d}F_k(x)}{B_n^{2+\delta}}$$

这实际上又给出李雅普诺夫定理的一个证明，即林德伯格定理的特例。

虽然林德伯格条件比较一般，但在密度函数或分布函数未知时就无法验证。相比之下，李雅普诺夫条件的验证就简单多了，仅需知道随机变量的两个数字特征就可以了，即无论各随机变量 ξ_k（$k = 1, 2, \cdots$）服从何种分布，只要满足定理的条件，当 n 足够大时，则 $\sum_{k=1}^{n} \xi_k$ 就近似的服从正态分布。这就给研究带来极大方便。

4. 收敛速度的研究

一个从理论和应用上都应当关心的问题是，仅知道某个概率分布渐进于正态分布是不够的，还必须知道代换成正态分布后误差有多大。切比雪夫猜想：在一定条件下，依照 $n^{-1/2}$ 的方幂渐进展开独立随机变量和的分布函数，这里 n 为随机变量和的项数。

李雅普诺夫给出这个误差的一个上限，并精确估计出正态分布随机变量和收敛的速度。

设 ξ_k（$k=1, 2, \cdots$）为独立同分布的随机变量序列，每个 ξ_k 都满足均值为 0，标准差为 σ，3 阶绝对矩为 β_3，G_n 为标准化函数，则对所有 $n > (\beta_3/\sigma^3)^2$，有

$$\left| G_n(x) - \Phi(x) \right| < \frac{3\beta_3}{\sigma^3} \frac{\ln n}{n^{1/2}}$$

瑞典数学家克拉默（H. Cramér, 1893 ~ 1985）于 1928 年改进了其结果[①]。

设 ξ_i（$i=1, 2, \cdots, n$）为独立同分布随机变量序列，其均值为 0，标准差为 σ 且有有限矩 $a_1 = 0$，$a_2 = \sigma^2$，a_3，$\cdots$，a_k，$k \geqslant 3$，ξ_i 的分布函数和特征函数分别为 $F(x)$ 和 $f(t)$，若满足：

$$\limsup_{t \to \infty} |f(t)| < 1$$

则关于 x 的一致展开式为

$$G_n(x) = \Phi(x) + (2\pi)^{-\frac{1}{2}} e^{-\frac{x^2}{2}} \sum_{j=1}^{k-2} \frac{p_j(x)}{n^{\frac{j}{2}}} + o(n^{-\frac{k-2}{2}})$$

其中 $p_j(x)$ 是 x 的 $3j-1$ 次多项式，其系数只依赖于矩 a_3，$\cdots$，a_{j+2}。

1941 年，贝利（A. C. Berry）又改进了李雅普诺夫的结果：

① Cramèr H. Half a century with probability theory: some personal recollections. The Annals of Probability, 1976, 4（4）: 509~546.

若 $\beta_3 < \infty$，则有 $|F(x) - \Phi(x)| \leqslant \dfrac{A\beta_3}{\sqrt{n}}$。其中 A 是数值常数。

5. 马尔可夫的"截尾术"

李雅普诺夫的成功无疑是对马尔可夫的一个打击。为恢复矩方法的声誉，马尔可夫一直在努力奋斗。由于李雅普诺夫放弃了随机变量所有矩存在的条件，马尔可夫也不得不弃之，但利用矩方法这是最基本的条件，是无法超越的障碍。

经过 8 年的艰苦努力，马尔可夫终于获得成功。在"论院士李雅普诺夫所建立的概率极限定理"（*Theorema o predele veroyatnosti dlya sluchaev akademika A. M. Lyapunova*）一文中，他创造了一种"截尾术"，即在适当地方截断随机变量使其有界，这样既不改变其和的极限分布，又能保证其任意阶矩存在。[①] 这一成果不仅克服了特征函数法过分依赖独立性的弱点，开辟了通向非独立随机变量的研究道路，而且突破了特征函数仅适用于弱极限理论范畴的局限，为强极限理论发展提供了有力手段。应用这一新技术，马尔可夫实现了多年来精确论证中心极限定理的理想，其研究成果被收入《概率演算》的第 3 版中。

马尔可夫和李雅普诺夫关于中心极限定理方法论的竞争，极大地丰富了 20 世纪初概率论的内容，对概率论学科的现代化产生了深远的影响。"截尾术"已与"对称化"、"中心化"成为现代概率极限理论中的三大技术，在概率论领域发挥着不可估量的作用。

---

① Зворыкин А А. Биографический Словарь Деятелей Естествознания и Техники. Москва：Издательство Академии Наук СССР，1959.

四、关于中心极限定理的辩论

马尔可夫和李雅普诺夫曾与涅克拉索夫（Pavel Alekseevich Nekrasov，1853~1924）[①] 关于中心极限定理的研究进行了激烈的辩论。涅克拉索夫总是充满自信，经常指责马尔可夫和李雅普诺夫学术研究有误，而后者对其进行了猛烈还击。由于和马尔可夫等之间的矛盾，涅克拉索夫的学术研究及学者形象均受到影响，进而导致了一些误解。

1. 数学文化背景

1）马尔可夫和涅克拉索夫间的矛盾

马尔可夫曾认为，神学院的学生不适合研究自然科学和数学。这对毕业于神学院的涅克拉索夫似乎有些蔑视。马尔可夫强烈要求开除教籍，这自然会引起笃信东正教的涅克拉索夫不满。起初二人还通信交流问题，因宗教观点的不同和学术上的分歧，俩人的矛盾越积越深，以至达到不可调和地步。涅克拉索夫几乎处处以马尔可夫为敌，宣称马尔可夫是狡猾的敌人、是我们的对立面、是基督科学文化的反对者，多次驳斥马尔可夫的全物质主义。马尔可夫则宣称，涅克拉索夫的意图在于利用数学手段，在道德、宗教和政治上施加对青年人世界观的影响。

---

① 涅克拉索夫毕业于东正教的一所神学院，1874 年进入莫斯科大学学习（俄罗斯 1875 年官方统计数据表明，当时神学院毕业的学生数占全国大学学生总数的 40%。），师从巴格夫（Bugaev，1837~1903）。巴格夫是俄罗斯第一位讲授复变函数论的教师，对离散数学和哲学都带有偏激性的研究。1879 年，涅克拉索夫取得学士学位并留校任教。1885 年，其博士学位论文《拉格朗日级数及一类函数的近似展开》答辩通过，获得数学博士学位。同年晋升为副教授，1890 年晋升为教授。1893 年，涅克拉索夫被任命为莫斯科大学的校长。自 1898 年，他负责莫斯科地区的教育管理工作。1891 年任莫斯科数学会副理事长，1903 年升任理事长。作为人民教育部委员会成员，1905 年迁往圣彼得堡工作。

在 1916 年 11 月 2 日给弗劳瑞斯基的信中，涅克拉索夫写道：

> 为了祖国的利益，提高学校数学教育水平是很有必要的，以免让马尔可夫之流的思想意识形态侵害学生心灵。在我们的母语、马格尼斯基的算术、巴格夫的算术方法论以及布尼亚可夫斯基、切比雪夫、门得利夫和我的概率论等课程中，通过一些格言、典型和训练来激发学生的学习兴趣。①

马尔可夫是当时俄罗斯著名的概率专家，涅克拉索夫不承认马尔可夫对概率论所作的贡献。门得利夫虽未对概率论作出贡献，而涅克拉索夫却硬把他拉到概率论专家中。从中可看出涅克拉索夫的用心。

涅克拉索夫对切比雪夫很尊敬，他说马尔可夫之流正在破坏数学的传统价值，可能是因马尔可夫曾说拉丁语对数学和物理教育没有多大必要。而涅克拉索夫认为有必要加强拉丁语的教学。后来的事实证明马尔可夫的观点是正确的。

在 1916 年 11 月 11 日给弗劳瑞斯基的信中，涅克拉索夫支持他在神学院开设"数学百科全书"课程，并强调所开设的课程一定要有别于受到柏林鼓动的马尔可夫之流的课程。

2）涅克拉索夫的教育观点

1915 年，涅克拉索夫以第二申请人的身份提议把概率论列为高中必修课程②。人民教育部和圣彼得堡科学院都认真考察了这个议案。鉴于马尔可夫和涅克拉索夫间的矛盾，研讨会没有邀请马尔可夫参加，仅书面征求了其意见，然而这项提议还是

---

① Chirikov M V, Sheynin O B. Correspondence between Nekrasov and Andreev. IMI, 1994, 35: 124～147.

② 第一申请人是当时的著名教育家弗劳绕夫（Florov），而大量工作是涅克拉索夫所做。

没有通过。

涅克拉索夫在提议中还认为，在中学课程中应添加初等解析几何、数学分析和函数逼近理论。他还曾提议中学数学应以逻辑为基础、增加数学史的内容，介绍拉普拉斯、庞加莱（Henri Poincaré，1854～1912）和其他学者的研究成就，还倡议建设数学教室和具有教育用途的电影院。现在看来，涅克拉索夫的教育思想有些超前，不适合当时俄罗斯的形势，但他明确指明了教育的发展趋势。

十月革命后，涅克拉索夫完全接受了马克思主义，决定把自己的聪明才智奉献给无产阶级。他写了一系列专题讨论，应用数学观点分析社会现象。[①]

1924 年，涅克拉索夫因患肺炎住进医院。临终前，他要求好友加入马克思主义科学研究组织来论证和应用其著述。他请求到：

> 我要求你利用各种方法来确保数学的真理性，以及马克思主义观点的数学价值。我不行了，不要因我的离去而失去这些宝贵财富。[②]

3）涅克拉索夫的研究领域

涅克拉索夫发表数 10 篇论文，其中《数学年鉴》摘录了 5 篇。第 1 篇摘录的论文属于代数学，题目为"利用最小二乘法确定未知量"，这是涅克拉索夫数学研究的发端，由于观点新颖荣获布尼亚可夫斯基奖。最后 1 篇是关于力学的内容。其余 3 篇都是对分析学的研究。涅克拉索夫是复变量理论的分析学专

---

① 当时社会主义科学院改名为共产主义科学院，产生了一些马克思主义数学家。1892～1899 年，涅克拉索夫研究了固体绕定点旋转问题，并取得标志性结果。正是涅克拉索夫保护了地震学家高利特真。最初高利特真在数学物理的研究遭到大多数杰出俄罗斯物理学家的反对。马尔可夫直接拒绝他入选圣彼得堡科学院。

② Sheynin O B. Nekrasov's work on probability：the background. Arch. History Exact Sci.，2003，57（1）：339.

家，用分析理论研究概率论，用概率方法研究鞍点法。

1912 年，涅克拉索夫在数学通报上发表了题为"利用切比雪夫定理简化拉普拉斯最小二乘法理论"的文章，分析了拉普拉斯和高斯方法的不同点，并利用统计方法论述了劳动、健康和信贷的关系。在给马尔可夫的信中，涅克拉索夫叙述道：

> 利用矩方法试验，我区分了高斯和拉普拉斯的观点。拉普拉斯应享有优先发明权，但高斯的数据更有价值，只可惜有些晚了。①

在 1914 年的文章补遗中，他承认自己的观点有误：错误地把一种类似于插值法的应用归功于勒让德；拉普拉斯方法和高斯方法的异同点分析不够透彻。

涅克拉索夫常对他人的研究成果横加指责。按照圣彼得堡数学学派的论证，条件

$$\lim(P - L) = 0$$

足以表明变量 L 是变量 P 的极限。自从李雅普诺夫提出这个观点后，无人对此产生怀疑。但涅克拉索夫却辩解道：按此定义可导出对任何 $n > 0$，当 $|x| \to 0$ 时，$\sin x$ 的极限是 x^n。而他没有给出明确证明。

李雅普诺夫对此反击道，涅克拉索夫的错误观点基于种种误解和误会。有些是吹毛求疵，有些论述问题和所评论的文章毫不相干，而他并未因此出名。

1885 年，涅克拉索夫在"利用最小二乘法确定未知量"论文中也犯有学术错误。在用赛德尔迭代法求解线性方程组的过程中，他给出明确的对称矩阵绝对收敛的定义。该定义不久被质疑。

涅克拉索夫的错误不仅是纯粹数学的谬误和争辩，还有一些无法理解的宣称。他强烈认为所谓"比埃奈梅 – 切比雪夫 –

---

① Markov A A. Réponse à M. Nekrassov. MS, t. 28, 1912, 2：215 ~ 227.

马尔可夫"方法应为"柯西－切比雪夫－涅克拉索夫－皮尔逊"法。而柯西、切比雪夫、涅克拉索夫和皮尔逊的研究方法并无相同之处。

4）涅克拉索夫的哲学信仰

涅克拉索夫的宗教信仰、巴格夫观点的熏陶和其管理职责深深扭曲了他的性格。他在《数学通报》上发表了大量文章①，其观点宗旨为数学与种族、政治、宗教是不可分割的。涅克拉索夫的哲学信条就是有效地证实俄罗斯的历史发展不同于西欧国家。

1916 年 12 月 13 日，涅克拉索夫在给友人的信中称，他已经从逻辑上把数学、宗教和政治等正确、公正地统一起来。同年，涅克拉索夫的观点发表在报纸上：

> 数学语言必须具备至高无上的伦理观，它和道德理论相一致。然而，同尼采一样，马尔可夫之流的数学语言是全物质主义，不相信上帝的存在，更不承认这超越理论。②

马尔可夫和德国哲学家尼采除了都不相信上帝外，几乎没有其他共同之处。涅克拉索夫将两人相提并论的原因尚待探讨。事实证明，数学不可能在宗教和政治的束缚中发展，而宗教和政治也没有受益于数学，更没有受益于涅克拉索夫的文章。

关于"统一思想"，俄罗斯宗教哲学家绍拉维夫（V. S. Soloviev，1853 ~ 1900）的观点是恰当的，"哲学有助于宗教"，"统一是真理的本质"，"真正知识的基础是神秘的，而宗教是可以感知的"，"名副其实的知识是综合理论、理性哲学和正确哲学"。

尽管涅克拉索夫引用了绍拉维夫统一的观点，但他把数学

---

① 当时《数学通报》由莫斯科数学会出版，属于涅克拉索夫的管辖范围。

② Sheynin O B. Nekrasov's work on probability: the background. Arch. History Exact Sci., 2003, 57（1）: 341.

看做宗教的分支，认为哲学是无用的科学，这与绍拉维夫的观点是相悖的。所有科学的统一应是方法的统一，而不是材料的堆砌，然而这种统一方法在涅克拉索夫著作中难以找到。

涅克拉索夫文章大多言辞激昂，纯粹是为宗教组织呐喊，时常罗列一些无意义的名词，让人感到不可思议。他在 1906 年发表的文章算是用词比较温和的例子：

数学积累的生理训练就像政治和社会算术或者政治算术规律和社会发展动力一样，依赖于心理和生理原则。[①]

数学知识的积累和数学技巧的掌握一方面依赖于数学天赋，另一方面在于智力的开发。这和社会学规律是风马牛不相及的，如此牵强的联系让人一头雾水。种种表现让人感到涅克拉索夫似乎患有严重的精神病症，至少是处于精神混乱状态。

2. 关于中心极限定理的辩论

1）涅克拉索夫对中心极限定理的研究

涅克拉索夫在 1896 年出版了概率论著作，在 1912 年再版。[②] 马尔可夫称该书"荒谬满篇"。直到 1921 年，涅克拉索夫仍在莫斯科大学给学生讲授概率论，但他的课程好像不太受欢迎。

1898 年涅克拉索夫发表的"论大量独立现象函数近似计算的一般性质"（*The general properties of mass independent phenomena in connection with approximate calculation of functions of very large numbers*）[③] 和 1900 年发表的"论随机变量和与平均值的概率新原则"（*New principles of the doctrine of probabilities of sums and mean*

---

① Sheynin O B. Nekrasov's work on probability: the background. Arch. History Exact Sci. , 2003, 57 (1): 341.

② 书中不含马尔可夫链相关内容。

③ Nekrasov P A. The general properties of mass independent phenomena in connection with approximate calculation of functions of very large numbers. MS, 1898, 20: 431~442.

values)[①]，在变差较大情形下讨论了中心极限定理的有关问题，这在当时是全新的课题，直到 50 年后才有学者进行系统研究。涅克拉索夫的主要结果为：

假设独立不同分布的格变量 ξ_1，ξ_2，…，ξ_n（即线性函数的整变量，$\xi_k = b_k + h\eta_k$），具有有限均值 a_k 和方差 σ_k^2，记 $m = \xi_1 + \xi_2 + \cdots + \xi_n$，若 $0 < p < 1/6$，则对任意 x，恒有

$$x = \frac{\left| m - \sum a_k \right|}{\sqrt{\sum \sigma_k^2}} < n^p$$

在第 1 篇文章中，涅克拉索夫提出 6 个相关定理，并在第 2 篇文章中给予证明。其叙述过于繁杂和啰嗦，以至于同时代的数学家都没有详细研究。由于涅克拉索夫的错误，加之难以理解，其在中心极限定理的研究几乎对极限定理的发展没有起到推动作用。涅克拉索夫关于中心极限定理的研究可归结为：

（1）加强了中心极限定理的条件。就母函数定义在环域的条件下展开分析，这比随机变量各阶矩都存在的条件要强。他还实施了其他难以检验的更强条件。

（2）在变差较大情形下讨论了格变量的中心极限定理，但他对格变量理解有误，且对中心极限定理和大变差的原始概念的理解也有些出入。

由于马尔可夫和李雅普诺夫的极力反对，涅克拉索夫的研究结果没有充分展示出来。而在某种程度上，涅克拉索夫的研究间接影响了马尔可夫的研究。由于涅克拉索夫的错误，促使后者来极力反驳，因而可以说起到了"催化剂"的效果。

马尔可夫在 1910 年致查普罗夫的信可为佐证。信中写道，涅克拉索夫关于"大数定理"的谬误促使他给出正确解释。并

---

① Nekrasov P A. New principles of the doctrine of probabilities of sums and mean values. MS, 1900 ~ 1902, 21：579 ~ 763；22：1 ~ 142, 323 ~ 498；23：41 ~ 455.

宣称，时刻牢记撰写论文的目的之一就是反驳涅克拉索夫的错误观点。①

2）关于中心极限定理的辩论

马尔可夫、李雅普诺夫和涅克拉索夫关于中心极限定理的辩论主要反映在下述文章、通信以及他们递交给圣彼得堡科学院的信件中。

（1）1899 年，涅克拉索夫在《数学物理学报》的文章"论马尔可夫的文章和我的报告"。

（2）1899 年，马尔可夫在《数学物理学报》的文章"对涅克拉索夫的答复"。

（3）1900 年，涅克拉索夫在《数学通报》的文章"论马尔可夫的答复"。

（4）1901 年，涅克拉索夫在《数学通报》的文章"随机变量之和与均值的最简概率定理"。

（5）1901 年，李雅普诺夫在《哈尔科夫大学学报》的文章"对涅克拉索夫的答复"。

（6）1911 年，涅克拉索夫在《数学通报》的文章"大数定理、最小二乘法和统计的基本原理——答马尔可夫"。

（7）1912 年，马尔可夫在《数学通报》的文章"对涅克拉索夫的反驳"。

此外，马尔可夫还猛烈抨击了涅克拉索夫的"论大量独立现象函数近似计算的一般性质"文章，他认为，文中定理多数是错误的或者是无足轻重的。并谴责到，文章主要致力于讨论切比雪夫的论文，竟然没有提及相关作者研究的贡献。涅克拉索夫坚持认为自己的结果很重要，并声称在证明没有刊出前不可妄加指责。

---

① Sheynin O B. A. A. Markov's work on probability. Arch. History Exact Sci. , 1989, 39（3）：363.

涅克拉索夫早期曾说，其文章没有参考任何人的文章，后来又承认参考了切比雪夫的文章而又认为其论文价值不大，所研究极限定理的严格证明和一般化早已被洛朗（Laurent）研究。同时责备自己由于过度相信拉普拉斯和切比雪夫的研究成果而犯了错误。洛朗的确考察了中心极限定理的一般情形，但他没有估计计算的近似值。

在 1898 年 12 月 18 日递交给圣彼得堡科学院秘书长的信中，涅克拉索夫指责马尔可夫的三篇文章有抄写其文章的嫌疑，不过仅在形式上稍做变化而已。在 1915 年给科学院副院长的信中，涅克拉索夫再次抱怨此事，并在 1915～1916 年发出的 6 张明信片上写有马尔可夫剽窃他人成果的字样。

马尔可夫反驳道，他并没有抄袭涅克拉索夫的文章，不过是纠正其错误，以免他人误入歧途。相反倒是涅克拉索夫抄袭了他的文章，一些术语的使用为证。类似于"中级悖论例子"、"特殊情形的第一类"和"悖论下的边界"等术语除了马尔可夫没有任何人说过，而竟然出现在涅克拉索夫的文章中。

涅克拉索夫指责李雅普诺夫忽略了使用"狄利克雷不连续因子"所遇到的困难，并说自己的文章中，包含了所有前辈使用"狄利克雷不连续因子"过程中所犯的错误和缺点。

李雅普诺夫反击道，他不想和涅克拉索夫辩论，并且没有利用"狄利克雷因子"证明中心极限定理。因切比雪夫没有考虑大偏差情形，他对此也不感兴趣，只不过给出几个诠释而已。

涅克拉索夫坚持认为李雅普诺夫使用了"不连续因子"，尽管是不寻常的隐藏方式。切比雪夫也没有排除大偏差情形。矛盾的是，涅克拉索夫说没有利用突变论来研究不确定数学，尽管使用了"突变"这一术语。

涅克拉索夫对马尔可夫关于中心极限定理的论证给予了谴责：

（1）马尔可夫没有指出其中心极限定理的证明方法很接近

于涅克拉索夫在"论大量独立现象函数近似计算的一般性质"中所给的方法，其矩方法理论也源于此。

（2）涅克拉索夫在信中启发了马尔可夫，以致后者能够修订和补充切比雪夫所给的中心极限定理理论。[①]

马尔可夫反击道，涅克拉索夫时常任意篡改他人意图，甚至不时变化自己的一些声明。涅克拉索夫是个滥用的数学家，其角色就像"独立性是大数定理成立的必要条件"这个错误叙述。同时，马尔可夫指明，大数定理和中心极限定理可应用于相依随机变量序列。

马尔可夫还试图驳斥涅克拉索夫所提的中心极限定理条件，但因在某种程度上与矩方法一致而罢休。但马尔可夫没有否认曾与涅克拉索夫有过通信联系。[②]

马尔可夫解释道，他改变切比雪夫中心极限定理的条件，是受泊松而不是涅克拉索夫的影响。泊松曾研究随机变量的线性组合形式：

$$L = \varepsilon_1 + \frac{1}{3}\varepsilon_2 + \frac{1}{5}\varepsilon_3 + \cdots$$

其中随机变量 ε_i 的密度函数为 $\varphi(x) = \exp(-2|x|)$。并证得

$$P(-c \leqslant L \leqslant c) = 1 - \frac{4}{\pi}\arctan\left[\exp(-2c)\right]$$

这里有 $\lim\limits_{n\to\infty} D\left[\varepsilon_n/(2n-1)\right] = 0$。

涅克拉索夫曾用条件

$$\lim\limits_{n\to\infty}(E\xi_1^2 + E\xi_2^2 + \cdots + E\xi_n^2) = \infty$$

代替

---

① Sheynin O B. Nekrasov's work on probability: the background. Arch. History Exact Sci., 2003, 57（1）：337~353.

② Sheynin O B. A. A. Markov's work on probability. Arch. History Exact Sci., 1989, 39（3）：337~377.

$$\lim_{n\to\infty} \frac{E\ (\xi_1 + \xi_2 + \cdots + \xi_n)^2}{n} \neq \varepsilon$$

李雅普诺夫认为这有些欠妥。而马尔可夫认为，对于有界同分布的随机变量序列条件

$$\lim_{n\to\infty} E\xi_k^2 \neq 0$$

就足矣。

据格涅坚科（B. V. Gnedenko，1912～1995）考证，马尔可夫虽然没有详细研究过涅克拉索夫过于繁杂的文章，但他间接从中受益。切比雪夫没有考察过大偏差情形。在下式中：

$$\lim_{n\to\infty} P(t_1 < x < t_2) = \frac{1}{\sqrt{2\pi}} \int_{t_1}^{t_2} e^{-\frac{x^2}{2}} dx$$

切比雪夫注明 t_1，t_2 是任意实数，而不是变量。[①]

这场辩论促进了相关理论的发展。至于孰是孰非恰如绍莱维夫的评论：

> 马尔可夫是可以理解的，他十分厌恶不必要的繁杂和模糊。在和涅克拉索夫的辩论中，马尔可夫被激怒了。政治和宗教的不一致加剧了他们间的矛盾。从长远观点来看，正如科尔莫戈罗夫所言，马尔可夫在大多数情形下是正确的。[②]

五、伯恩斯坦对中心极限定理的研究

伯恩斯坦与莱维共同开创了相依随机变量之和依法则收敛问题的研究。1917 年，他们得到了相当于独立随机变量之和的中心极限定理，其特点是把独立性换为渐近独立性。

---

① Гнеденко Б В. Развитие Теории Вероятностей в России. Москва：Издательство Академии Наук СССР，1948.

② Soloviev A D P A. Nekrasov and the central limit theorem of the theory of probability. IMI，1997，2（37）：9～22.

　　伯恩斯坦于 1926 年发表的论文 "概率论极限定理推广到独立随机变量之和的研究"[①] 把李雅普诺夫极限定理的结果推广到弱相关的随机变数之和以及随机向量序列，给出极限定理的一般表述。

　　伯恩斯坦所给极限定理为：若对任意 $\varepsilon > 0$，存在某些常数 c_n，A_n，B_n，$n = 1$，2，$\cdots$，使得相互独立的随机变量序列 ξ_1，ξ_2，$\cdots$，满足

$$\sum_{k=1}^{n} P(\, |\xi_k| > \varepsilon c_n) \to 0, \quad n \to \infty$$

和

$$c_n^{-2} \sum_{k=1}^{n} \int_{|x| < \varepsilon c_n} x^2 \mathrm{d}F_k(x) \to \infty, \quad n \to \infty$$

则有

$$P\!\left(\frac{1}{B_n} \sum_{k=1}^{n} \xi_k - A_n < x\right) \to \frac{1}{\sqrt{2\pi}} \int_{-\infty}^{x} \mathrm{e}^{-\frac{z^2}{2}} \mathrm{d}z \; [②]$$

　　别于其他极限定理的是，他没有要求随机变量的数学期望、方差存在这个条件。

　　1935 年，费勒指出，若补充条件 "随机变量之和中各项在某种意义下均匀小"，则伯恩斯坦的条件就成为充分必要条件。同年，辛钦、费勒和莱维彼此独立找到中心极限定理成立的充要条件：

$$\int_{|x| > X} \mathrm{d}F(x) = o\!\left(\frac{1}{X^2} \int_{|x| < X} x^2 \mathrm{d}F(x)\right)$$

林尼克把分析数论中的方法应用到概率论中，给出李雅普

①　[苏联] 数学科学的成就，1944 年第 10 卷。

②　格涅坚科. 概率论教程. 丁寿田译. 北京：人民教育出版社，1957.

诺夫极限定理的精密化[①]。

同分布随机变量之和的分布函数曾是数学家研究的主要对象。莱维和辛钦找到了一切可以做这种项的规范化及中心化和的极限率分布。其特征函数的对数当且仅当为下述形式：

$$\ln\varphi(t) = i\gamma t - c\,|t|^{\alpha}\left[1 + i\beta\,\frac{t}{|t|}\omega(t,\ \alpha)\right]$$

其中 α，β，γ 是实常数（$0 < \alpha \leqslant 2$，$|\beta| \leqslant 1$，$c > 0$，γ 是任意常数），且

$$\omega(t,\ \alpha) = \begin{cases} \tan\dfrac{\pi\alpha}{2}, & \alpha \neq 1 \\[2mm] \dfrac{2}{\pi}\ln|t|, & \alpha = 1 \end{cases}$$

这就是所谓稳定率。

中心极限定理断言在适当条件下，大量独立随机变量之和的概率分布近似服从正态分布，其概率思想在自然科学技术中有着重要的应用：一般考察过程均可看做受许多随机因素的独立影响，且每个因素对该过程所产生的影响都很小。若考查整个过程的研究而不是个别因素，则仅需观察这些因素的综合作用即可。这些集体现象的本质正是概率论的研究对象。该问题的提出和解决，基本上都归功于圣彼得堡数学学派。

若极限分布不是正态分布的情形，求独立且同分布的随机变量之和收敛于给定极限的条件，属于近现代极限理论。意大利数学家芬耐蒂（B. de Finetti）在 1929 年引进无穷可分分布律是关键的一步，1934 年莱维给出相应完全的刻画和描述。1936 年辛钦和伯恩斯坦证明某种条件的独立随机变量和的极限分布都是无穷可分分布律。1939 年苏联数学家格涅坚科及德国数学

① Линник Ю В. О точности приближения кгауссову распределению сумм независимых случайных величин. Изв. Акад Наук СССР, Т. II, 1947.

家杜柏林（W. Doblin，1915～1940）独立给出收敛于无穷可分分布律的充分必要条件。以科尔莫戈罗夫建立概率论的公理体系为标志，苏联在概率论领域取得了国际上无可争辩的领先地位。

第五章 概率论的公理化

正是随机事件的概率，决定了我们对该事件的态度和行动。
——M. 克莱因，《西方文化中的数学》

概率论的数学基础是什么？如何定义概率，如何把概率论建立在严密的逻辑基础上，是概率理论发展的困难所在，对这一问题的探索一直持续了 3 个世纪。20 世纪初完成的勒贝格测度与积分理论及随后发展的抽象测度和积分理论，为概率论公理化体系的建立奠定了基础。正是在这种数学文化背景下，苏联数学家科尔莫戈罗夫第一次成功地给出概率的测度定义和一套严密的公理化方法，其公理化体系已成为现代概率论的基础，使概率论成为一门严谨的数学分支。

第一节 概率论公理化早期研究

19 世纪末，概率论在统计物理等领域的应用提出了对概率论基本概念与原理进行解释的需要，诸如"贝特朗悖论"等也揭示了古典概率论中基本概念存在的矛盾和含糊之处。因而无论是概率论的实际应用还是其自身发展，都强烈地要求对概率论的逻辑基础作出更加严密的考察。顺应概率论的发展，一些数学家进行了尝试。

1. 布尔

对概率论公理化的尝试始于 19 世纪中叶。布尔（G. Boole，1815 ~ 1864）发现其符号代数的思想可为概率论提供严密的数学基础，在 1851 年宣称：

> 若概率论被列入纯粹数学之中，必须满足条件：
> (1) 赖于建立其方法的法则应具有公理特性；
> (2) 应导致能够被精确证明的结论；
> (3) 能构建一个相容的理论体系，此外再也不能强加任何限制。①

这已蕴含了较为明确的概率论公理化思想，但布尔未能构建出公理化体系。

2. 希尔伯特

1900 年 8 月，希尔伯特（D. Hilbert，1862 ~ 1943）在巴黎国际数学家大会上所作报告中的第 6 问题，就是呼吁把概率论公理化：

> 对几何基础的探讨提示我们，应根据该模式公理化物理法则，其中最重要的是概率演算和概率论的公理化，我渴求任何逻辑的研究与数学物理，特别是气体力学理论中的均值方法的严格和相容的发展同步进行。②

概率论最初属于自然科学，被称为数的物理学。正是在希尔伯特的引领下，物理公理的数学处理成为当时数学和整个自然科学界研究的焦点之一。

3. 伯恩斯坦

1917 年伯恩斯坦发表了 "论概率论的公理化基础" 的论文，

---

① Boole G. On the condition by which the solution of question in the theory of probability are limited（1854），Studies in logic and probability. London，1952，1：280 ~ 288.

② Hilbert D. Mathematische probleme 1897，中译文《数学史译文集》. 上海：上海科学技术出版社，1981. 33 ~ 59.

随后的几年里他致力于研究概率论公理化。1927 年其著作《概率论》第一版问世，该书连连再版，最后一版（即第 4 版）出版于 1946 年。书中伯恩斯坦给出了较为详细的概率论公理体系。

在"论概率论的公理化基础"一文中，伯恩斯坦给出第一个概率论公理化体系。基于以往推理经验，只要给定条件集合 α 实现，属于已知类 A 的某事件必然发生，而与其他因素无关。然而事件不可能绝对出现，因无法预言真实现象的行为。只有当条件集合 α 不太大且易于观测时，将 α 和 A 联系起来的规律方有意义。如果条件不成立，事件 A 就称为随机事件。

伯恩斯坦引进简单条件集合 β 代替集合 α，这在理论上可重复实现无限次。当 β 存在时，给定事件 A 以确定概率发生。若也定义了事件 B 的概率，则 3 种关系必成立其一：

$$P(A) = P(B), \quad P(A) > P(B), \quad P(A) < P(B)$$

伯恩斯坦给出 3 个公理：

（1）概率的可比较性公理；

（2）不相容事件公理；

（3）时间组合公理。

前两个公理考虑了条件集合 β 固定的情况，第三个公理把条件 α 下 A 的概率与不同条件集合 β 下同事件的概率联系起来。[1]

伯恩斯坦在这 3 个公理的基础上构造出概率论大厦。然而其公理化系统有着致命的弱点，正如科尔莫戈罗夫所言：

第一个系统的概率论公理化体系由伯恩斯坦给出，他所建立的基础是据随机事件的概率对事件做定性比较。在其定性比较思想中，概率的数值似乎是推导出来而不是固有的。[2]

① Maistrov L E. Probability Theory. New York：Londun，1974. 249～252.

② Коломогоров А Н. Основные понятия Теории Вероятностей. Москва： ОНТИ，1936.

自 1922 年起，伯恩斯坦着手研究一些应用实例，诸如马尔可夫链成果的推广等。他与莱维在研究一维布朗扩散运动时，曾尝试用概率方法研究随机微分方程，并将其推广到多维扩散过程的研究。

4. 凯恩斯

20 世纪 20 年代后，凯恩斯（John Maynard Keynes，1883 ~ 1946）主张把任何命题都看做事件。如"明天将下雨"、"土星上有生命"、"某出土文物是某年代的产品"等都是事件。他把某事件的概率看做是人们根据经验对该事件的可信程度，而与随机试验没有直接联系，因此，通常称为主观概率。从凯恩斯起，对主观概率提出了几种公理体系，但没有一种堪称权威。也许主观概率的最大影响不在概率论领域，而在数理统计学中近年来出现的贝叶斯统计学派。

凯恩斯可谓经济学界最具影响的人物之一，对经济学发展作出卓越贡献，一度被誉为资本主义的"救星"和"战后繁荣之父"等美称。凯恩斯出生于萨伊法则被奉为神灵的时代，认同借助于市场供求力量自动地达到充分就业的状态就能维持资本主义的观点，因此他一直致力于研究货币理论，其发表于1936 年的"就业、利息和货币通论"论文引起了经济学的革命，该文对人们关于经济学和政权在社会生活中作用的看法产生了深远的影响。

5. 米泽斯

米泽斯的主要工作是概率论的频率定义和统计定义的公理化。在 1919 年的《概率论基础研究》中，他认识到概率论的现状还不是一门严密数学学科，提出把数学概率建立在具有某种性质的观测序列基础上。1928 年，米泽斯在论著《概率，统计和真理》中，以相对频率为演绎基础，建立了频率的极限理论，强调概率概念只有在大量现象存在时才有意义。[①]

米泽斯的频率理论中最基本的概念是集体（collective），指由相似事件或过程组成的无穷序列，每个事件确定一个给定有限维空间的某点。他把事件的概率定义为该事件在独立重复随机试验中频率的极限，并把此极限的存在性作为第一公理。其第二公理为，对随机选取的子试验序列，事件频率的极限也存在且极限值相等。

实际上，第二公理没有明确的数学含义[②]。因此，这种所谓公理化在数学上是不可取的。这种频率法的理论依据是强大数定理，具有较强的直观性，易为实际工作者和物理学家所接受，便于在实际工作中应用，但像某个事件在一独立重复试验序列中出现无穷多次这一事件的概率，米泽斯理论是无法定义的。有些学者认为米泽斯不过把概率定义为 0～1 的一个数而已。随着科学的进步，米泽斯理论逐渐被绝大多数物理学家所抛弃。

6. 博雷尔

对概率论基本概念的分析揭示出这些概念与测度论及度量函数中基本概念间有着深刻的相似性，这使数学家看到建立概率论逻辑基础的一条道路。1898 年，博雷尔（E. Borel, 1781～1956）改进了容度的概念，提出了测度的概念，从而发展了测度理论。

1905 年，博雷尔建议把测度论方法引入到概率论的研究之中。他把概率论同测度论相结合，引进了可数事件集的概率，填补了古典有限概率和几何概率之间的空白，认为采用测度论术语来表述概率论概念将会相当方便。尤为重要的是，他给出

---

①　Calinger R. Classics of Mathematics. New Jersey: Prentice-Hall Inc. , 1995.

②　Maistrov L E. Probability Theory: a History Sketch. New York: Academic Press, 1974. 254～256.

博雷尔强大数定理:

设 μ_n 是随机事件 A 在 n 次独立试验中出现的次数, 若在每次试验中事件 A 发生的概率为 p, 则当 $n \to \infty$ 时, 有

$$P\left(\frac{\mu_n}{n} \to p\right) = 1$$

定理表明: 当试验次数无限增加时, 频率将趋于概率。即 $\mu_n/n - p$ 以概率 1 变得很小, 而且保持很小。这就是强大数定理和伯努利大数定理的区别。如虽投掷一枚硬币每次都可能出现正面, 但 $\mu_n/n = 1$ 并不成立, 强大数定理断言这种事件发生的概率为 0。

博雷尔对数学分析、函数论、数论、代数、几何、数学物理、概率论等诸多分支都作出突出贡献, 他是一位多产的数学家。法国数学家弗雷歇格 (Frechet) 曾说:"仅仅为了归纳, 简述博雷尔的作品就需要数卷篇幅。"在他不下 300 种作品中, 有 30 余部著作多次再版, 不少译成外文, 他还多次荣获法国科学院大奖。

第二节 科尔莫戈罗夫的公理化理论

科尔莫戈罗夫开创了现代数学的一系列重要分支。他是现代概率论的开拓者之一, 建立了在测度论基础上的概率论公理系统, 发展了马尔可夫过程的理论, 奠定了近代概率论和随机过程论的基础; 在动力系统中开创了关于哈密顿系统的微扰理论与 K 系统遍历理论; 在信息论方面开创了研究函数特性的信息论方法和信息算法理论; 在拓扑学中引入了上边缘算子的概念; 在关于湍流内部结构的研究中, 提出占主导地位的统计理论。此外, 他在三角级数收敛性、测度论、积分概念推广和集合上的一般算子理论等诸方面都取得了重要结果。

对科尔莫戈罗夫而言, 不存在任何权威, 只存在真理。他简直就是天才创造者, 不断迸发出新思想, 其最为人称道的是

对概率论公理化所作出的贡献。他也为此感到骄傲：

　　概率论作为数学学科，可以而且应该从公理开始
建设，和几何、代数这些学科的研究思路相同。①

　　测度论的诞生给概率论的公理化带来了勃勃生机，度量函数
论的观念导致概率论公理化系统的形成。在伯恩斯坦和其他数学
家的研究基础上，科尔莫戈罗夫自 20 世纪 20 年代中期开始研究
概率论公理化系统。1929 年他在论文"一般测度论和概率论的计
算"（*General measure theory and calculation of probabilities*）中精确
地叙述了概率论的公理化方法，但因以俄文发表而没有引起国外
数学界的很大反响。1933 年科尔莫戈罗夫将文章扩展成书，并以
德文出版了《概率论基础》　（*Grundbegriffe der Wahrscheinlich-
keitsrechnung*），这是概率论划时代的宏著。以科尔莫戈罗夫的公
理化研究为标志，概率理论几乎完全成为人的理性创造物。

　　科尔莫戈罗夫所提出的概率论公理化体系，主要根植于集
合论、测度论与实变函数论。勒贝格②（H. Lebegue，1875 ~
1941）为发展积分理论而使得直线上的集合也有"长度"，即满
足可列可加性的测度。而科尔莫戈罗夫认为概率是对"事件集"
的一种量度，将概率看做抽象的事件空间中事件集上的可列可
加测度。他运用娴熟的实变函数理论，建立了集合测度与事件
概率的类比、积分与数学期望的类比、函数的正交性与随机变
量独立性的类比等，这种广泛的类比赋予概率论以演绎数学的
特征，许多在直线上的积分定理都可移植到概率空间。部分对
应关系如下：

---

　　① Коломогоров А Н. Основные понятия Теории Вероятностей. Москва：
ОНТИ，1936.

　　② 勒贝格曾对其积分思想描述道："我必须偿还一笔钱。如果从口袋中随意地
摸出来各种不同面值的钞票，逐一地还给债主直到全部还清，这就是黎曼积分；不
过我还有另外一种做法，就是把钱全部拿出来并把相同面值的钞票放在一起，然后
再一起付给应还的数目，这就是我的积分。"

测度	概率
可测函数	随机变量
全直线	概率空间
点集	事件集

$E \to m(E)$　　　　　　　　　$A \to P(A)$

$$m(\bigcup_{i=1}^{\infty} E_i) = \sum_{i=1}^{\infty} m(E_i) \qquad P(\bigcup_{i=1}^{\infty} A_i) = \sum_{i=1}^{\infty} P(A_i)$$

概率论与一般测度论相比较具有若干特征：概率值非负且不大于1（非负性），必然事件 U 具有最大概率值1（规范性），而不可能事件的概率为0。从形式观点来看，全部概率数学理论可以构成以"整个空间 U 的测度为1"这一假定特殊化了的测度论[1]。

科尔莫戈罗夫以5条公理为基础，建立了概率场，构建出整个概率论理论体系[2]。

（1）概率论的基点是概率空间 (Ω, A, P)，Ω 是由基本事件 ω 组成的集合，A 是 Ω 中集合的 σ 代数，P 是对所有可测事件 A 定义的概率测度。

（2）(Ω, A, P) 上的随机变元是现实世界观测的函数对应物。假设 $\{x(t, \cdot), t \in I\}$ 是概率空间上的随机过程，状态空间为 Ω' 过程的 n 个随机变元集，其上有一个 Ω'^n 上的概率分布。且若 $1 < m < n$，有 $x(t_1, \cdot), \cdots, x(t_m, \cdot)$ 在 Ω'^m 上的联合分布为由 $x(t_1, \cdot), \cdots, x(t_n, \cdot)$ 在 Ω'^n 的 n 维分布所导出的 m 维分布。

（3）给定任意指标集 I、适度受限制的可测空间 (Ω', A')，以及对所有正整数 $n \geq 1$，以 I 的有限子集为指标，给定 Ω'^n 上

① 亚历山大洛夫. 数学——它的内容方法和意义（第2卷）. 北京：科学出版社，2005.

② Колмогоров А Н. Основные понятия Теории Вероятностей. Москва：ОНТИ, 1936.

的一个相容分布集，一定存在概率空间及定义在其上以 Ω' 为状态空间的随机过程，具有所指定的联合随机变元分布。

(4) 可积的数值随机变量的期望就是其对给定的概率测度积分。

(5) 对有严格正概率的事件 B，事件（可测集）A 的条件概率是 $P(AB)/P(B)$。由此，对于固定 B 可得到新概率，还可用这些新条件概率来计算随机变量关于给定 B 的条件期望。更一般的，给定任意一族随机变元，关于其给定值的条件概率与期望，必然是满足这些条件随机变元的值函数。[①]

简言之，概率空间需要规定：随机事件取自于怎样的空间；如何分配不同随机事件的发生概率，即定义概率测度。如探讨赌博问题，随机事件就是赌博可能的一切结果；而天气问题，随机事件就是可能出现的天气状况。故对不同的问题，"概率空间"是不一样的。同时，要预先给定一个概率测度来刻画所讨论的问题，就是预先给定随机事件发生的可能性。如赌博问题，庄家只有两种结果：输和赢。也许在中国澳门的赌局中，输赢的概率分别都是 $1/2$；在拉斯维加斯的赌局中，输赢的概率则是 $2/3$ 和 $1/3$。因而可以说，中国澳门和拉斯维加斯所指定的概率测度是不一样的。

公理化概率论犹如在几何学中这样定义点，即把点作为一个实在的物体经过四面八方无数次切削（每次切削均使得直径缩小一半）最后所剩余的东西。在科尔莫戈罗夫公理化体系中，随机变量是定义在基本事件集合上的可测函数，随机变量的运算法则成为可测函数规则的自然推论。同时在邻近数学领域的问题中，概率方法不仅可以"触类旁通"式的加以袭用，而且

---

① 如 ξ 关于随机变元族的条件期望，定义为 ξ 关于这族随机变元所生成的子 σ 代数的条件期望。可测集 A 的条件概率则定义为在 A 上取 1，其余取值为 0 的随机变量的条件期望。

可以形式完整地移植于新领域。

以数学美的标准来评价，科尔莫戈罗夫的概率论公理化体系充分显示了数学的简洁美与统一美，不仅给出无限随机试验序列和一般随机过程的逻辑基础，而且也为应用于统计学提供了很大方便。科尔莫戈罗夫的公理化体系逐渐获得数学家的认可。随机分析的创立者伊藤清[①]（Itō Kiyosi，1915~2008）曾写道：

> 读了科尔莫戈罗夫的《概率论基础》，我信服地认为概率论可用测度论来发展，并且它和其他数学分支一样地严格。[②]

科尔莫戈罗夫还是优秀的数学教育家，培养了一批数学家[③]。他认为教师应该：

（1）讲课高明，能用科学领域的实例来吸引学生。

（2）思路清晰，以深入浅出的解释和渊博的知识来启发学生。

[①] 伊藤清荣获 1987 年沃尔夫奖。早在 1944 年伊藤清率先对布朗运动引进随机积分，从而建立了随机分析这个新分支，1951 年他引进计算随机积分的伊藤公式，后推广成一般的变元替换公式，这是随机分析的基础定理。同时他定义多重维纳积分和复多重维纳积分，还发展一般马尔可夫过程的随机微分方程理论。他还是最早研究流形上扩散过程的学者之一，由此得到随机微分的链式法则及随机平行移动的观念，这预示 1970 年随机微分几何学的建立。面对一般的马尔可夫过程的鞅论方向、位势论方向以及其他各种推广，伊藤清都进行了一些研究，例如，1975 年他导出伊藤清积分和 Stratonovich 积分的关系，以及无穷维随机变元情形的推广。他证明了对巴拿赫（Banach）空间值随机变元，独立随机变元和弱收敛与几乎确定收敛等价，还以此为工具研究无穷维动力系统理论。在 2006 年国际数学家大会上，首届高斯奖授予伊藤清，因"其工作与日常生活紧密相连：通常一个微不足道、不可预测的机会决定一骰子是否进入轮盘赌洞里。当然，不可预测的因素是无法预测的，然而可通过统计学方法来做决定"。由于"对概率理论和应用概率论作出了奠基性贡献，特别是随机分析的建立。"

[②] 吴文俊．世界著名数学家传记．北京：科学出版社，1990.

[③] 科尔莫戈罗夫的学生中有 6 位成为苏联科学院院士或通讯院士。但他从不炫耀自己的成就，更不看重金钱，把获得奖金全部捐给学校图书馆。鉴于科尔莫戈罗夫在概率论、调和分析和动力系统的贡献，被授予 1980 年沃尔夫奖，而他竟未去领奖金。

（3）对症下药，清楚了解不同学生的不同能力，适当安排学习强度，以增强学生的学习信心。

晚年，科尔莫戈罗夫提出研究确定性现象的复杂性和偶然性现象的统计确定性的宏伟目标，其基本思想是：有序王国和偶然性王国之间事实上并没有一条真正边界，数学世界原则上是一个不可分割的整体。①

像其他公理化的数学分支一样，概率论一旦完成公理化，就允许各种具体的解释。概率论的公理化将概率论从频率解释抽象出来，同时又从形式系统再回到现实世界。在公理化基础上，现代概率论取得了一系列理论突破。

当然，概率论公理化体系的构造并没有解决所有原则问题。关于随机性本质这个基本问题仍未解决。随机性与确定性的界限在何处，是否存在？这个哲学性质的问题值得关注。科尔莫戈罗夫为此付出了许多努力，试图从复杂性、信息和其他概念等方面来解决这个问题。

另外，并不是所有数学家都认可科尔莫戈罗夫的概率论公理化体系，现今概率的含义还是一个争论的焦点。事实上，科尔莫戈罗夫的高度抽象理论体系，并没有给出其概率测度与具体随机过程间关系的线索，仍需要通过观测和测量来理解这些问题。即科尔莫戈罗夫关于概率论的数学叙述与周围的世界关系并不明显，其阐述有助于如何应用概率论但未告知如何获取更多概率信息。只要概率论公理能够成立，就可引用这些公理得出推论，即使与随机性没有任何共性。故现有两种概率论并存：一是完全不管"可能性"的公理化概率论；二是研究事件发生可能性大小的概率论。

---

① 肖果能. 概率论的莫斯科学派. 数学译林，2001，20（2）：158.

第三节　莫斯科概率学派对概率论的其他贡献

切比雪夫的概率思想是俄罗斯概率论发展的推动力。莫斯科概率论学派也深受其影响。该学派发端于十月革命后，以莫斯科大学和斯捷克洛夫数学研究所为基地。主要成员有辛钦、科尔莫戈罗夫、斯卢茨基（Slutzky，1880~1948）、格涅坚科（Б. В. Гнеденко，1912 ~ 1995）[①]、林尼克（Ю. В. Линник，1915~1972)[②] 和他们的学生，其影响直至 20 世纪末。研究特点是以集合论、微分方程、实变函数和泛函分析为研究工具，把其他数学分支的概念与方法吸收到概率论中，深化了圣彼得堡概率论学派的研究结果，开辟了概率论发展的新道路。其主要研究方向为：①随机变量和的极限定理；②马尔可夫过程；③随机过程的一般理论；④随机函数和随机向量场。

一、现代概率论开拓者

1. 鲁金

鲁金（Н. Н. Лузин，1883 ~ 1950）是莫斯科实变函数论学派的主要创始人和长期领导者，其创立的描述集合论及其对现代实变函数论的研究决定了莫斯科概率学派对概率论的最初研究。概

---

① 格涅坚科是科尔莫戈罗夫的学生。当格涅坚科 50 寿辰时，科尔莫戈罗夫在《概率论及其应用》（*Теории Вероятностии и её пременении*）刊物上祝贺道："乌克兰科学院士格涅坚科被国际公认为是当代工作在概率领域内最杰出的数学家之一，他异常精确地掌握经典分析方法，并把它与概率论的广泛现代课题相联系，结合到应用概率论的一贯兴趣之中。"1951 年，他们师生共同获得切比雪夫奖。20 世纪 50 年代，我国采用的概率论教材，多为格涅坚科所著《概率论教程》（丁寿田译）。

② 1941 年林尼克发明数论中的"大筛法"。1946 年 2 月至 5 月，华罗庚应苏联科学院与苏联对外文化协会邀请，对苏联做了广泛的访问。期间他会见了林尼克。

率论的基本概念——随机事件、概率、事件的独立性、随机变量和数学期望等与集合论及度量函数论的基本概念间具有极深刻的相似性，这种相似性使得可从另一方面阐明概率论的逻辑基础，用新的研究方法解决概率论中一些悬而未决的问题。

鲁金于 1910 年进入莫斯科大学物理 - 数学系数学专业学习，期间积极参加了以茹科夫斯基（H. E. Жуковский，1847 ~ 1921）为首的大学生数学小组，并在叶戈罗夫（Д. Ф. Егоров，1869 ~ 1931）指导下研究数学。他发现：

> 数学不是背诵业已形成的真理和无数已给出答案的问题解答体系，而是主动创造的辽阔领域。我把学者进行创作生活的状况，与哥伦布被派去寻找新大陆，并且每个瞬间都可能有重大发现的心情加以比较。在我面前，数学不再是完备的科学，而是充满诱人前景的创造性科学。[①]

1914 年鲁金从西欧回国不久，便在莫斯科大学讲授实变函数课程，其课程讨论班是莫斯科数学学派的摇篮。他十分善于讲课，具有吸引有识之士从事科学研究的特殊才能，很快在其周围聚集了一批才华横溢的学生，如门索夫（Д. И. Меншов，1892 ~ 1988）、亚历山大洛夫（П. С. Алесанаров，1896 ~ 1982）、辛钦、乌雷松（П. С. Урысон，1898 ~ 1924）、苏斯林（М. Я. Суслин，1894 ~ 1919）、科尔莫戈罗夫、诺维科夫（П. С. Новиков，1901 ~ 1975）、拉夫连季耶夫（М. А. Лаврентьев，1900 ~ 1980）、刘斯铁尔尼克（Л. А. Люстерник，1899 ~ 1981）、施尼雷尔曼（Л. Г. Щнирелъман，1905 ~ 1938）和巴里（Н. К. Бари，1901 ~ 1961）等。

---

① Штокало И З. История Отечественной Математики. Киев：Издательство На018 думка，1967.

2. 斯鲁茨基

斯鲁茨基开创了概率论的新篇章——随机函数论①。他研究了斯蒂尔切斯极限、导数、积分、可测性等概念，引进了随机函数的连续性和随机函数的微分、积分等概念，并证明了一系列有关定理。该研究方向对辛钦和科尔莫戈罗夫在随机过程方面的研究有着深刻影响。科尔莫戈罗夫的马尔可夫过程论，建立了概率论与微分方程间的联系，而辛钦的平稳过程理论显示出马尔可夫过程与动力系统的密切联系。斯鲁茨基的直觉数学思维借助于辛钦和科尔莫戈罗夫的精确数学思维，使数学命题得到严密陈述和完美逻辑论证。

3. 辛钦

辛钦和科尔莫戈罗夫是莫斯科概率学派的创始人。辛钦对重对数律的研究奠定了莫斯科概率学派的最初基础，直到现在重对数律仍是概率论重要研究课题之一。对于独立随机变量序列，辛钦与科尔莫戈罗夫讨论了随机变量级数的收敛性，证得：

（1）作为强大数定理先声的辛钦弱大数定理。

（2）随机变量的无穷小三角列的极限分布类与无穷可分分布类相同。

辛钦还研究了分布律的算术问题和大偏差极限问题，提出平稳随机过程理论，提出并证明了严格平稳过程的一般遍历定理，首次给出了宽平稳过程的概念并建立了其谱理论基础，研究了概率极限理论与统计力学基础的关系，并将概率论方法应用于统计物理学的研究。

辛钦长期在莫斯科大学任教，培养出一批苏联数学家。他

---

① Гнеденко Б В. Развитие Теории Вероятностей в России. Москва: Издательство Академии Наук СССР, 1948.

写有许多教科书和科普读物，主要有《数学分析简明教程》、《数学分析 8 讲》、《成批操作的数学理论》、《公用事业中的数学方法》、《信息论基础》、《静力学的数学基础》、《量子力学的数学基础》、《费马定理》、《连分数》、《初等数论》、《数论的三颗明珠》、《初等数学百科全书》（任主编）、《中学数学的基本概念与定义》和《教育论文集》等。这些著作对苏联数学教育的发展产生了很大影响。辛钦的不少论著被译成汉语，对中国数学教育发展也有一定影响。[①]

4. 科尔莫戈罗夫

1935 年科尔莫戈罗夫就引进了特征泛函概念，但没有引起足够注意。现在特征泛函已成为研究线性空间分布问题的重要工具。由特征泛函

$$H(t) = E e^{if(\xi)} = \sum_{n=0}^{\infty} \frac{i^n}{n!} E[f(\xi)]^n$$

$$= \sum_{n=0}^{\infty} \frac{i^n}{n!} A_n(f) = \exp\left[\sum_{n=0}^{\infty} \frac{i^n}{n!} B_n(f)\right]$$

得到线性空间中分布矩 $A_n(f)$ 及半不变量 $B_n(f)$。在具体的泛函空间中，矩和不变量可表示为

---

① 虽辛钦和科尔莫戈罗夫的性格完全不同，但相处得却很好。辛钦长科尔莫戈罗夫 9 岁，是后者的老师，但他从来不想成为领袖，对科尔莫戈罗夫很尊敬，把他作为放射着新思想的人物。科尔莫戈罗夫对自己的老师非常尊敬，但他成为领袖是自然之事。若遇到错误见解，他就完全不能控制情绪而高声辩解。而辛钦总是彬彬有礼，从不提高嗓门，用简单易懂的语言来说服对方，证明自己观点的正确性。某问题一旦解决后，科尔莫戈罗夫在很大程度上就对其失去了兴趣。对他来说，创造过程是根本的。其创造过程随时可能发生，他陷入沉思后，就完全摆脱了周围一切，对任何事物都觉察不到了。辛钦需要安静的环境来思考，对没有解决的问题总是说："让我想想，下次见面时我们再讨论这个问题。"他从来不忘自己答应过的事情。再次见面时，他会给出绝对清晰、完整、详细的解答。

$$A_n(f) = \int \cdots \int a_n(t_1, \cdots, t_n) f(t_1) \cdots f(t_n) \, dt_1 \cdots dt_n$$

$$B_n(f) = \int \cdots \int b_n(t_1, \cdots, t_n) f(t_1) \cdots f(t_n) \, dt_1 \cdots dt_n$$

应用这些工具可解决许多现实问题。如 $A_1(f)$、$B_1(f)$ 及二阶中心矩 $B_2(f)$ 理论在工程技术中有着广泛应用。[①]

二、概率极限理论的发展

1. 大数定理的推广

早在大学四年级时（1924 年），科尔莫戈罗夫与辛钦就开始研究独立随机变量序列所组成的级数收敛性，并得到科尔莫戈罗夫三级数定理：

定理 5.1（科尔莫戈罗夫三级数定理） 设 $\{\xi_n, n \in \mathbf{N}\}$ 为独立随机变量序列，则级数 $\sum\limits_{n=1}^{\infty} \xi_n$ $a.s.$ 收敛的充分条件是：存在常数 $C > 0$，使得：

（1） $\sum\limits_{n=1}^{\infty} P(|\xi_n| > c) < \infty$。

（2） $\sum\limits_{n=1}^{\infty} E(\xi_n I(|\xi_n| \leqslant c))$ 收敛。

（3） $\sum\limits_{n=1}^{\infty} D(\xi_n I(|\xi_n| \leqslant c)) < \infty$。

而其必要条件是对任何常数 $C > 0$，上述三级数都收敛。[②]

1925 年，辛钦和科尔莫戈罗夫证得：级数

$$\xi_1 + \xi_2 + \xi_3 + \cdots$$

可收敛于某数值，而这一数值是随机的，且收敛概率只能取极

① 科尔莫戈罗夫等. 四十年来的苏联数学. 陈翰馥译. 北京：科学出版社，1965.

② 复旦大学. 概率论基础. 北京：人民教育出版社，1983.

端值 0 与 1，而不能取任何中间值。科尔莫戈罗夫证得：若可列个独立随机变量的贝尔函数 $f(\xi_1, \xi_2, \cdots)$ 在有限个自变量的值变化之下保持不变，则等式

$$f(\xi_1, \xi_2, \cdots) = a$$

成立的概率只能为 0 或 1。

1928 年，科尔莫戈罗夫证明了独立随机变量和的不等式，推广了切比雪夫不等式。

定理 5.2（科尔莫戈罗夫不等式） 设 $\{\xi_k, 1 \leqslant k \leqslant n\}$ 为相互独立的随机变量序列，且 $E\xi_k = 0, E\xi_k^2 < \infty, |\xi_k| \leqslant c < \infty$，$1 \leqslant k \leqslant n$，记 $S_k = \sum\limits_{j=1}^{k} \xi_j$，则对任意给定的 $\varepsilon > 0$，皆有

$$P(\max_{1 \leqslant k \leqslant n} |S_k| \geqslant \varepsilon) \leqslant \frac{1}{\varepsilon^2} \sum_{k=1}^{n} E\xi_k^2$$

若令 $n = 1$，有 $D\xi_1 = E\xi_1^2$，则有

$$P\{|\xi_1 - E\xi_1| \geqslant \varepsilon\} \leqslant \frac{D\xi_1}{\varepsilon^2}$$

此即切比雪夫不等式。而科尔莫戈罗夫不等式又可推广为卡依克 – 瑞尼不等式。

若 $\{\xi_i\}$，$i = 1, 2, \cdots$ 为独立随机变量序列，$D\xi_i = \sigma_i^2 < \infty$ $(i = 1, 2, \cdots)$，而 $\{C_n\}$ 是正非增常数序列，则对任意正整数 m，n $(m < n)$ 及 $\varepsilon > 0$，均有

$$P(\max_{m \leqslant j \leqslant n} C_j \Big| \sum_{i=1}^{j} (\xi_i - E\xi_i) \Big| \geqslant \varepsilon) \leqslant \frac{1}{\varepsilon^2} \Big(C_m^2 \sum_{j=1}^{m} \sigma_j^2 + \sum_{j=m+1}^{n} C_j^2 \sigma_j^2 \Big)$$

据此，科尔莫戈罗夫得出强大数定理的充分条件。

定理 5.3（科尔莫戈罗夫强大数定理） 设 $\{\xi_i\}$，$i = 1, 2, \cdots$，是相互独立随机变量序列，且 $\sum\limits_{n=1}^{\infty} \frac{D\xi_n}{n^2} < \infty$，则成立

$$P\Big(\lim_{n \to \infty} \frac{1}{n} \sum_{i=1}^{n} (\xi_i - E\xi_i) = 0\Big) = 1$$

弱大数定理只要求依概率收敛，而若把收敛性提高为以概率 1 收敛，则得到强大数定理。第一个强大数定理是由博雷尔 1909 年对伯努利试验场合下建立的。而由科尔莫戈罗夫强大数定理易推出博雷尔强大数定理。在独立同分布随机变量序列场合下，科尔莫戈罗夫证得：

定理 5.4 设 $\{\xi_i\}$，$i = 1$，2，$\cdots$ 是相互独立同分布的随机变量序列，则

$$\frac{1}{n} \sum_{i=1}^{n} \xi_i \xrightarrow{a.s.} a$$

成立的充要条件为 $E\xi_i$ 存在且等于 a。

1929 年，科尔莫戈罗夫给出辛钦重对数定律的证明：

设 ξ_1，ξ_2，$\cdots$，ξ_n 为相互独立同分布的随机变量序列，且 $E\xi_i = 0$（$i = 1$，2，$\cdots$，n），令 $Z_n = \dfrac{\xi_1 + \xi_2 + \cdots + \xi_n}{6n^{\frac{1}{2}}}$，由中心极限定理推得对任何随着 n 的增长而趋于无穷的函数 $h(n)$，关系式 $Z_n > h(n)$ 发生的概率，当 n 趋于无穷时将趋于零。

科尔莫戈罗夫对重对数定律的证明是其把概率作为测度的思想基础。[①] 对无穷序列 Z_1，Z_2，$\cdots$，其期望可能会观察到非常大数值。重对数律对这个模糊的陈述通过关系式

$$\limsup_{n \to \infty} \frac{Z_n}{(2\ln\ln n)^{1/2}} = 1$$

以概率 1 成立给以精确表达。

作为泊松大数定理的推广，辛钦于 1929 年证得辛钦大数定理。辛钦大数定理无方差存在的假定，其证明的主要工具是特征函数，为实际生活中经常应用的算术平均值法则提供了理论依据。据此，若要测量某物体的指标值 a，可独立重复地测量 n 次，得到一组数据：

---

① 肖果能. 概率论的莫斯科学派. 数学译林，2001，20（2）：158.

$$x_1, \quad x_2, \quad \cdots, \quad x_n$$

当 n 足够大时，可以确信

$$a \approx (x_1 + x_2 + \cdots + x_n)/n$$

且比一次测量作为 a 的近似值要精确得多，而其偏差仅是一次测量的 $1/n$。[①]

2. 中心极限定理的深入研究

莫斯科概率学派曾用双序列变量代替独立随机变量。考察随机变量的双重序列：

$$x_{11}, \quad x_{12}, \quad \cdots, \quad x_{1k_1}$$
$$\cdots\cdots$$
$$x_{n1}, \quad x_{n1}, \quad \cdots, \quad x_{nk_n}$$
$$\cdots\cdots$$

设每行中的变量相互独立，令 z_n 表示第 n 行变量之和。对任意 $\varepsilon > 0$，有

$$\lim_{n \to \infty} P(|x_{nk}| > \varepsilon) = 0$$

对每个 k （$1 \leqslant k \leqslant k_n$）皆成立。若当 $n \to \infty$ 时，下式的分布函数

$$s_n = \sum_{k=1}^{k_n} x_{nk}$$

收敛于某个极限分布。科尔莫戈罗夫猜想：这个分布类与无穷可分分布类一致。[②]

1937 年，辛钦证实了科尔莫戈罗夫的猜想。基本结果为：为了使 $F(x)$ 是上述双重序列相联系的变量 $z_n - b_n$ 的极限分布函数（b_n 为适当选取常数），其充分必要条件是 $F(x)$ 为无穷可分。

---

① 因条件不同，切比雪夫大数定理和辛钦大数定理不能互相推出。

② 若对任意正整数 n，有特征函数 $f_n(t)$ 使得 $f(t) = [f_n(t)]^n$，则称 $f(t)$ 对应的分布函数 $F(x)$ 为无穷可分分布。单点分布、泊松分布、正态分布、柯西分布等常见概率分布都属于无穷可分分布。

从而，这种类型和的所有可能极限分布族与所有无穷可分分布族相重合。

1944 年，格涅坚科利用莱维 – 辛钦表示 [式中 γ 为实数，$G(u)$ 满足 $G(-\infty)=0$，且有界非降，称之为莱维 – 辛钦谱函数]

$$f(t) = \exp\left[i\gamma t + \int_{-\infty}^{\infty} \left(e^{itu} - 1 - \frac{itu}{1+u^2} \right) \frac{1+u^2}{u^2} dG(u) \right]$$

给出 z_n 收敛于无穷可分分布的充要条件：

$$(1)\ \sum_{k=1}^{kn} \int_{-\infty}^{x} \frac{y^2}{1+y^2} dF_{nk}(y+a_{nk}) \xrightarrow{d} G(x)$$

$$(2)\ \sum_{k=1}^{kn} \left\{ a_{nk} + \int_{-\infty}^{\infty} \frac{x^2}{1+x^2} dF_{nk}(x+a_{nk}) \right\} - A_n \rightarrow \gamma$$

式中 $a_{nk} = \int_{|x|<t} x dF_{nk}(x)$，而 $F_n(x) \xrightarrow{d} G(x)$ 是指在 $G(x)$ 的连续点上有 $F_n(x) \rightarrow G(x)$，且

$$F_n(+\infty) \rightarrow G(+\infty), \quad F_n(-\infty) \rightarrow G(-\infty)$$

3. 分布逼近与和分布的延拓

1）分布逼近

1953 年，科尔莫戈罗夫对大量相互独立及弱相关加项和分布的极限提出新猜想，适当"规范"、"中心化"和式以确定极限分布的收敛性不是真正的研究目标。应当寻找某一分布类 $\mathscr{P}$ 的分布 g，作为对和式

$$\zeta_n = \xi_1 + \xi_2 + \cdots + \xi_n$$

分布函数 F_n 的最佳逼近。即犹如在现代函数逼近论利用多项式近似表示其他函数解析形式那样，精确的或渐进的计算数值

$$E(F,\ \mathscr{P}) = \sup_{F_n \in F} \inf_{g \in \mathscr{P}} \rho(F_n,\ g)$$

例如，对相互独立加项 ξ_k，分式

$$L = \frac{\sum_k E |\xi_k - E\xi_k|^3}{(\sum_k D\xi_k)^{3/2}}$$

能保证, $F_n(x) = P(\zeta_n < x)$ 在条件: 对一致度量

$$\rho_1(F,g) = \sup |F(x) - g(x)|$$

有估计

$$\rho(F_n, \mathscr{P}) \leqslant CL(C \text{ 为绝对常数})$$

成立时, 靠近正态分布 g 所组成的分布类 $\mathscr{P}$。

不少概率学者沿此方向进行了研究。1955 年, 普罗霍罗夫 (Ю. В. Прохоров) 对独立同分布序列获得相应结果: 设 ξ_1, ξ_2, $\cdots$, ξ_n, $\cdots$是相互独立同分布加项的序列, 对于其和式的分布 F_n, 在一致度量下, 当 $n \to \infty$ 时, 有

$$\rho(F_n, \lambda) \to 0$$

其中 λ 为所有无穷可分布组成的类。

科尔莫戈罗夫指出, 此时有

$$\rho(F_n, \lambda) \leqslant Cn^{-\frac{1}{5}}$$

其中 C 为绝对常数。

1953 年, 多布鲁申 (Р. Л. Добрушин) 解决了一个复杂问题实例。他对具有两个状态的齐次马尔可夫链中 n 步内命中次数的分布 F_n, 给出极限分布系 $\mathscr{P}$, 用度量

$$\rho_2(F,g) = D(F - g)$$

逼近 F_n, 使得

$$\rho_2(F_n, \mathscr{P}) \leqslant C \frac{\ln^{\frac{3}{2}} n}{n^{\frac{1}{13}}}$$

其中 C 为绝对常数。

1956 年, C. X. Туманян 证得: 只要 $n \min p_i \to \infty$, 变量

$$\chi^2 = \sum_{i=0}^{s} \frac{n}{p_i} \left(\frac{m_i}{n} - p_i \right)^2$$

的分布对类的个数 s，一致逼近其已知近似式

$$P(\chi^2 < h^2) \sim \frac{1}{2^{\frac{s}{2}}\Gamma\left(\frac{s}{2}\right)}\int_0^{h2} x^{\frac{s-1}{2}}e^{-\frac{x}{2}}dx$$

2) 向量和的极限定理

莫斯科概率学派研究了向量和 $\zeta_n = \xi_1 + \xi_2 + \cdots + \xi_n$ 的极限定理，其中 $\xi_k = f(\varepsilon_k)$ 依赖于具有转移概率

$$P(\varepsilon_{k+1} \in E/\varepsilon_k = e) = P_k(E, e)$$

的马尔可夫链的状态 ε_k。若状态 e^1，e^2，$\cdots$，e^s 的数 s 有穷，则问题转化为研究由进入个别状态次数所构成的向量

$$\mu = (\mu^1, \mu^2, \cdots, \mu^s)$$

的分布。在序列方案中，科尔莫戈罗夫于 1949 年应用直接 "Doeblin 方法" 对齐次情形 μ 的分布，得到一般的局部极限定理。C. X. Сираждинов 应用切博塔廖夫 – 埃尔米特型展式及其他代数工具，得到更精确的局部极限定理。

3) 大偏差理论和分布律运算

大偏差就是比均方阶数更高的偏差。精确化大偏差小概率的渐进展开式，以及估计这些展式的余项在概率论和数理统计理论中具有重要意义。

1929 年，辛钦在研究二项分布有关问题时，给出大偏差概率近似表达式的方法。1950 年，辛钦又研究了正变量和的大偏差概率。以林尼克为代表的列宁格勒学派于 1953 年系统研究了独立以及由马尔可夫链联系着的纯量及向量和的大偏差问题。

1937 年，辛钦提出 "分布律运算" 问题，即关于分布可以分解为某些分布结合问题。该问题引起了不少学者的关注。Д. А. Райков 和格涅坚科都对此进行了研究。1951 年，Н. А. Сапогов 证得，接近于正态的分布仅能分解为接近于正态的分布。1957 年，林尼克证得，正态分布和泊松分布的结合只能分解为这一类型的分布，并给出无穷可分分布分解为非无穷可分分量的条件。

1939 年，格涅坚科建立了同分布独立项规范化和向每一稳定分布律的收敛条件。虽收敛于正态分布的条件与各项性质无关且具有一般性，但收敛于稳定律的条件含有一些特殊条件。

格涅坚科还找到了和的分布函数收敛于每个极限分布的条件，其方法为：对每个和构造一个完全确定的"伴随"无穷可分分布。诸项的无限小就蕴含真分布律与伴随分布律的接近，这样关于极限分布的存在问题就化为确定无穷可分分布收敛条件的较简单问题。对同分布筛孔状项的场合，格涅坚科证得，当规范化和的分布函数收敛于稳定律时，则定值的概率接近于相应稳定律的分布密度。

三、随机过程的发展

1. 马尔可夫过程的发展

随机过程理论主要有两个渊源：1907 年马尔可夫关于"成连锁试验"的论文；对庞加莱"连续概率"思想的研究。正是莫斯科概率学派使之成为结构严密的理论，所建立的随机过程理论标志着概率论发展进入了一个新阶段。马尔可夫过程的研究大致分为以下几类：①离散时间马尔可夫链；②连续时间马尔可夫过程；③轨道连续的马尔可夫过程；④间断型马尔可夫过程（跳过程）。[①]

1）科尔莫戈罗夫方程

科尔莫戈罗夫把傅里叶的传热理论、爱因斯坦（Albert Einstein，1879 ~ 1955）与斯摩罗霍夫斯基的布朗运动理论、马尔可夫等关于随机徘徊的描述与首次构造随机过程例子、巴夏里埃与维纳的思想结合在一起，抽象出马尔可夫过程的一般模型。

---

① Brush S G. A history of random processes. Arch. History Exact Sci. , 1968, 5：1 ~ 36.

他指出，所考察的模型推广了经典力学的模型，其中假设质点系的实际运动可通过对系统状态感兴趣的时刻及在前面任意时刻的状态来描述。

利用连续时间马尔可夫过程解析理论考察离散马尔可夫过程的轨迹问题成为 20 世纪 30 年代的研究焦点。具有大量小跳跃的离散马尔可夫过程，可用满足福克－普朗克方程的连续马尔可夫过程逼近，以得到其行径的极限定理。而对于少量大跳跃的离散过程，就需要选择时间连续、轨迹只有第一类间断点的过程。

科尔莫戈罗夫 1931 年的论文"概率论的解析方法"（*Über die analytischen Methoden in Wahrscheinlichkeitrechnung*）研究了一般的马尔可夫过程类，首次采用微分方程等分析方法应用于此类过程的研究。辛钦建议这种过程为马尔可夫过程。1935 年科尔莫戈罗夫又提出了可逆（对称）马尔可夫过程的新模型，并给出刻画其特征的充要条件[①]：

对任何 $t_1 < t_2 < t_3$ 满足

$$P(t_1, t_3; \omega_0, \lambda) = \int_\Omega p(t_2, t_3; \omega, \lambda) p(t_1, t_2; \omega_0, \mathrm{d}\omega)$$

其中 $\Omega = \{\omega\}$ 为概率空间，$\lambda \subseteq \Omega$。

科尔莫戈罗夫把物理学家普朗克（M. Plank，1858 ~ 1947）、爱因斯坦、福克（A. Fokker）等在特殊情形得到的转移函数的积分方程一般化（现称切普曼－科尔莫戈罗夫方程），并导出科尔莫戈罗夫方程。

对于离散马尔可夫过程 K 步转移概率，科尔莫戈罗夫得到

$$P_{ij}^{(k+1)}(m) = \sum_{s \in I} P_{is}^{(K)}(m) P_{sj}^{(l)}(m + k), \quad i, j \in I$$

对于连续马尔可夫过程，有类似的方程：

---

① Зворыкин А А. Биографический Словарь Деятелей Естествознания и Техники. Москва：Издательство Академии Наук СССР，1959.

$$F(s,x;t,y) = \int_{-\infty}^{\infty} d_z F(s,x;u,z) \cdot F(u,z;t,y), \quad s < u < t \text{ ①}$$

这里转移概率分布 $F(s, x; t, y)$ 是关于 y 的分布函数, 而 $F(s,x; t, y)$ 对于固定的 y, s, t 是关于 x 的博雷尔可测函数。

对于纯不连续的马尔可夫过程, 科尔莫戈罗夫得出:

定理 5.5 设 $F(s, x; t, y)$ 是转移概率, 满足

$$F(t,x;t+\Delta t,y) = [1 - q(t,x)\Delta t]\eta(x,y)$$
$$+ q(t,x)\Delta t Q(t,x;y) + o(\Delta t)$$

其中 $q(t, x)$ 称为跳跃强度函数。若 $q(t, x)$ 有限、非负且关于 t 连续, $Q(t, x; y)$ 关于 t 连续, 则有

$$\frac{\partial}{\partial s} F(s,x;t,y) = q(s,x) F(s,x;t,y)$$

$$- q(s,x) \int_{-\infty}^{\infty} d_z Q(s,x;z) F(s,z;t,y)$$

若进一步假定 $q(t, x)$ 有界, 则有

$$\frac{\partial}{\partial s} F(s,x;t,y) = - \int_{-\infty}^{y} q(t,z) d_z F(s,x;t,z)$$

$$+ \int_{-\infty}^{\infty} q(t,z) Q(t,z;y) d_z F(s,x;t,z)$$

这里的第一个方程称为后退方程, 第二个方程称为前进方程。

尽管方程中出现了偏导数记号, 但可作为常微分方程处理。若用矩阵记号来表示, 科尔莫戈罗夫方程将十分简洁明了了。②

2) 强马尔可夫过程

1956 年, Е. Б. Дынкин 和 А. А. Юшкевич 由标准齐次马尔可夫过程给出强马尔可夫过程的概念:

定义 1 若在 $N = \sigma(X_t, t \geq 0)$ 上存在概率测度族 $\{p_x,$

---

① Колмогоров А Н. Цепи Маркова со счётным множеством возможных состояний Бюлл. МГУ, Т. I, Вып. 3, 1937.

② 复旦大学. 随机过程. 北京: 人民教育出版社, 1983.

$x \in E$}, 使得对于每个 x 有
$$P_x(X_0 = x) = 1$$
则称以 $P(t, x, \Gamma)$ 为转移函数的齐次马尔可夫过程 {X_t, $t \geq 0$} 为标准齐次马尔可夫过程。

定义 2 对于标准齐次马尔可夫过程 (X_t, N_t) 满足：

（1）(X_t, N_t) 循序可测。

（2）对于任意 N_t 停时 τ 及 $\Gamma \in B$，有
$$P_x(X_{t+\tau} \in \Gamma / X_\tau) = P(t, x_\tau, \Gamma), \qquad a.s., P_x, \Omega_\tau$$
而 $\Omega_\tau = \{\omega : \tau(\omega) < \infty\}$，则称其为强马尔可夫过程。

强马尔可夫过程类是相当广泛的，但并非所有马尔可夫过程是强马尔可夫过程。现在看来，强马尔可夫过程理论才是马尔可夫过程理论的实质。[①]

3）正则过程

当马尔可夫过程状态集有限或可列时，在有限时间区间内，只发生有限次状态转移的过程称为正则方程。

1952~1954 年，多布鲁申对具有可数状态的齐次过程，以及对时间非齐次的过程，找到了正则性的充要条件。

由任给状态出发，经过离散方式过渡到一系列状态，直到转移时刻序列在极限点凝聚为止。这类过程为右连续过程，爆发性的生灭过程就具有这种性质。若仅考虑过程到达第一个转移时刻的凝聚点所需随机时间间隔，则称其为半正则方程。А. А. Юшкевич 对右连续条件进行了研究。

在连续扩散型游动过程中，边界的"不可到达性"和正则性相应。对边界的可到达性，伯恩斯坦早就进行了研究，不过

---

① 科尔莫戈罗夫等．四十年来的苏联数学．陈翰馥译．北京：科学出版社，1965.

他采用的是其他术语。①

4）无穷小算子

当状态集有限或可列时，无穷小算子由状态 i 到状态 j（$i \neq j$）的转移概率密度给出。科尔莫戈罗夫于 1951 年证得，在齐次随机连续时，存在有穷无穷小算子，但仅在过程正则时，才决定过程。当半正则时，确定到跳跃点的第一个凝聚点为止。

1954 年前后，费勒将泛函分析中的半群方法引入马尔可夫过程的研究。Е. Б. Дынкин 引进了新的工具，完成了费勒对一维情形的研究，并推广了多维情形椭圆微分算子概念。

和费勒研究相衔接，Е. Б. Дынкин 和 А. Д. Венцель 对在区间内连续，但到达区间边界时，能以连续形式或跳跃形式返回内点的一维过程，全面研究了微分算子的形式问题。

20 世纪 50 年代初，角谷静夫（S. Kakutani）和杜布（J. L. Doob，1910～2004）发现了布朗运动与偏微分方程中的狄利克雷问题的关系，亨特（G. A. Hunt）又研究了一般马尔可夫过程与位势的关系。目前，马尔可夫过程、马尔可夫随机场、无穷粒子马尔可夫过程、测度值分支过程（超过程）等都是正在研究或有待研究的领域。

2. 平稳过程的形成

在许多情形系统过去的状态对其将来的状态有着很大的影响，甚至在近似的情形过去的作用也不可忽视。常用方法是引入一个或几个补充参数使过程转化为马尔可夫过程。辛钦曾系统研究过一类统计问题要求考察过去与未来的全部联系，这就

① Зворыкин А А. Биографический Словарь Деятелей Естествознания и Техники. Москва：Издательство Академии Наук СССР，1959.

是平稳过程。①

1934 年，辛钦引入平稳过程类并得到关于这类过程的一系列基本结果。这种随机过程的特点是在任何一段相同的时间间隔内的随机变化形态都相同。②

在平稳过程中，出发点是函数 $\omega(t)$ 空间的概率分布，其中时间 t 取值于全体实数，而 $\omega(t)$ 取自概率空间 Ω。若 $\omega(t)$ 属于集合 A 的概率 $P(\omega(t)\subset A)$ 不变，且把 A 中每一个函数 $\omega(t)$ 换成 $\omega(t-\tau)$，因而使集合 A 变成另一集合 $H^\tau A$。对具有概率空间 Ω 的平稳过程的研究等价于在数值属于 Ω 的实变函数 $\omega(t)$ 的空间 Ω^R 中具有不变测度的力学体系研究。

1939 年，科尔莫戈罗夫发现，辛钦所给平稳过程的一般谱理论，是酉算子单参数群谱理论的直接推论。他对辛钦的结果给出简单叙述，并建立了平稳序列的外推内插谱理论。

1940 年，科尔莫戈罗夫以几何形式给出了平稳增量过程的相关理论。

1944 年，科尔莫戈罗夫研究了离散时间的平稳过程。他指出如果两点的内积定义为对应随机变量的协方差矩，则具有二阶矩的所有随机变量组成希尔伯特空间。这样离散时间的随机过程就可看成希尔伯特空间中的点序列，以致该空间的理论可用于过程的研究。

对于随机变量的平稳序列，科尔莫戈罗夫证明希尔伯特空间的应用使之有可能以一种简单的方法导出所有过去已知的结果。他应用复变函数理论中的方法第一次给出平稳序列为纯粹非确定性的充要条件，并推导出了线性最小二乘法预测问题的

① Гнеденко Б В. Развитие Теории Вероятностей в России. Москва：Издательство Академии Наук СССР，1948.

② 如纺纱过程前一小时和后一小时的纺纱状态，总体上可看成一样，但每时刻纺出的纱还是有粗细之别，因而是随机变量。该过程就属于平稳过程。

完整解答。①

科尔莫戈罗夫对具有连续谱的无阻尼振荡物理图像的清晰理解引导着平稳过程理论的新方向。维纳对自己所构造的平稳过程的内插和滤波理论非常自豪，但是他不得不悲伤地承认科尔莫戈罗夫在这一领域中的优先权。

1945 年，М. Г. Крейн 给出上述外推理论的连续方案，同时确立了可精确外推的充要条件是积分

$$\int_{-\infty}^{\infty} \frac{\ln f(\lambda)}{1 + \lambda^2} d\lambda$$

收敛。其中 $f(\lambda)$ 为谱密度。②

平稳过程理论在工程技术中的应用，导致了相关理论的进一步发展。若未知和已知过程的关系可用线性方程描述，则未知过程的谱可按已知过程的谱求得。若未知和已知过程的联系是非线性的，在计算未知过程的谱时，就需要利用已知过程和中间过程较为精确的特征。原则上可利用特征泛函，而在多种情形下可应用高阶矩。对实平稳过程

$$\xi_1(t) = \int e^{i\lambda t} \Phi(d\lambda)$$

及其共轭过程 $\xi_2(t)$ 的研究，导致包络 $v(t) = \sqrt{\xi_1^2(t) + \xi_2^2(t)}$ 及相位的概念。

平稳过程理论引导科尔莫戈罗夫转向湍流问题。他发展了湍流理论，并得到著名的"三分之二定律"，即在某种条件下，湍流中距离为 r 的两点速度差的平方均与 $r^{2/3}$ 成正比。1962 年他又做了更为精确的修正。其结果至今仍被大气物理界公认为是与实际最相近的。

---

① Штокало И З. История Отечественной Математики. Киев：Издательство Науква думка，1967.

② 科尔莫戈罗夫等．四十年来的苏联数学．陈翰馥译．北京：科学出版社，1965.

第六章　马尔可夫链的创立及应用

数学，那就是高斯、切比雪夫、李雅普诺夫、斯捷克洛夫和我研究的东西。

——马尔可夫

随机过程是现代概率论研究的重要课题，其强大生命力的源泉之一就是概率理论发展的必然性。概率论研究对象逐步扩展的过程为：随机事件→随机变量→随机向量→随机序列→随机过程。已由最初应用随机变量研究随机现象的静态特性，而发展为用随机过程研究随时间（或其他参量）演变的随机现象的统计规律。

第一个从理论上提出并加以研究的随机过程模型是马尔可夫链。为了扩大概率论极限定理的应用范围，马尔可夫在1906年的"大数定理关于相依变量的扩展"（*Extension de la loi de grands nombres etc*）论文中首次创立了马尔可夫链的原始模型①。后来马尔可夫又证明了齐次马尔可夫链的渐近正态性②、非齐次马尔可夫链的中心极限定理以及模型的各态历经性，给出统计物理中遍历理论的第一个严格证明结果。

马尔可夫链概念后被扩充到连续时间和任意位相时间，按照辛钦的建议称之为马尔可夫过程。科尔莫戈罗夫和辛钦发展

---

① Markov A A. Selected Works. Leningrad：Yu V Linnik，1951.

② Markov A A. Recherches sur un cas remarquable d'épreuvres dépendantes（1907）. French version：Acta Math. ，t. 33，1910，87 ~ 104.

了马尔可夫过程和平稳过程理论[①]。莱维自 1938 年始就研究轨道性质的概率方法，1948 年出版了《随机过程和布朗运动》，提出独立增量过程的一般理论，极大推进了布朗运动的研究。伊藤清于 1942 年引进了随机积分与随机微分方法，1951 年建立了关于布朗运动的随机微分方程的理论，为马尔可夫过程的研究开辟了新的道路。1953 年杜布的《随机过程论》面世，系统而全面地叙述了随机过程的基本理论。1954 年，费勒将半群方法引入马尔可夫过程的研究。20 世纪 60 年代，法国布尔巴基学派发展了随机过程的一般理论。现代随机过程大致可分为马尔可夫过程、平稳过程、布朗运动、离散鞅、无穷粒子马尔可夫过程和超过程等。

第一节　马尔可夫的科学研究特色

一、教育背景和教育特色

1874 年，马尔可夫[②]考入了向往已久的圣彼得堡大学数学系，其数学才能很快就显露出来，他被吸收到科尔金（A. N. Korkin，1837 ~ 1908）和佐洛塔廖夫（Ye. I. Zolotarev，1847~ 1878）组织的讨论班中，同时他还选修了切比雪夫的概率论课程。

---

① Гнеденко　Б　В. Развитие　Теории　Вероятностей　в　России. Москва：Издательство Академии Наук СССР, 1948.

② 1856 年 6 月 14 日，马尔可夫出生于俄罗斯梁赞省（Рязáнь）。5 岁时，举家迁往圣彼得堡（Санкт Петербург）。1866 年入圣彼得堡第五中学学习。马尔可夫聪明颖悟，对数学有着近乎天然的兴趣和喜好，自学了微积分，其水平远远超过了一般高中学生。当发现一种与教科书不同的常系数线性常微分方程的解法时，马尔可夫立即给布尼亚科夫斯基写信报告这一结果。布尼亚可夫斯基把信转给了自己的学生科尔金和佐洛塔廖夫，他们很快就给马尔可夫回了信，鼓励他报考圣彼得堡大学数学系，以数学研究作为自己的终身事业。

　　1878 年，马尔可夫以优异学习成绩毕业并留校任教，其毕业论文"以连分数求解微分方程"（*Об интегрировании Диффе ренциалных уравнений при помоши непрерывных дробей*）获得系金质奖。两年后他完成了"关于双正定二次型"（*O бинарных квадрат ичных формах положительного определитения*）的硕士论文，并正式给学生授课。1884 年其博士论文"关于连分数的某些应用"（*O некоторых приложения алгебраических непрерыв ных дробей*）通过正式答辩，获得物理 – 数学博士学位①。

　　1886 年，马尔可夫晋升为副教授，同年成为圣彼得堡科学院候补成员②。1890 年当选为副院士，1893 年升为正教授。1896 年成为正院士。为了让贤于年轻人，马尔可夫于 1905 年退休并获终身荣誉教授称号。

　　自 1883 年起，马尔可夫接替切比雪夫在圣彼得堡大学讲授概率论。退休后，马尔可夫仍以院士资格在圣彼得堡大学开设概率论课程。1905 ~ 1916 年是马尔可夫的黄金研究阶段，他提出并证明了马尔可夫链的相关理论，拉开了随机过程研究的帷幕。

　　1917 年 9 月，年逾花甲的马尔可夫来到萨兰斯科（Зарайск）县城，无偿地承担起数学教学工作③。由于内乱和饥荒，他度过了一个极为艰苦的学年，但马尔可夫毫不介意生活条件的艰苦，把相当大的精力用在提升学生的数学修养和培养学生的创新能力上。

　　1918 年秋，马尔可夫因患青光眼回到圣彼得堡治疗。术后马尔可夫返回母校继续开设概率论讲座。此时他的体力已经不支，

---

　　①　1883 年，马尔可夫与自幼相识的女友瓦尔瓦切夫娅（M. I. Valvatyeva）结婚。岳母就是老马尔可夫当年的雇主。

　　②　经过切比雪夫的推荐和提名，马尔可夫进入圣彼得堡科学院。

　　③　十月革命前夕，圣彼得堡的局势动荡不定，科学院和大学已无正常的工作秩序。马尔可夫请求科学院派他到俄罗斯内地从事教育工作。

每次讲课都需要儿子小马尔可夫①搀扶着进出教室。然而一旦登上讲台，他就有了精神和力量，完全忘掉了疾病和痛苦。直到1921年秋，马尔可夫的病情加剧，才不得不离开珍爱的讲台。

在几十年的教学生涯中，马尔可夫先后讲授了微积分、数论、函数论、计算方法、微分方程、概率论等课程，为祖国培养了许多优秀的数学人才。其教学特色可概括为：

（1）知识渊博，引人入胜。马尔可夫凭借自己的渊博知识，注重发展学生的数学思维。他经常有意略去教科书中的传统题材，加入一些自己的最新研究成果。因此理解能力一般水平的学生抱怨难懂，但优秀学生从中受益匪浅。据马尔可夫的学生回忆，高年级的学生成功通过马尔可夫的课程后，还再来听他讲第二遍，以求更佳效果。有的学生认为，马尔可夫的讲课内容几乎与教学内容相去甚远，我们几乎忘记了二次方程的求解，但感到已成为马尔可夫的孩子，他完全控制了我们的思维和意志。②

（2）注重创新，严密无懈。马尔可夫的讲座以无懈可击的严密性而著称。他以一种不容抗拒的方式讲述自己的见解，指出数学中没有"想当然"的事情，他总是相当激动地与助教交谈。马尔可夫反对把数学理论庸俗地应用于物理和工程问题而写进课本，强调应把新颖的成果写进去，以免加重数学课程负担。

（3）重在思想，朴实无华。马尔可夫讲课时既不在乎板书的工整也不注意表情的生动。据小马尔可夫回忆③，父亲的重点

---

①　马尔可夫的儿子与他同名，是卓越的苏联数学家、苏联科学院通讯院士、列宁格勒国立大学教授。主要研究方向为动力系统、测度论、拓扑学、计算理论和数理逻辑等。

②　Sheynin O B. A. A. Markov's work on probability. Arch. History Exact Sci. , 1989, 39（3）：337～377.

③　小马尔可夫曾随父亲一同到萨兰斯科县城，并在那里作为马尔可夫的学生听课学习。

放在解题思路和方法上，而不注重枝节问题的精雕细琢。他讲课时总是随手画出示意图，而后引经据典、滔滔不绝地讲起来。

（4）热爱数学，乐在其中。数学是马尔可夫的挚爱，他以自己从事数学教学和研究而骄傲。曾有人向他请教数学的定义，他毫不掩饰地说："数学，那就是高斯、切比雪夫、李雅普诺夫、斯捷克洛夫和我所研究的东西。"① 正是马尔可夫对数学的酷爱之感和痴爱之情深深地感染了学生，激发了学生对数学的学习兴趣。在一次概率论课上，马尔可夫的开场白为："我获悉喀山数学会提出研究课题：概率论的公理化基础。现在我们就开始着手干吧。"

二、科学研究特色

马尔可夫具有极高的数学天赋，加之切比雪夫等数学大师的熏陶和培养以及圣彼得堡数学学派成员间的合作与竞争，其数学潜能得到最大程度的开发。他秉承了切比雪夫的科学研究品质，进一步发展和形成了独特学术风格。

1. 追求问题一般化

马尔可夫善于将研究问题一般化，并给出其数学模型或算法规则系统。他独创了马尔可夫链相关理论，在整理观测数据和统计资料中发展了数理统计学相关理论。伯恩斯坦认为，马尔可夫已经达到皮尔逊曲线理论的第一步，只不过他未注意到其工作与英国科学家研究的联系。②

---

① Штокало И З. История Отечественной Математики. Киев：Издательство Науква думка，1967.

② Бернштейн С Н. О законе бользших чисел. Сообщ. Харьк. матем. об- ва，Т. XVI，1918.

2. 力求工具初等化

同切比雪夫一样，马尔可夫尽量用最初等的数学知识来推导或诠释高深的数学知识。连分数是马尔可夫科学研究的最常用方法之一，其学士和博士学位论文都是关于连分数的理论与应用。

3. 擅长数据精确化

马尔可夫研究数论和函数论之主要目的就是精确估计变量（二次型、积分、偏差）的上下限。他喜欢数据计算也擅长于数字计算，把枯燥无味的数字计算看做是一种享受。

> 许多数学家相信，远离抽象论证而进行一些简单的数字计算，有失自己的身份。而我认为并非如此。[①]

在给出正态分布的有关表达式后，马尔可夫详细解释了其计算程序，并计算函数 $\int_x^\infty \exp(-t^2)\,\mathrm{d}t$ 和 $\dfrac{2}{\sqrt{\pi}}\int_0^x \exp(-t^2)\,\mathrm{d}t$ 之值。他算出 11 位有效数字的数值表，导出所有可能数值，所给正态分布数值表直到 20 世纪 40 年代还在俄罗斯使用。正如 Besikovitch 所说，

> 马尔可夫花费了很大精力来详尽讨论一些简单的数值计算，其计算结果相当准确和精确，从中没有发现任何错误。[②]

---

① Markov A A. Table des valeurs de l'intégrale $\int_x^\infty \exp(-t^2)\,\mathrm{d}t$. Mém Acad. st. Pétersbourg, 1888.

② Марков А А Биография А. А. Маркова. Москва：Издательство Академии Наук СССР，1951.

4. 恪守数学严密化

马尔可夫不仅具有很强的创造力，而且具有很高的严密性。在科学研究中，他一丝不苟，不放过任何有疑问的问题，其论文无懈可击。

　　学术论文对学科的发展是很重要的。遗憾的是，由于推导的复杂性和论证不够严密而大大降低了其重要作用。①

最初，马尔可夫不承认数理统计学是一个科学分支。他认为：

　　数理统计理论中能确定的部分很少，它只不过是最小二乘法简单应用于线性关系的推测。该理论不能确定各种足够近似的系数，还带有一些可能误差，因此，这种虚幻的、假设的、信念的数学公式没有坚实的数学基础。即使误差理论也没有多大重要价值，不过是对不同观测的常规比较而已。②

在查普罗夫的影响下，直到 1915 年马尔可夫才接受皮尔逊的统计理论。

　　由于皮尔逊所给的公式属于经验型，因而不需要理论证明，只要和他们的观测结果一致就可以了③。

马尔可夫对统计物理的关注也不够。正如科尔莫戈罗夫所说，

　　由于俄罗斯物理的严重滞后，圣彼得堡数学学派

---

　　①　Штокало И З. История Отечественной Математики. Киев：Издательство Науква думка，1967.

　　②　Sheynin O B. A. A. Markov's work on probability. Arch. History ExactSci.，1989，39（3）：337～377.

　　③　Коломогоров А Н. Цепи Маркова со счётным множеством возможных состояний Бюлл. МГУ，Т. I，Вып. 3，1937.

的一些新概念，实际上为公理化方法和复变函数
理论。[①]

正是马尔可夫追求科学严密性的态度，使得其在做人和做
事原则上也力求完美，有时近于苛刻。1903 年，高利特真申请
由通讯院士转为院士。马尔可夫参加审查他的科研成果，对其
研究的玻璃强度项目不满意，因而不同意申请。李雅普诺夫也
批评了高利特真的另一篇著作，结果提议没有通过。直到 1908
年，高利特真才成为圣彼得堡科学院院士。

第二节　马尔可夫的《概率演算》

鉴于当时概率论知识体系不严密，马尔可夫自研究《概率
论》始，就拟撰写一部权威性概率论著作。为了更好地讲授概
率论课程，马尔可夫反复修改其讲义。1883～1891 年，马尔可
夫印刷了其概率讲义 5 次。1900 年出版了《概率演算》
(*Исчисление вероятностей*) 第 1 版，1908 年再版，1913 年第 3
版问世。每次再版马尔可夫都进行大量修改，理论叙述变得越
来越严密，直到临终前他还在进行修订工作。1924 年《概率演
算》出版第 4 版。[②]

马尔可夫的《概率演算》不仅是概率论的不朽经典文献，而
且还是一篇唯物主义者的战斗檄文。这部宏著带有强烈的论战性
质，其主要对手是布尼亚可夫斯基和反动教会组织，马尔可夫极
力反对概率论滥用于"伦理科学"和用神学干预科学的倾向。

---

① Коломогоров А Н. Цепи Маркова со счётным множеством возможных состояний Бюлл. МГУ, Т. I, Вып. 3, 1937.

② Марков А А. Исчисление Вероятностей. 4-е изд. ГИЗ, 1924.

一、《概率演算》的特点

马尔可夫的《概率演算》不同于以往的概率论著作，其主要特点有以下几个方面。

1. 注重概率论史研究

深受布尼亚可夫斯基和切比雪夫的影响，马尔可夫对概率论发展史做了一些探讨。他研究了雅各布、棣莫弗、斯特林、拉普拉斯、克罗内克、比埃奈梅以及切比雪夫等对概率论的贡献，对18世纪以来的概率著作进行了较详尽的评说。第一个公正论述了斯特林公式和比埃奈梅 – 切比雪夫不等式的优先发明权。

2. 善于理论联系实际

马尔可夫早年对概率论应用并不太感兴趣，所发表的文章中仅有几篇是关于概率论应用的。1884 年，他发表了"计算养老金可能总额的诠释"（*Запцска о расчеме бероямных оборомоб эмерцмалъной кассы*）。1889 年发表了"审计委员会第 4 次所考察问题的注释"（*Запцска но бопросам рассмомренным 4 поберочной эмерцмалъной комцссцей*）。直至 1905 年退休后，马尔可夫才完全致力于概率论问题的应用研究。他在《概率演算》的最后一版，引进了大量博弈问题的计算和抽彩中奖问题的研究，增加了确定人口统计有关数据的方法研究，并专设一章讨论人寿保险问题。

在《概率演算》第 4 版中，马尔可夫统计了长诗《叶甫盖尼·奥涅金》中元音字母和辅音字母交替变化的规律：

Не мысля гордый свет забавить ,

Вниманье дружбы возлюбя,

……

这是长诗开头的两句，意为："不想取悦骄狂的人生，只望博得朋友的欣赏。"他用 C 代表辅音、Γ 代表元音（为了使问题简化起见，不妨把两个元音字母算作辅音），则诗人那火一般的诗篇变成了一条只有两种链环的冷冰冰锁链：

ΓΓΓΓΓCCΓΓΓCCΓCCΓCCCCΓΓCΓCΓCCΓCΓCCΓCΓCΓCCΓCΓ

马尔可夫分别统计了在 C 后面出现 C 和 Γ 的频率以及在 Γ 后出现 C 和 Γ 的频率，获得一些数据：

$$
\left.\begin{array}{l}
\left.\begin{array}{l}
N(\Gamma\Gamma\Gamma) = 115 \\
N(\Gamma\Gamma C) = 989
\end{array}\right\} N(\Gamma\Gamma) = 1104 \\
\left.\begin{array}{l}
N(\Gamma C\Gamma) = 4312 \\
N(\Gamma CC) = 3222
\end{array}\right\} N(\Gamma C) = 7534
\end{array}\right\} N(\Gamma) = 8638
$$

$$
\left.\begin{array}{l}
\left.\begin{array}{l}
N(C\Gamma\Gamma) = 989 \\
N(C\Gamma C) = 6545
\end{array}\right\} N(C\Gamma) = 7534 \\
\left.\begin{array}{l}
N(CC\Gamma) = 3322 \\
N(CCC) = 505
\end{array}\right\} N(CC) = 3827
\end{array}\right\} N(C) = 11362
$$

$$N = 20000$$

……

根据这些数据可估计有关概率。元音出现概率约为

$$P(\Gamma) \approx \frac{N(\Gamma)}{N} = \frac{8638}{20000} \approx 0.432$$

而元音出现在辅音后概率为

$$P(\Gamma/C) \approx \frac{N(C\Gamma)}{N(C)} = \frac{7534}{11362} \approx 0.663$$

元音出现在元音后概率为

$$P(\Gamma/\Gamma) \approx \frac{N(\Gamma\Gamma)}{N(\Gamma)} = \frac{1104}{8638} \approx 0.128$$

将此结果与按照俄语拼音规则计算出的结果进行比较，证实了语言文字中随机的字母序列符合马尔可夫所建立的概率模型。[1]

---

[1] Марков А А. Исчисление Вероятностей. 4-е изд. ГИЗ, 1924.

3. 强调方法论价值

伯恩斯坦和林尼克及其他一些概率学者一致认为马尔可夫的《概率演算》总体而言叙述清晰而严密，专注于一些细节的研究，具有很高的方法论价值，有力推动了概率论的发展。[①] 书中含有马尔可夫的最新研究成果，并给出大量数值计算例子。他以辩论的口吻指出前人一些错误结果。

在《概率演算》的第 3 版，马尔可夫利用"截尾"方法证得：

相互独立随机变量序列 ξ_1，ξ_2，…，ξ_n，…，若对任意 $p >$ 1，矩 $E \mid \xi_n \mid^p$ 有界，则服从大数定理。马尔可夫还研究了极限分布为 $Ae^{-x^2} \mid x \mid^\gamma$，$Ae^{-x} x^\delta$ （$x \geq 0$）的情形。[②]

对密度函数为

$$\varphi = a_{11}x_1^2 + a_{22}x_2^2 + \cdots + a_{nn}x_n^2 + 2a_{12}x_1x_2 + \cdots + 2a_{n-1,n}x_{n-1}x_n$$

或者 $F(\varphi)$，在这里 $F(\varphi) \geq 0, \int_{-\infty}^{\infty} \cdots \int_{-\infty}^{\infty} F(\varphi)\,\mathrm{d}x_1\mathrm{d}x_2\cdots\mathrm{d}x_n = 1$，马尔可夫计算出相依随机变量 $\xi_j, j = 1, 2, \cdots, n$ 的数学期望，导出当 $x_2, x_3, \cdots, x_n$ 为定值时，$E\xi_1$ 的表达式。

4. 慎用基本概念的表述

马尔可夫一般不用"随机变量"术语，而是说"不定量"。在 1912 年给查普罗夫的信中陈述了理由：

我尽可能地不用完全没有定义的'随机'或'随机的'概念，当不得不应用时，我将对这个特殊情况

---

① Бернштейн С Н. Распространение предельной теоремы те ории вероятностей - на суммы зависимых величин. Усп. мате м. наук，вып. X，1944.

② 切比雪夫证得 $p = 2$ 时为真。1920 年，波利亚对此进行了研究。

引进相应的解释。[①]

尽管切比雪夫早就给出概率论的一些基本概念，而在马尔可夫论著中，没有讨论随机变量的分布、矩及其特征函数。这些概念直到 20 世纪 30 年代才出现在概率论教科书中。

对于拉普拉斯所给"等概事件"的定义，马尔可夫注释道，该定义是用态度来确定的，而又宣称态度所起的作用很小。他还批评查普罗夫所给相互独立事件的定义也是含糊不清的。

在 1912 年马尔可夫给查普罗夫的信中承认，他们原来的通信影响了《概率演算》的第一章内容，导致更加重视对一些基本概念的阐述。

在 1915 年写给查普罗夫的信中，马尔可夫明显地表现出更器重于《概率演算》的前两版。该著作从第 1 版到第 4 版，叙述越来越严密，因而就显得越来越复杂，简直成了一篇专题学术论文，而不是概率论教材。

书中个别地方由于马尔可夫对一些公式的不满意，导致难以理解其概率思想。如评价棣莫弗－拉普拉斯积分定理时，在注释中给出两种离差的表达式，但他对其没有做任何解释。而当研究该定理的精确性时，他归纳为几个因子的乘积，并做了大量计算验证。另一个例子是他曾计算了 124 组数据的离散系数。这些都是不必要的。另从第 3 版 522 页的例题可看出，马尔可夫不区分 $P(a<\xi<b)$、$P(a\leqslant\xi\leqslant b)$ 两种类型的概率，而这仅对连续型随机变量方正确。

① Sheynin O B. A. A. Markov's work on probability. Arch. History Exact Sci. , 1989, 39 (3): 337 ~ 377.

二、唯物主义者的战斗檄文

1901 年，东正教最高裁判所①宣布托尔斯泰（Лев Николаевич Толстой，1828～1910）为异教徒并开除其教籍。马尔可夫对此十分愤慨，于 1912 年 2 月 12 日致信东正教最高会议，坚决要求也开除他的教籍：

> 我最诚挚地请求革除我的教籍。我希望以下所摘引本人所著《概率演算》的言论足以成为除籍的理由，因为这些言论充分表明我对成为犹太教和基督教义之基础的那些传说所持的反对态度。②

为了使那些不懂概率论的神父了解其意图，他又写道：

> 如果上述言论还不足以构成开除我教籍的理由，那么再次恳切地提请注意：我已经不认为在圣像和木偶间有何本质区别。它们当然不是上帝，而只是上帝的偶像；我也不赞成任何宗教组织，它们如同东正教一样，是靠解雇与武力来维持生存和发展的。③

这无疑是向教会神权的宣战。教会在反动报刊上对他组织了围攻，同时圣彼得堡教区的总主教还派代表企图说服他放弃这一声明，但马尔可夫表示"只与来人谈数学"。

马尔可夫在《概率演算》中尖刻地嘲讽了概率论应用于"伦理科学"的例子。他认为，所确定的传闻通过一系列证人传播的概率及对各种传说的可信度推测都是令人难以置信的。

首先，如果某事件是不可能的，则任何证词都不

---

① 东正教最高领导者是尼古拉二世的私人教师和谋臣，他们在奴役俄罗斯各族人民、镇压日益高涨的民主运动等一系列问题上是沆瀣一气的。沙皇政府大力支持东正教会的所作所为。

② Gillispie Ch C. Dictionary of Scientific Biography. vol. 9. NewYork：Charles Scribner's Sons，1971. 126.

③ 吴文俊. 世界著名数学家传记. 北京：科学出版社，1990.

能给它加上哪怕很小的概率。如果假证词的一致是更少可能的话，可能性小的事件由许多证人的一致证词而变为很可能的事件。但是如果证人间彼此有约定或者对他们作证的对象有不完全正确的同一情报，则由这些证人的一致证词并不会使可能性小的事件变成可能性大的。不论一个证人如何诚恳，但如果连他有无正确了解事实真相的能力都是可疑的话，则他的证词就毫无价值。

　　最后，事件的情报可能不是由目击的证人处获得的，在这种场合证人连锁越长当然真相越是隐晦。不管数学公式如何（这些公式就不说了，因为其没有多大意义），对不大可能的事件之叙述就仿佛长远以前发生的事件一样，显然应该予以极端的怀疑。[1]

1904 ~ 1915 年，马尔可夫给各种报纸写了 20 余封信件，猛烈抨击社会的一些不合理现象，对某些不合理的教育制度也毫不留情。如 1915 年 8 月 11 日在《每日新闻》报纸上发表的"中学现状调查"（ Семинаристы и реалисты ）一文，强烈要求大学数学系和物理系取消神学院学生招生的计划。

　　通过神学院的教育，学生已形成了奇特的思维方式，其意愿必须服从神父的命令，其智力深受神学著作的影响，因而他们已经不再适合学习自然科学。[2]

1913 年，沙皇政府为了转移国内日益高涨的革命情绪和准备帝国主义战争，决定以 1613 年全俄贵族会议选举米哈依尔·罗曼诺夫（ М. Ф. Романовы，1596 ~ 1645）为沙皇这一历史事件为标志，举行浮华的罗曼诺夫王朝建立 300 周年庆典。与此

---

　　① Марков А. А. Исчисление Вероятностей. 4-е изд. ГИЗ，1924.

　　② Sheynin O B. A. A. Markov's work on probability. Arch. History Exact Sci.，1989，39（3）：337 ~ 377.

针锋相对，马尔可夫决定以雅各布的《猜度术》出版为标志，在科学界发起庆祝大数定理发现 200 周年的活动。这充分表明了马尔可夫对沙皇统治的极端蔑视和对人类精神财富创造者无比崇敬的立场。

对于马尔可夫的概率思想，伯恩斯坦评论道：

> 毫无疑问，马尔可夫是切比雪夫概率思想最杰出的继承者和发展者，他们师生所具有的数学天赋几乎如出一辙。然而，切比雪夫在晚年时常偏离他一直坚持的概率理论公式的精确化和证明的严密性。马尔可夫的概率论文和其《概率演算》是概率论严密性的典范，他为概率论转化为数学的一个分支付出最大努力，并在很大程度上拓展了切比雪夫的概率思想和方法。[①]

马尔可夫对概率论的发展作出了卓越贡献，正是他和圣彼得堡数学学派其他成员的共同努力才把概率论恢复为一门数学学科，同时推进到现代化的门槛。

马尔可夫对概率论的主要贡献为：

（1）系统化概率理论。在《概率演算》中，他给出一套严密的概率理论体系，对一些基本概念给出合适的定义，对一些基本定理给予严格的证明。探讨了概率论史的有关问题，澄清了某些定理的发明权。

（2）发展大数定理理论。在切比雪夫大数定理的基础上，马尔可夫提出马尔可夫大数定理，使切比雪夫大数定理成为其特例，因而扩大了大数定理的应用范围。

（3）证明中心极限定理。马尔可夫发展了切比雪夫的"矩方法"，并以此为工具给出了中心极限定理的严格证明，完善了古典中心极限定理的理论体系。

（4）创造"截尾术"方法。"截尾术"不仅开辟了通向非

---

①　Бернштейн С Н. Теория вероятностей. 4-е изд. Гостехиздат，1950.

独立随机变量研究的道路，而且为强极限理论发展提供了有力的手段。

（5）创立马尔可夫链理论。马尔可夫提出并讨论了一种能用数学分析方法研究自然过程的一般图式——马尔可夫链，同时开创了对马尔可夫过程的研究。

第三节 马尔可夫链理论及其应用

经典极限定理所涉及的随机变量序列都是相互独立的，但在许多实际情形中，随机变量序列既非独立又不同分布。当对某事物发展过程依次进行观测时，这种现象就出现了。出于扩大极限定理应用范围，马尔可夫开始考虑相依随机变量序列的规律，于 1906 年引进离散参数和有限状态链的概念，并建立了链的大数定理。

一、马尔可夫链的定义

惠更斯在其《论赌博中的计算》中所给问题 5——赌徒输光模型是最早的马尔可夫链，帕斯卡、费马和惠更斯分别对其进行了研究。雅各布、棣莫弗和拉普拉斯也对其进行了研究，该问题逐渐演化成"赌博持续时间"这个有着重要意义的问题。

1. 马尔可夫链的定义

1906 年，马尔可夫在"大数定理关于相依变量的扩展"一文中，研究了最简单的马尔可夫链，第一次提到如同锁链般环环相扣的随机变量序列。其特点是：当一些随机变量依次被观测时，随机变量的分布仅仅依赖于前一个被观测的随机变量，而不依赖于更前面的随机变量①。马尔可夫证得：在随机变量序

---

① Markov A A. Selected Works. Leningrad：Yu V Linnik，1951.

列中，若随机变量和的增长速度低于 n^2，则该模型服从大数定理。

马尔可夫链定义为：设 $\{X(n)，n=0，1，2，\cdots\}$ 是概率空间 $(\Omega，F，P)$ 上的实值随机过程，其状态空间 I 为可列集，如果对任意非负整数 n，任意 $i_0，i_1，\cdots，i_{n+1} \in I$，若满足

$$P(X(0) = i_0, X(1) = i_1, \cdots, X(n) = i_n) > 0$$

且

$$P(X(n+1) = i_{n+1}/X(0) = i_0, X(1) = i_1, \cdots,$$
$$X(n) = i_n) = P(X(n+1) = i_{n+1}/X(n) = i_n)$$

则称 $(X(n)，n=0，1，2，\cdots)$ 为马尔可夫链或可列马尔可夫过程，其中等式为马尔可夫性质或无后效性。

设 $\{X(n)，n=0，1，2，\cdots\}$ 是可列马尔可夫过程，如果对任意非负整数 m, n 以及 $i, j \in I$，若 $P(X(m) = i) > 0, P(X(n) = i) > 0$，有

$$P(X(m+1) = j/X(m) = i) = P(X(n+1) = j/X(n) = i)$$

则称 $\{X(n)，n=0，1，2，\cdots\}$ 为齐次可列马尔可夫过程。

2. 几何释义

马尔可夫链具有三条重要性质：①是一系列随机事件；②若知道现在的状态，则能知道未来状态的概率；③未来状态的概率只受现在状态的影响，不受过去状态的影响。

为理解马尔可夫性质的意义，考虑质点在直线上的整数点做随机游动。设质点在数轴上随机游动，每隔单位时间移动一次。若质点在 0 时刻的位置为 a，它向右移动的概率为 $p \geq 0$，向左移动的概率为 $q \leq 0$，原地不动的概率为 $r \geq 0$，$p + q + r = 1$，且每次移动相互独立。以 X_n 表示质点经 n 次移动后所处的位置，则 $\{X_n，n \geq 0\}$ 就是一个马尔可夫链，且 $P_{i,i+1} = p$，

$P_{i,i-1} = q$，$P_{i,i} = r$。[①]

若把时刻 n 看做"现在"，时刻 0，1，2，$n-1$ 表示"过去"，时刻 $n+1$ 表示"将来"，那么马尔可夫性质表明在已知过去 $X(0) = i_0, \cdots, X(n-1) = i_{n-1}$ 及现在 $X(n) = i_n$ 条件下，质点在将来时刻 $n+1$ 处于状态 i_{n+1} 的条件概率，只依赖于现在发生的事件 $\{X(n) = i\}$，而与过去发生的事件无关。即在已知"现在"的条件下，"将来"与"过去"是相互独立的。而齐次性 $p_{ij}(n) = p_{ij}$ 表示转移概率与时刻 n 无关。对赌徒输光问题而言，因甲、乙的筹码有限，故质点不能无限制的移动，最多向右（左）移动 n 个单位。

二、"瓮中取球"的马尔可夫链模型

"瓮中取球"模型由丹尼尔提出，拉普拉斯考察了一般情形[②]。1912 年，马尔可夫研究了"瓮中取球"模型。设两个瓮共有 e 个白球、f 个黑球，第一个瓮中装有 k 个球，第二个瓮中装有 $e+f-k = l$ 个球，若 n 次交换后，从第一个瓮中取出 m 个白球，则有

$$\lim_{n \to \infty} E(m/n) = e/(e+f)$$

结果同样适用于第二个瓮。因此，则有

$$\lim_{n \to \infty} Ex_1 = ke/(e+f), \qquad \lim_{n \to \infty} Ex_2 = le/(e+f)$$

即两个瓮所含白球的比例趋于相等。[③]

马尔可夫于 1915 年考虑了问题：设有 $m+n$ 个白球、最初

---

① p_{ij} 表示由状态 i 转移到状态 j 的概率。

② 随着熵的发现及其发展，现代物理理论确认拉普拉斯已经发现了"遍历性"。1907 年，物理学家发现热力学第二定律的统计特性，实则为丹尼尔-拉普拉斯问题的特例。1915 年，霍斯廷斯基（Hostinsky）应用拉普拉斯所得微分方程来研究布朗运动。

③ Markov A A. Selected Works. Leningrad：Yu V Linnik，1951.

第一个瓮装有 n 个黑球，第二个瓮装有 m 个黑球，按相反顺序交换瓮中黑球，这本质上与原来模型没有区别。等价于拉普拉斯所考虑的两个瓮的情形。

记两个瓮的装球数分别是 n，n_1，共有白球数 $p(n + n_1)$，黑球数 $q(n + n_1)$，$p + q = 1$，u 为 r 次交换后，第一个瓮含有 x 个白球的概率，得到形式上等同于拉普拉斯所得的微分方程，不过

$$2Q = r(1/n + 1/n_1), \qquad x = np + \mu\sqrt{2pqnn_1 / (n + n_1)}$$

马尔可夫证得：

（1）当 n，n_1，$Q \to \infty$ 时，μ 的矩趋于 $N(0, 2\sqrt{2})$。

（2）若 Q 为常数，当 r，n，n_1 增加时，μ 的矩趋于确定摄动因子与相同正态分布的乘积。

马尔可夫还考虑了类似问题。设第一个瓮中装有 a 个白球、b 个黑球，第二个瓮中装有 c 个白球、d 个黑球，记 $p = (a + c) / (a + b + c + d)$，证得

$$\lim_{n \to \infty} E\left(\frac{\alpha - np}{\sqrt{2nC}}\right)^k = \frac{1}{\sqrt{\pi}} \int_{-\infty}^{\infty} x^k \exp(-x^2)\, dx$$

其中 α 为在 n 次抽取中从第一个瓮所得白球数，而

$$C = p(1 - p) \frac{2(a + b)(c + d)}{(a + b + c + d)(a + b + c + d - 1)}$$

1918 年，马尔可夫在《瓮中循环交换球的一般情形》（*Généralisation du problème de l'échange successif des boules*）中，推广了上述问题。[①]

设从第 i 个瓮取出的白球数为 α_i，马尔可夫证得

$$\lim_{n \to \infty} E x_i = p s_i, \qquad p = \frac{a_1 + a_2 + \cdots a_m}{s_1 + s_2 + \cdots + s_m}$$

这说明若交换次数很多时，各瓮中所含白球的比例数趋于相等。

---

① Markov A A. Selected Works. Leningrad：Yu V Linnik，1951.

设 $y = \alpha_1 - np$，对于有限 n，确定 x_i，y_i 的期望值及其某代数函数后，他导出

$$\lim_{n\to\infty} E(yx_1) = s_1 \left[p \lim_{n\to\infty} Ey + C(p, s_1, s_2, \cdots, s_m) \right]$$

其中 C 是关于 s_i 的对称函数。

考察特殊情形：各瓮装球数相等。设 $y_i = \alpha_i - np$，则有

$$\lim_{n\to\infty} E(y_1 x_1) - \lim_{n\to\infty} E(y_m x_1) = a_1 ps - \lim_{n\to\infty} Ex_1^2$$

$$\lim_{n\to\infty} E(y_1 x_1 - y_m x_1) = ps \lim_{n\to\infty} E(\alpha_1 - \alpha_m) = a_1 ps - ps$$

得

$$\lim_{n\to\infty} Ex_1^2 = ps, \qquad \lim_{n\to\infty} E(x_i - Ex_i)^2 = 0$$

即随机变量 x_i 的方差为 0。[1]

三、马尔可夫链的遍历性研究

遍历理论（ergodic theory）由奥地利物理学家玻耳兹曼（L. Boltzmann，1844 ~ 1906）于 1871 年提出。[2] 马尔可夫自 1910 年始研究马尔可夫链的遍历性理论。他证明了模型的各态历经性，成为在统计物理中遍历理论的第一个严格证明结果。[3]

就数量关系观点，可近似把某物理体系的发展看做随机过

---

① Sheynin O B. A. A. Markov's work on probability. Arch. History Exact Sci. , 1989, 39（3）：337 ~ 377.

② 玻耳兹曼得到气体单体约化概率分布演化的不可逆方程，但由于在推导中引入了某些概率假设而受到数学家和物理学家的猛烈攻击。玻耳兹曼提出了遍历性理论，建立起动力学和统计物理学间的桥梁。

③ 如果随机过程 $X(t)$，$t \geq 0$ 的初始分布 μ 使得对每一 $t \geq 0$，$X(t)$ 的概率分布都与 μ 相同，则称 μ 为此过程的平稳分布。对一般自旋过程来说，遍历性研究主要是指弄清楚平稳分布集的结构，进而找出收敛于给定平稳分布的初始分布。过程遍历指：平稳分布唯一，且不论初始分布如何，过程都（弱）收敛于此唯一的平稳分布。无穷粒子马尔可夫过程的研究则提出上述更一般的遍历性研究课题。可解释为一个随时间演化的有空间分布的随机系统，如一片自然森林群落，"最后"总会形成一种特定布局。这就是平稳分布的一种原型，需要弄清楚平稳分布集的结构，以及形成那些特定布局的初始分布。

程。当影响体系发展的原因无重大变化时，物理体系总在一段时间后达到某种平衡状态。即体系处在某种状态的概率与它在很远的过去情况无关。这种规律在随机过程中称为"遍历性质"。对于有穷齐次马尔可夫链而言，遍历性质的中心问题就是确定条件，使得当 $n \to \infty$ 时，转移概率 $P_{ij}(n)$ 趋于一个与 i 无关的极限 P_j。

1. 简单非齐次链

设随机事件 A_k 其对立事件为 $\overline{A}_k$，$k=1$，2，$\cdots$，其转移概率取值于 $[0, 1]$，且

$$P(A_{k+1}) = p_{k+1}, \qquad P(A_{k+1}/A_k) = p'_{k+1},$$

$$P(A_{k+1}/\overline{A}_k) = p''_{k+1}, \qquad P(A_k/A_i) = p_k^{(i)}, \qquad P(A_k/\overline{A}_i) = \overline{p}_k^{(i)}$$

马尔可夫证得

$$\lim_{k-i \to \infty} \left[p_k^{(i)} - p_k \right] = \lim_{k-i \to \infty} \left[\overline{p}_k^{(i)} - p_k \right] = 0^{①}$$

即体系处在某种状态的概率与它在很远的过去的情况无关。

2. 不可观测事件所组成的简单齐次链

设马尔可夫链的转移概率矩阵为

$$\begin{pmatrix} p_a & p_b & p_c \\ q_a & q_b & q_c \\ r_a & r_b & r_c \end{pmatrix}$$

其中

$$p_b = P(A/B), \qquad \cdots, \qquad r_c = P(C/C),$$

$$p_a + q_a + r_a = p_b + q_b + r_b = p_c + q_c + r_c = 1$$

若

---

① Markov A A. Recherches sur le cas général d'épreuves liées en chaine. IAN, 1910,4(5):385 ~ 417.

$$p = \lim_{k \to \infty} P(A), \qquad q = \lim_{k \to \infty} P(B), \qquad r = \lim_{k \to \infty} P(C)$$

$$p + q + r = 1$$

这里 k 表示试验次数，则

$$p = pp_a + qp_b + rp_c$$
$$q = pq_a + qq_b + rq_c$$
$$r = pr_a + qr_b + rr_c$$

这是线性相关关系。若存在唯一解，则相关马尔可夫链具有遍历性。这样马尔可夫把系统的遍历性质转化为链具有唯一参数解问题。[①]

3. 事件组成的简单齐次链

设随机事件 A，其对立事件为 $\bar{A}$，有转移概率

$$P(A/A) = p_1, \qquad P(A/\bar{A}) = p_2$$

若 $P(A) = p$ 取值于（0，1），对于 $R_m = P(A_{k=m}/A_k)$，$k = 1, 2, \cdots$，马尔可夫得到递推关系：

$$R_m = p + (1 - p)(p_1 - p_2)^m$$

同理

$$Q_m = P(A_{k+m}/\bar{A}_k) = p + (1 - p)(p_2 - p_1)^m$$

故

$$\lim_{m \to \infty} R_m = \lim_{m \to \infty} Q_m = p$$

可知在足够远的情形下，事件发生的概率与条件无关。[②]

4. 离散型随机变量组成的马尔可夫链

对离散型随机变量序列，马尔可夫于 1906 年证得

$$\lim_{i \to \infty} Ex_{k+i} = \lim_{i \to \infty} a_{k+i}$$

① Markov A A. Selected Works. Leningrad：Yu V Linnik, 1951. 444.

② Markov A A. Selected Works. Leningrad：Yu V Linnik, 1951. 347.

这里 $a_k = Ex_k$，$k = 1$，2，$\cdots$。该式表明数学期望的极限等于极限的数学期望，再次展现数学期望表明了随机变量取值的平均位置，且与遥远的过去无关。[①]

5. 时间连续状态离散的马尔可夫链

对于时间连续状态离散马尔可夫链的遍历性研究，马尔可夫给出严格证明（以下叙述及证明均采用现代数学符号，并适当简化了证明过程），得到如下著名的马尔可夫定理。

设 $X(t)$，$t \in T = [t_0, \infty)$ 是时间连续状态有穷的齐次马尔可夫过程，$X(t)$ 有 k 个状态 r_1，r_2，$\cdots$，r_k。若存在 $s > t_0$，使 $P_{ij}(s) > 0$ 对任何 i，$j = 1$，2，$\cdots$，k 成立，则有与 i 无关的极限

$$\lim_{t \to \infty} P_{ij}(t) = P_j, \qquad i,j = 1,2,\cdots,k \qquad (6\text{-}1)$$

且对任意 $\tau > 0$，满足

$$P_j = \sum_{i=1}^{k} P_i P_{ij}(\tau), \qquad P_j > 0, \qquad \sum_{j=1}^{k} P_j = 1 \qquad (6\text{-}2)$$

为证定理需要基本公式：对任何 $t > 0$，$\tau > 0$ 有

$$P_{ij}(t + \tau) = \sum_{k} P_{ik}(t) P_{kj}(\tau) \qquad (6\text{-}3)$$

推导如下：状态 $X(s) = r_i$ 经过时间 $t + \tau$ 转移到状态 $X(s + t + \tau) = r_j$，中间必定经过 $X(s + t) = r_k$，$(k = 1,2,\cdots)$ 的一步，由状态 $X(s) = r_i$ 经时间 t 转移到 $X(s + t) = r_k$ 的转移概率为 $P_{ik}(t)$，而由 $X(s + t) = r_k$ 经时间 τ 转移到 $X(s + t + \tau) = r_j$ 的转移概率为 $P_{kj}(\tau)$，故由全概率公式可得式 (6-3)。

定理证明 先证极限存在性，由式 (6-3) 得，对任意 $t > 0$，$\tau > 0$ 及一切 i，有

$$P_{ij}(t + \tau) = \sum_{e=1}^{k} P_{ie}(\tau) P_{ej}(t) \geq \min_{1 \leq e \leq k} P_{ej}(t) \sum_{e=1}^{k} P_{ie}(\tau)$$

---

① Markov A A. Selected Works. Leningrad：Yu V Linnik，1951. 339 ~ 361.

$$= \min_{1 \leqslant e \leqslant k} P_{ej}(t)$$

故

$$\min_{1 \leqslant i \leqslant k} P_{ij}(t + \tau) \geqslant \min_{1 \leqslant i \leqslant k} P_{ij}(t)$$

这表明 $\min\limits_{1 \leqslant i \leqslant k} P_{ij}(t)$ 是 t 的不减函数且有上界 1，由单调有界原理知以下极限存在：

$$\lim_{t \to \infty} \min_{1 \leqslant i \leqslant k} P_{ij}(t) = \overline{P}_j \geqslant 0$$

同理

$$P_{ij}(t + \tau) = \sum_{e=1}^{k} P_{ie}(\tau) P_{ej}(t) \leqslant \max_{1 \leqslant e \leqslant k} P_{ej}(t) \sum_{e=1}^{k} P_{ie}(\tau)$$

$$= \max_{1 \leqslant e \leqslant k} P_{ej}(t)$$

故

$$\max_{1 \leqslant i \leqslant k} P_{ij}(t + \tau) \leqslant \max_{1 \leqslant i \leqslant k} P_{ij}(t)$$

而这表明 $\max\limits_{1 \leqslant i \leqslant k} P_{ij}(t)$ 是 t 的不增函数且有下界 0，由单调有界原理知有

$$\lim_{t \to \infty} \max_{1 \leqslant i \leqslant k} P_{ij}(t) = p'_j \geqslant 0$$

若能证得

$$\lim_{t \to \infty} \left[\max_{1 \leqslant i \leqslant k} P_{ij}(t) - \min_{1 \leqslant i \leqslant k} P_{ij}(t) \right] \lim_{t \to \infty} \max_{1 \leqslant i \leqslant k, 1 \leqslant j \leqslant k} \left[P_{ij}(t) - P_{ej}(t) \right] = 0$$

$$(6\text{-}4)$$

则知 $\overline{P}_j = P'_j = P_j$，从而式（6-1）成立。

为证式（6-4），取 $t > s$，由式（6-3）得

$$P_{ij}(t) - P_{ej}(t) = \sum_{r=1}^{k} P_{ir}(s) P_{rj}(t - s) - \sum_{r=1}^{k} P_{er}(s) P_{rj}(t - s)$$

$$= \sum_{r=1}^{k} \left[P_{ir}(s) - P_{er}(s) \right] P_{rj}(t - s) \qquad (6\text{-}5)$$

定义 $\alpha_{ie}^{(r)}$，$\beta_{ie}^{(r)}$ 如下：

当 $P_{ir}(s) - P_{er}(s) \geqslant 0$ 时，$\alpha_{ie}^{(r)} = P_{ir}(s) - P_{er}(s)$，$\beta_{ie}^{(r)} = 0$；

当 $P_{ir}(s) - P_{er}(s) < 0$ 时，$\alpha_{ie}^{(r)} = 0$，$\beta_{ie}^{(r)} = | P_{ir}(s) - P_{er}(s) |$。

由于 $\sum_{r=1}^{k} P_{ir}(s) = \sum_{r=1}^{k} P_{er}(s) = 1$, 得

$$\sum_{r=1}^{k} [P_{ir}(s) - P_{er}(s)] = \sum_{r=1}^{k} \alpha_{ie}^{(r)} - \sum_{r=1}^{k} \beta_{ie}^{(r)} = 0$$

有

$$\sum_{r=1}^{k} \alpha_{ie}^{(r)} = \sum_{r=1}^{k} \beta_{ie}^{(r)} = h_{ie}$$

由假设, 对所有 $i, r = 1, 2, \cdots, k$, 有 $P_{ir}(s) > 0$, 故

$$0 \leqslant h_{ie} = \sum_{r=1}^{k} \alpha_{ie}^{(r)} < \sum_{r=1}^{k} P_{ir}(s) = 1$$

记 $h = \max\limits_{1 \leqslant i \leqslant k, 1 \leqslant j \leqslant k} h_{ie}$, 由上式和状态的有穷性有 $0 \leqslant h < 1$。

由式 (6-5) 知, 对任何 $i, e = 1, 2, \cdots, k$ 都有

$$| P_{ij}(t) - P_{ej}(t) | = \left| \sum_{r=1}^{k} \alpha_{ie}^{(r)} P_{rj}(t-s) - \sum_{r=1}^{k} \beta_{ie}^{(r)} P_{rj}(t-s) \right|$$

$$\leqslant \left| \max_{1 \leqslant r \leqslant k} P_{rj}(t-s) \sum_{r=1}^{k} \alpha_{ie}^{(r)} \right.$$

$$\left. - \min_{1 \leqslant r \leqslant k} P_{rj}(t-s) \sum_{r=1}^{k} \beta_{ie}^{(r)} \right|$$

$$= h_{ie} \left| \max_{1 \leqslant r \leqslant k} P_{rj}(t-s) - \min_{1 \leqslant r \leqslant k} P_{rj}(t-s) \right|$$

$$\leqslant h \max_{1 \leqslant i \leqslant k, 1 \leqslant e \leqslant k} | P_{ij}(t-s) - P_{ej}(t-s) |$$

得

$$\max_{1 \leqslant i \leqslant k, 1 \leqslant e \leqslant k} | P_{ij}(t) - P_{ej}(t) | \leqslant h \max_{1 \leqslant i \leqslant k, 1 \leqslant e \leqslant k} | P_{ij}(t-s) - P_{ej}(t-s) |$$

利用此式 $[(t-1)/s]$ 次, 有

$$\max_{1 \leqslant i \leqslant k, 1 \leqslant e \leqslant k} | P_{ij}(t) - P_{ej}(t) | \leqslant h^{\left[\frac{t-1}{s}\right]} \max_{1 \leqslant i \leqslant k, 1 \leqslant e \leqslant k}$$

$$\left| P_{ij}\left(t - \left[\frac{t-1}{s}\right]s\right) - P_{ej}\left(t - \left[\frac{t-1}{s}\right]s\right) \right| \leqslant h^{\left[\frac{t-1}{s}\right]}$$

当 $t \to \infty$ 时, $\left[\dfrac{t-1}{s}\right] \to \infty$, 由上式推得式(6-4)成立, 从而式

(6-1) 成立。

下证公式解及其唯一性。对任意 $t > 0, \tau > 0$, 按照基本公式 (6-3) 得

$$P_{ej}(t + \tau) = \sum_{i=1}^{k} P_{ei}(t) P_{ij}(\tau)$$

令 $t \to \infty$, 由已证式 (6-1) 得

$$P_{ej}(t + \tau) \to P_j, \qquad P_{ei}(t) \to P_i$$

有

$$P_j = \sum_{i=1}^{k} P_i P_{ij}(\tau)$$

又由 $\sum_{j=1}^{k} P_{ij}(t) = 1$, 令 $t \to \infty$, 即得 $\sum_{j=1}^{k} P_j(t) = 1$。

再证 $P_j > 0$, 由式 (6-1) 知, $P_j \geq 0$, 若存在某个 $P_j = 0$, 在式 (6-2) 中取 $\tau = s$, 有

$$P_j = 0 = \sum_{i=1}^{k} P_i P_{ij}(s)$$

但由定理假设, 所有 $P_{ij}(s) > 0$, 故若上式成立, 必须一切 $P_i = 0$, 与 $\sum_{i=1}^{k} P_i(t) = 1$ 矛盾。

最后证明解的唯一性。设有某组数 $v_1, v_2, \cdots, v_k$ 也满足式 (6-2), 则

$$v_j = \sum_{i=1}^{k} v_i P_{ij}(\tau), \qquad j = 1, 2, \cdots, k$$

令 $\tau \to \infty$, 有 $P_{ij}(\tau) \to P_j$, 故

$$v_j = \sum_{i=1}^{k} v_i P_j = 1 \cdot P_j = P_j, \qquad j = 1, 2, \cdots, k$$

唯一性得证。[①]

[①] 格涅坚科. 概率论教程. 丁寿田译. 北京: 人民教育出版社, 1957.

1931 年，冯·诺伊曼（John von Neumann，1903 ~ 1957）证明了平均遍历定理。1955 年，科尔莫戈罗夫、阿尔诺德（Арноtьд）和莫泽（Moser）先后证明了 KAM 理论，阐述了不可积系统中规则运动的存在性。[①]

四、马尔可夫链的极限定理研究

马尔可夫在一系列论文中研究了马尔可夫链的极限定理。在"大数定理关于相依变量的扩展"一文中，他分别研究了由随机事件和离散型随机变量构成的齐次马尔可夫链，证得随机事件出现的次数和随机变量序列都服从大数定理。后来又把结果推广到非齐次马尔可夫链。

1. 随机事件列组成的简单齐次链

1907 年，马尔可夫在论文"一种不平常的相依试验"（*Recherches sur un cas remarquable d'épreuvres dépendantes*）中证明了齐次马尔可夫链的渐近正态性。

设 $P(B) = p, P(B/B) = p_1, P(B/\bar{B}) = p_2, p_2 - p_1 = \delta, m$ 为 n 次试验中随机事件 B 出现的次数，则有

$$\lim_{n \to \infty} P\left(t_1 \sqrt{2pqn\frac{1+\delta}{1-\delta}} < m - np < t_2 \sqrt{2pqn\frac{1+\delta}{1-\delta}} \right)$$

$$= \frac{1}{\sqrt{\pi}} \int_{t_1}^{t_2} \exp(-x^2) \, dx \equiv I(t_1, t_2)$$

后来接受李雅普诺夫的建议，马尔可夫将结果推广到以 p 为变量的非齐次马尔可夫链。[②]

---

① 遍历理论的思想和方法现已广泛应用于统计物理和凝聚态物理的各种现象，如蒙特卡罗法、临界现象、相变、反常输运分析等。

② Markov A A. Recherches sur un cas remarquable d'épreuvres dépendantes (1907). French version：Acta Math. , t. 33, 1910, 87 ~ 104.

2. 随机变量列组成的简单齐次链

1908 年，马尔可夫在《链中变量和的概率计算极限定理的推广》(*Sur quelques cas des théorémes sur les limites de probabilité et des espérances mathématiques*) 中进一步推广了 1907 年的结果。

设随机变量序列 x_1, x_2, $\cdots$, x_n, $\cdots$, 轮换取值 -1, 0, 1, 则有

$$\lim_{n \to \infty} P\left(t_1 < \frac{(x_1 + x_2 + \cdots + x_n) - na}{\sqrt{Cn}} < t_2 \right) = I(t_1, t_2)$$

其中

$$a = \lim_{n \to \infty} \frac{E(x_1 + x_2 + \cdots + x_n)}{n}$$

$$C = 2 \lim_{n \to \infty} \frac{E((x_1 + x_2 + \cdots + x_n) - na)^2}{n} \text{①}$$

3. 随机事件列组成的简单非齐次链

波利亚概型为：设罐中装有 b 个黑球和 r 个红球，每次随机取出一球后把原球放回，并放入与抽出球同色的球 c 个，再取第二次并继续进行下去。以罐中黑球数为状态，记 "$X(n) = i$" 表示在第 n 次摸球后罐中有 i 个黑球。显然每取一次后罐中黑球数或者不变，或者增加 c 个。这是一非齐次马尔可夫链，其转移概率为

$$P_{ij}(n) = \begin{cases} \dfrac{i}{b + r + nc}, & j = i + c \\[3mm] 1 - \dfrac{i}{b + r + nc}, & j = i \end{cases}$$

① Markov A A. Sur quelques cas du théorèmes sur la limite de probabilité. IAN, 1908, 2 (6): 483~496.

仅与 i, j, n 有关。

1910 年，马尔可夫的论文《成链锁的试验》（*Recherches sur le cas général d'épreuvres liées en chains*），证明了两种情况的非齐次马尔可夫链的中心极限定理。

记 $P(B_1) = p_1, P(B_k/B_{k-1}) = p'_k, P(B_k/\bar{B}_{k-1}) = p''_k, k = 2, 3, \cdots, \varepsilon < p'_k, p''_k < 1 - \varepsilon, \varepsilon > 0$, 则

$$\lim_{n \to \infty} P\left(t_1 < \frac{m - (p_1 + p_2 + \cdots + p_n)}{\sqrt{2E[m - (p_1 + p_2 + \cdots + p_n)]^2}} < t_2 \right) = I(t_1, t_2)$$

其中 m 为在 n 次试验中事件出现的次数。

4. 随机变量列组成的复杂齐次链

1911 年，马尔可夫证得结论：设随机变量序列 x_1, x_2, $\cdots$, x_n, $\cdots$, 对 $\forall k$, $x_k^2 < L^2$, $Ex_k = a_k$, 且

$$\lim_{n \to \infty} \frac{E((x_1 + x_2 + \cdots + x_n) - (a_1 + a_2 + \cdots + a_n))^2}{n} > \varepsilon > 0$$

则

$$\lim_{n \to \infty} P\left(t_1 < \frac{(x_1 + x_2 + \cdots + x_n) - (a_1 + a_2 + \cdots + a_n)}{\sqrt{2E[(x_1 + x_2 + \cdots + x_n) - (a_1 + a_2 + \cdots + a_n)]^2}} < t_2 \right)$$
$$= I(t_1, t_2)$$

5. 随机事件组成的复杂齐次链

对于依赖于前两个试验结果的随机事件所组成的复杂齐次马尔可夫链，马尔可夫证明了其满足中心极限定理，且若转移概率满足一定关系，其表达式则为独立伯努利试验概率分布的表达式。

6. 不可观测事件所组成的简单齐次链

对于不可直接观测的随机事件 A, B, C，马尔可夫引进可

直接观测随机事件 W，它与随机事件 A，B，C 有着一定的联系，从概率 $P(A/A)$，$P(A/B)$，$\cdots$，$P(C/C)$，$P(W/A)$，$P(W/B)$，$P(W/C)$ 着手，导出在无限次试验中，随机事件 W 出现的次数服从中心极限定理。

就可数不能直接观测的随机事件，马尔可夫推广了上述结果。

马尔可夫还讨论了循环交换两瓮球的问题，证得

$$\lim_{n \to \infty} P\left(t_1 \sqrt{\frac{2ef}{ns^2}\left[1 - \frac{2kl}{s(s-1)} \right]} < \frac{m}{n} - \frac{e}{s} < t_2 \sqrt{\frac{2ef}{ns^2}\left[1 - \frac{2kl}{s(s-1)} \right]} \right)$$
$$= I(t_1, t_2)$$

这里 $s = e + f$。[1]

五、马尔可夫链的应用研究

伯恩斯坦认为，"马尔可夫链"术语的流行不会晚于 1926 年。此时距马尔可夫最初涉入相关研究仅 20 年时间，这表明该课题的研究顺应了社会和科学的发展。

1. 哲学意义

马尔可夫链概率模型的哲学意义十分明显，如同辛钦所说，

它使人们承认客观世界中有这样一种现象，其未来由现在决定的程度，而过去丝毫不影响这种决定性。[2]

马尔可夫链既是对惠更斯提出的无后效原理的概率推广，也是对拉普拉斯机械决定论的否定。马尔可夫链的概率模型从

---

[1] Sheynin O B. A. A. Markov's work on probability. Arch. History Exact Sci. , 1989, 39（3）: 337~377.

[2] Колмогоров А Н. Цепи Маркова со счётным множеством возможных состояний Бюлл. МГУ, т. I, вып. 3, 1937.

根本上否定了系统中任一状态与其初始状态之间的因果必然性，进而也否定了"神圣计算者"的神话。这也为沉浸在过去成绩中而不求上进者敲响了警钟。

2. 马尔可夫链的熵描述

设在时刻 n 容器 A 中有 k 个粒子的概率为 $P(k)$，则可把它和熵联系起来。以 H 表示在给定时刻的概率与在平衡态（每个罐里的粒子数为 a）时存在的概率之差。如同孤立系统熵的变化，H 随时间均匀地变化。但 H 随时间减小，而熵 s 随时间增大。故 H 起着 $-s$ 的作用。

考虑正方形分划问题，即把正方形逐步细分成一些不连接区域，讨论正方形中粒子的分布，在区域 k 中粒子的概率分布记为 $P(k, t)$，达到均匀状态时的量记作 $P_{eqm}(k)$。若存在确定的转移概率。H 量定义是

$$H = \sum_k P(k,t) \ln \frac{P(k,t)}{P_{eqm}(k)}$$

设有 8 个区域，且 $P_{eqm}(k) = 1/8$。如开始时所有粒子可能都在第一个区域中，相应的 $P(k, t)$ 值为 $P(1, t) = 1$，而其余都为 0，结果有 $H = \ln[1/(1/8)] = \ln 8$。

随着时间的变化，粒子分布逐渐变成均匀的，$P(k, t) = P_{eqm}(k) = 1/8$，结果 H 降为 0。H 量的均匀减小表明它量化着系统的逐步均匀化。初始信息丢失了，系统从"有序"演变到"无序"。

马尔可夫过程还包含着涨落。如果等待的时间足够长，就会回到初始状态。这个均匀下降的 H 量是用概率分布来表达的，概率分布的演变是不可逆的（在埃伦费斯特模型中，分布函数均匀地趋向于二项分布）。故就分布函数而言，马尔可夫链导致时间的单向性。

这个时间之矢标志着马尔可夫链与量子力学中的时间演变

之间的不同，在量子力学中波函数虽然与概率有关，其演变却是可逆的。它也表明马尔可夫链和不可逆性之间有着紧密联系。但熵的增大（或说 H 量的减小）并不是基于出现在自然定律中的时间之矢，而是基于运用当前知识预言未来行为的决定。①

3. 埃伦费斯特模型

荷兰物理学家埃伦费斯特（P. Ehrenfest，1880～1933）于1907年提出关于容器中分子扩散的实验。这就是著名的粒子通过薄膜进行扩散过程的数学模型，即质点在状态 $S = \{-a, -a+1, \cdots, -1, 0, 1, 2, \cdots, a\}$ 中做随机游动，且带有两个反射壁 a，$-a$，其一步转移概率为：当 $-a+1 \leqslant i \leqslant a-1$ 时

$$P_{i,i-1} = \frac{1}{2}\left(1 + \frac{i}{a}\right), \qquad P_{i,i+1} = \frac{1}{2}\left(1 - \frac{i}{a}\right)$$

且 $P_{a,a-1} = P_{-a,-a+1} = 1$。

当质点在原点左边所处位置 $i < 0$ 时，有 $P_{i,i-1} < 1/2$，$P_{i,i+1} > 1/2$，则质点下一步向右移动比向左移动的概率大，且与离原点的距离成正比。反之亦然。当质点位于原点时，向左和向右的概率相等。这样的随机游动可做两种解释：

（1）考虑容器内有 $2a$ 个粒子做随机游动。设想薄膜（界面）将容器分成相等的左、右两部分 A，B。若用 x_n 表示时刻 n，B 内的粒子数与 A 内粒子数之差，并假定每次移动只有两种可能，一粒子从左向右或一粒子从右向左，即在同一时刻有两个或两个以上粒子移动的概率为 0（当 $\Delta t \to 0$ 时，这种假设合理）。

（2）设一粒子受"弹簧力"作用，在直线上做随机游动。

---

① 物理学的两大理论之一量子理论含有丰富的随机思想。近几十年来，概率论和物理学（特别是统计物理）的交融汇合，产生出若干新分支，最具有代表性的有随机场、交互作用粒子系统、渗流理论和测度值随机过程。

用 x_n 表示时刻 n 粒子的位置。当粒子偏离原点时，受到的力与偏离距离成正比且指向原点力的作用，从而使向原点移动的概率增大。[①]

埃伦费斯特模型是马尔可夫链的简单实例。即这种过程的特点就是存在着确定的转移概率，且与系统先前的历史无关。

4. 遗传规律

数学家哈代（G. H. Hardy，1877～1947）在 1908 年讨论了有关遗传学问题。在给《科学》杂志（Science）的信中证得：

假设 Aa 是一对孟德尔特性，A 是显性特性，a 为隐性特性。若某一代中纯显性个体（AA）、杂合个体（Aa）、纯隐性个体（aa）的数量之比为 $p:2q:r$，且每种个体的数量都很大，互相的交配可以看做是随机的，性别的分布也是均匀的，具有相同的繁殖能力，则在下一代的三个种类的个体数量之比是

$$p_1 : 2q_1 : r_1 = (p + q)^2 : 2(p + q)(q + r) : (q + r)^2$$

当 $q^2 = pr$ 时，这个分布与上一代相同。特别的，当

$$p : 2q : r = 1 : 2 : 1$$

时，即为孟德尔（Johann Gregor Mendel，1822～1884）所给豌豆的分布规律（表6-1）。[②]

表6-1　孟德尔混合种群的遗传分布规律

		纯显性 AA	杂合 Aa	纯隐性 aa
显性 A（p）	显性 A（p）	p^2		
	杂合 Aa（$2q$）	pq	pq	
	隐性 a（r）		pr	

---

① 林元烈，梁宗霞. 随机数学引论. 北京：清华大学出版社，2004.
② 孟德尔在 1865 年布隆自然科学学会上宣读的题为"植物杂交实验"的论文，给出植物性状的遗传规律是 3:1。

		纯显性 AA	杂合 Aa	纯隐性 aa
杂合 Aa $(2q)$	显性 A (p)	pq	pq	
	杂合 Aa $(2q)$	q^2	$2q^2$	q^2
	隐性 a (r)		rq	rq
隐性 a (r)	显性 A (p)		pr	
	杂合 Aa $(2q)$		rq	rq
	隐性 a (r)			r^2
		$(p+q)^2$	$2(p+q)(q+r)$	$(q+r)^2$

注：资料源于曲安京教授科学史讲义。

利用马尔可夫链的有关性质可说明这个规律。

孟德尔混合种群的遗传规律的一步转移概率矩阵为 9×3 型矩阵计算较为复杂，下简化为考虑一个群体，其中雄性和雌性具有相同的基因型频率分布：

$$AA : Aa : aa = d : 2h : r, \qquad d + 2h + r = 1$$

其中 A 和 a 的基因频率为 $p = d + h$，$q = h + r$。在随机交配下，一个后裔具有 A 基因的概率为 p，具有两个 A 基因的概率为 p^2。这样后裔具有基因型 AA，Aa，aa 的概率分别为 p^2，$2pq$，q^2。若用 1，2，3，分别表示三种基因型 AA，Aa，aa，则有一步转移概率矩阵：

$$\boldsymbol{P}(1) = \begin{pmatrix} p & q & 0 \\ p/2 & 1/2 & q/2 \\ 0 & p & q \end{pmatrix}$$

其中每个 p_{ij} 既可解释为给定上代特定人员的基因型时，下一代个体具有某个基因型的条件概率，也可解释为另一种条件概率，即给定下一代特定成员的基因型，其上代某个基因型的条件概率。

二步转移概率矩阵反映了祖父母基因型到孙子、孙女的基因型转移。由马尔可夫链的性质可得二步转移概率矩阵：

$$P(2) = \left[P(1) \right]^2 = \begin{pmatrix} p^2 + \dfrac{1}{2}pq & pq + \dfrac{1}{2}q & \dfrac{1}{2}q^2 \\ \dfrac{1}{2}p^2 + \dfrac{1}{4}p & pq + \dfrac{1}{4} & \dfrac{1}{4}q + \dfrac{1}{2}q^2 \\ \dfrac{1}{2}p^2 & \dfrac{1}{2}p + pq & \dfrac{1}{2}pq + q^2 \end{pmatrix}$$

同理，可得 n 步转移概率矩阵：

$$P(n) = \left[P(1) \right]^n$$

$$= \begin{pmatrix} p^2 + pq/2^{n-1} & 2pq + q(q-p)/2^{n-1} & q^2 - q^2/2^{n-1} \\ p^2 + p(q-p)/2^n & 2pq + (q-p)^2/2^2 & q^2 + q(p-q)/2^n \\ p^2 - p^2/2^{n-1} & 2pq + p(p-q)/2^{n-1} & q^2 + pq/2^{n-1} \end{pmatrix}$$

可见，原始基因型的影响以 1/2 的因子逐代地减弱。当 n 趋于无穷时，其影响完全消失。极限转移概率矩阵为

$$\lim_{n \to \infty} P(n) = \begin{pmatrix} p^2 & 2pq & q^2 \\ p^2 & 2pq & q^2 \\ p^2 & 2pq & q^2 \end{pmatrix}$$

即原始基因型已经没有任何影响，且又保持着基因型分布（p^2，$2pq$，q^2）。[①]

这与哈代所论证的遗传规律相吻合。若最初除纯短趾症外，余者皆为纯正常个体，其比例为 $1:10^4$。若短趾是显性的，则第二代中短趾的个体数量与全体的数量的比值就是 $20001:100020001 \approx 2:10^4$；若短趾是隐性的，则第二代中短趾的个体数量与全体的比值就是 $1:100020001 \approx 1:10^8$。

生物资料一直是概率论问题的源泉之一。具有给定基因的个体数目通常被看做按赖特-费希尔模型发展，通过对来自上一代基因进行重复二项抽样可产生下一代个体。在抽样过程中，

---

① 蒋庆琅著. 随机过程与生命科学模型. 方积乾译. 上海：上海翻译出版公司，1987.

新基因可能出错（与生物变异有关），有些父系基因可能带有偏好（与达尔文选择原则有关），这就给出一个马尔可夫链，其状态空间为总体的大小，一般来说这个状态空间很大。

在过去 50 年中，马尔可夫链扩散逼近方法使人口遗传学发生了革命性的变化。该方法是用连续的马尔可夫过程逼近马尔可夫链，而前者可通过简单的常微分方程加以分析。由此导出一些类似于某种特殊基因的概率和确定时间的简单公式，这些公式有助于理解在大量但有限总体中的达尔文选择原则和变异效果。

5. NP 问题

马尔可夫链蒙特卡罗算法可解决从指定概率分布总体中抽取随机目标的实际问题。该方法广泛应用于数学的许多领域，如近似计算高阶矩阵不变量和高维空间中的凸体体积等。旅行推销员问题就是典型案例：给定全球 144 个城市，找出一条经过所有城市而又不迂回的最短闭路。

经 144 个城市组合起来的闭路有 143! 条。即使是每秒计算 1 亿亿（100^8）条路的计算机，也需要 100^{111} 年，因而这是典型的 NP 问题。在组合最优化领域里，存在大量的这类问题。

如何解决 NP 问题，这是确定性数学难以解决的问题，而随机思想带来新思路。其基本思想为：如果允许算法以小概率犯错误，则可将一些 NP 问题转化为 P 多项式问题。

针对旅行推销员问题，有一种马尔可夫链蒙特卡罗方法（又称为模拟退火算法），目标是求一个函数的最小值。其原理为：

（1）依函数值的大小确定概率分布 μ。函数值越小，概率值越大。此即吉布斯（Gibbs）分布原理。

（2）构造马尔可夫链，以 μ 为极限分布，即当时间趋于无穷大时，这个马尔可夫链趋于取值为 μ 的分布。

这种算法的有效性取决于马尔可夫链收敛于平稳分布 μ 的速度。其速度由马尔可夫链转移概率矩阵的第一个非平凡特征值所决定。

通常算法是"那里小就往那里走",因而容易掉进局部陷阱。而此法的特点是要到处看看,以避免非最优局部极小值,即从整体角度考察。对于旅行推销员问题,利用这种方法找到一条长为 30 421 千米的闭路。这与目前所知的最好结果 30 380 千米相差无几。[①]

最短路径的几何结构属于算法概率分析,基于输入数据建立概率模型。配置问题也属于这个领域:给定 n 台机器、n 件工作和 n 阶费用矩阵(在 j 机器完成工作 i 的费用),确定机器和工作间的最小费用安排。假定费用具有均值为 1 的指数分布且相互间独立便可得到一个概率模型。利用统计物理中的方法猜测(随机)最小费用 C_n 收敛于 $\pi^2/6$,近年获得证实。

2003 年 5 月,S. Linusson 和 J. Wastlund 猜测:

$$EC_n = \sum_{i=1}^{n} \frac{1}{i^2}$$

但其证明尚待解决。

通常认为概率论是研究大量偶然现象中的统计性规律。然而这里的研究对象却完全是确定性的,毫无随机性可言,且随机数学有时比确定性数学更精细。随机思想应用于确定性现象是现代概率论研究的典型特征之一,这充分显示出随机思想的重要性和威力所在。

随着马尔可夫链的逐步引入,在物理学、化学、天文学、生物学、经济学、军事学等科学领域都产生了连锁性反应,涌现出一系列新课题、新理论和新学科。马尔可夫链具有丰富的

① 陈木法. 谈谈概率论与其他学科的若干交叉. 数学进展,2005,34(6):661~672.

数学理论，与其他数学学科相互渗透；而它又与自然科学、技术科学、管理科学、经济科学以至人文科学有着广泛的交叉。大量问题都可归结为马尔可夫链概率模型，应用概率论和随机过程的理论和方法加以研究，而这些问题又不断向概率论提出新的研究课题。[①] 这种相互作用推动了现代概率论的飞速发展。而当前马尔可夫过程的理论研究，正方兴未艾。

20 世纪 50 年代以前，研究马尔可夫过程的主要工具是微分方程和半群理论。1936 年前后开始探讨马尔可夫过程的轨道性质，直到把微分方程和半群理论的分析方法同研究轨道性质的概率方法结合运用，才使研究工作深化，并形成了对轨道分析必不可少的强马尔可夫性概念。1942 年，伊藤清用所创立的随机分析理论来研究一类特殊而重要的马尔可夫过程——扩散过程，开辟了研究马尔可夫过程的新途径。近年来，鞅论方法也已渗透到马尔可夫过程的研究中，它与随机微分方程结合在一起，已成为目前处理多维扩散过程的工具。此外，马尔可夫过程与分析学中的位势论有着密切联系。对马尔可夫过程的研究，推动了位势理论的发展，并为研究偏微分方程提供了概率论的方法。

---

① 粒子系统是源于统计物理的新概率论分支。

第七章　概率论在中国的传播和发展

凡天下无一定之事，可先考其相关之各故，而用算学推其分数之大小，以知其有否，此事之决疑数若何，或其事未必确实而心中疑信未定，则用决疑数可以自安其心。

——华蘅芳，《决疑数学》

"probability" 一词在中国曾被译为"适遇"、"可遇率"、"公算"、"或是率"、"或然率"、"结率"、"万能率"和"概然率"等。1905年京师大学堂的教科书《普通代数学》① 中把概率论称作"适遇"。1916年《科学》上有文称概率为"或然率"。1923年前后，我国数学界发起了统一数学名词的讨论，后来由姜立夫（1890～1978）等成立了数学名词审查委员会。1935年由国立编译馆出版的《数学名词》将"probability"定为"几率"或"概率"。至1956年中国科学院编写的《数学名词》仍为"几率"和"概率"并用，1958年中国科学院编写的《俄中数学名词》也未改变。直到1964年中国科学院编写的《数学名词补编》才开始确定用"概率"一词，到1974年中国科学院编写的《英汉数学词汇》正式将"probability"译为"概率"。

在中国的传统文化中，概率思想可谓古已有之。老子（李耳，公元前600～前470）提出："道，可道，非常道。名，可名，非常名。"这表明"道"具有不确定性。以"道"解释宇宙万物的演变，以为"道生一，一生二，二生三，三生万物"，"道"乃"夫莫之命而常自然"，因而"人法地，地法天，天法

---

① 江宁徐虎臣编译。

道，道法自然"。故"道"为客观自然规律，具有"独立不改，周行而不殆"的永恒意义。田忌赛马故事既开了博弈论的先河，又蕴含着概率思想。成语"万无一失"、"十拿九稳"、"缘木求鱼"、"有志者事竟成"、"智者千虑，必有一失"、"路遥知马力，日久见人心"等都有着朴素的概率思想。

直至 19 世纪末近代概率论才传入中国。传入中国的第一部概率论著作是《决疑数学》，该书由华蘅芳[①]和英国传教士傅兰雅合译而成。

辛亥革命后，微积分、近世代数、近世几何学等相继进入我国的高等教育领域，而概率论尚未进入。1915 年 1 月创刊的中国第一份现代科学杂志《科学》曾刊出一篇"最小二乘式"文章，此为我国第一篇概率论文章。胡明复（1891～1927）曾撰写《几率论》、《误差论》等系列论文探讨概率统计的哲学问题。直到 20 世纪 30 年代，我国才真正开始对概率论与数理统计的研究。1930 年，诸一飞（1906～1990）写出首篇有关数理统计的论文，论述"相关度"与"相变度"原理。自 1937 年始，刘炳震、许宝騄（1910～1970）、钟开莱（1917～2009）[②] 等对

[①]　华蘅芳，字若汀，江苏金匮（今无锡市）人。1861 年与徐寿同往安庆曾国藩军中，佐理洋务新政。1865 年曾国藩、李鸿章合奏于上海设立江南制造局，华蘅芳即往上海筹备设局事宜。1868 年，制造局内添设翻译馆，翻译西方科学书籍，与傅兰雅合作翻译数学书籍，十余年间得《代数术》25 卷、《微积溯源》8 卷、《三角数理》12 卷、《代数难题解法》16 卷、《决疑数学》10 卷、《合数术》11 卷。华蘅芳的研究涉及论开方术、数根术、积较术，特别是广义莫比乌斯反演的工作，推进了我国早期组合数学的研究。

[②]　钟开莱于 2009 年 6 月 2 日在菲律宾辞世。他 1917 年生于上海，浙江杭州人。1936 年入清华大学物理系，1940 年毕业于西南联合大学数学系，留校任数学系助教。师从华罗庚和许宝騄。1944 年考取第六届庚子赔款公费留美奖学金。1945 年底赴美国留学，1947 年获普林斯顿大学博士学位。20 世纪 50 年代任教于美国纽约州塞纳克斯大学（Syracuse），60 年代以后任斯坦福大学数学系教授、系主任、荣休教授。著有 10 余部概率论专著，为世界公认的 20 世纪后半叶"概率学界学术教父"。

一些概率定理给出了初等证明，并陆续发表相关论文。

1956 年初，我国第一个科学发展规划将概率统计列为数学研究中的重点发展方向之一。同时在科尔莫戈罗夫建议下，北京大学数学系成立了中国第一个概率统计教研室，由许宝騄任教研室主任。许宝騄亲自主持概率论讨论班，为我国培养了第一批概率统计人才，推动了概率论在中国的传播和发展。

概率统计方向已有 5 位中国科学院院士：王梓坤（1929 ~ ）、陈木法（1946 ~ ）、严加安（1941 ~ ）、马志明（1948 ~ ）、陈希儒（1934 ~ 2005）。陈希儒是中国唯一的数理统计学科院士，可惜已仙逝。我国对概率论的研究队伍越来越强，已取得一系列具有国际先进水平的科研成果。

现今我国对概率论的研究领域主要包括马尔可夫过程、粒子系统、图上概率模型、概率位势理论、测度值马尔可夫过程、随机过程、随机动力系统、非平衡统计物理、非参数统计、回归诊断、生存分析、生物统计、假设检验、可靠性、生物信息、捕获再捕获、时间序列分析、抽样调查等。这些方向都是概率论和数理统计学的研究前沿。

第一节　中国第一部概率论著作

早在 1880 年 7 月华蘅芳和傅兰雅就译毕《决疑数学》，因担心难以被中国学者接受，直到光绪二十二年（1896 年）才由周学熙（1865 ~ 1947）刊刻出版。虽"印行无几，流布甚稀"，但打开了中国概率论之门。次年，傅兰雅在其创立的格致书室铅印了《决疑数学》，上海飞鸿阁石印本也随后问世。宣统元年（1909

年），周达（1878~1942）① 又在扬州校刻了《决疑数学》。

《决疑数学》分 10 卷，每卷又分若干款，全书 160 款，卷前有约 3000 字的"总引"。②

总引　叙述了概率论的本质、应用价值及发展历史。将概率论的本质描述为"决疑数理为算学中最要之一门也。凡天下无一定之事，可先考其相关之各故，而用算学推其分数之大小，以知其有否，此事之决疑数若何，或其事未必确实而心中疑信未定，则用决疑数可以自安其心"。这已接近今日对概率论的理解。其中指出"决疑之算学理"为帕斯卡和费马所创，并说惠更斯著作为"诀疑数理之第一书"。③

卷一　论决疑数之例（第 1~10 款）　介绍了概率论的基本概念和基本运算法则。指出任何事件的概率是取值于 0~1 的一个分数。

卷二　论已试多次之事，其事为数件原事合成之从事，其能有此事与不能有此事之各法已从决疑之理知之，而其数为常数者（第 11~25 款）讨论了基于反复试验的事件或者由数个基本事件合成事件的概率，即独立试验序列概型，并用二项展开式系数的组合方法处理这些古典概率问题。

卷三　论连试多次之事或为任多原事合成之丛事，惟其能有此事之个法已能预知，而每试一次个法之数不同，求其事之决疑率（第 26~30 款）介绍了条件概率公式和概率乘法公式。

卷四　论决疑数之与景有关无关（第 31~41 款）论述了"数

---

① 周达，字美权，浙江建德人，一生不仅自己从事数学研究，而且积极推动中国数学的发展。1900 年，在扬州成立了"知新算社"，是中国最早的民间数学团体，知新算社注重提高数学水平，学习外国先进数学。周达曾两次访问日本，增进了中日数学界的增进了互相了解，对中日数学发展都有促进作用，其子周炜良是当代著名代数几何学家。

② 华蘅芳，傅兰雅. 决疑数学. 上海：上海飞鸿阁石印，1897.

③ 《决疑数学》中将帕斯卡、费马和惠更斯分别译为巴斯果、勿马和晦正士。

学期望"和"道德期望"的方法。这里称"数学期望"为"指望"或"指望决疑率"。"指望"是我国百姓语言,"决疑数学"正是由此而引申的。其中的第34款是著名的"圣彼得堡悖论"。

卷五　论从试验之事推算未来之事之决疑率（第42～52款）主要论述了从已有经验推导未来事件发生的概率,给出全概率公式和贝叶斯公式及其应用。

卷六　论籍人能治之决疑率以得利之各种题（第53～63款）讨论了人寿保险的计算问题。这里人寿保险被译为"保命票"。

卷七　论口证之决疑率并评理之十二人与状师定案之是非决疑率（第64～86款）论述了古典概率论在证言、陪审团和法庭判决中的应用。证言的模型直接采取拉普拉斯的摸球模型,陪审团和法庭判决的问题则主要采纳了泊松的方法。

卷八　论关乎极大之数各题之解法（第87～109款）主要论述了大数定理及相关计算问题。通过对二项分布各项表达式的简化,借助斯特林公式和极限方法,论述了棣莫弗－拉普拉斯局部极限定理,进而分析正态分布性质,列出正态分布数值表,最后建立了伯努利大数定理。

卷九　试论多次各次所得者不同所有决疑率最大之中数并其有差之限之决疑率（第110～150款）内容涉及母函数、特征函数、反演方法和反演公式、方差和原点矩等,进一步讨论了正态曲线、大数定理和误差分析等相关问题,并用样本均值和样本方差分别估计总体均值和总体方差。

卷十　论极小平方之法（第151～160款）主要介绍了最小二乘法原理,既有一般性叙述,又采纳了高斯在《使组合观察误差尽可能小的理论》中的方法。

《决疑数学》在中国问世之时,正是拉普拉斯概率理论在欧洲数学界引起广泛争论之日,也是圣彼得堡数学学派崛起时期。中国数学界没有出现像切比雪夫式的领袖人物,也没有注意从邻国的数学发展中汲取经验，虽已注重引进西方文化，但由于整个社会环境和科学基础的限制，中国数学的发展不是很迅速。

《决疑数学》的印刷和流传，对概率论知识在中国的传播起了重要作用。在清末和"民国"初期，作为当时中国唯一的概率论书籍，《决疑数学》曾被作为学校的教科书。不少学者曾研究过《决疑数学》，最典型的人物是周达。他对概率论很感兴趣，一直保存着周学熙所刻《决疑数学》的书版，曾校对出其中的一些错误，并对难以理解的地方给出解释。周达对斯特林公式的证明，就是中国对该公式研究的先河。

总的看来，《决疑数学》在中国产生的功效并不显著。清末的数学教育仍以初等数学为主，即使在"大学堂"数学教学的内容也没有超出初等微积分的范围，并且多半转化为传统语言来讲授。因此，以微积分为基础的概率论就难以让更多的人所接受。

第二节　许宝騄对概率论和数理统计的贡献①

许宝騄是 20 世纪中最富有创造性的统计学家之一，是中国最早从事概率论与数理统计研究并达到世界先进水平的优秀数学家。他加强了强大数定理，研究了中心极限定理中误差大小的精确估计，发展了矩阵变换技巧，得到了高斯－马尔可夫模型中方差的最优估计，揭示了线性假设似然比检验的第一个优良性质等。其研究成果已成为概率论与数理统计理论的重要组成部分，至今"许方法"仍被认为是解决检验问题的最实用方法。②

----

① 原载于中国科技史杂志，2006，27（4）：340~347（与曲安京合作，有改动）。

② 1984 年，为了纪念许宝騄，数学家钟开莱、郑清水、徐利治发起"许宝騄统计数学奖"，奖励 35 岁以下研究概率统计与理论统计的青年工作者。这是我国最高的数学奖项之一。

一、建设概率统计学科

1956年，在许宝騄主持下，一些综合大学所选派的进修教师和学生50余人到北京大学从事概率统计的学习和研究。同年秋，中国科学院的王寿仁①（1916～2002）、张里千、中山大学的郑曾同被邀请到北京大学讲授概率统计方向的课程。这批学员是我国培养的第一批为数可观的概率统计人才，许多人日后成为我国概率统计界的学术骨干。到"文化大革命"前，概率统计专业共培养了七届学生，约200人。这时的教学和科研同时在统计推断、试验设计、概率极限定理、马尔可夫过程、多元分析等多方向开展，受到国际同行的好评。这时的毕业生也以基础深厚、学风严谨著称。②

许宝騄十分注重用研论班的形式培养人才。他认为这样大家处于相等地位，每个人都可以发表自己的看法，新的想法即使不成熟也可畅所欲言。他常有精彩的插话，介绍所讨论专题的历史及其研究动态。有一次许宝騄谈到了英国的分析学大师哈代和德国大数学家希尔伯特。他认为数学专业的学生，如果不知道哈代的数学贡献可以原谅，但若不知道希尔伯特的重要贡献那就有些说不过去了。他说，物理学领域的"量子力学"理论基础的建立，必须应用希尔伯特空间算子理论。在变分法和积分方程理论中也有希尔伯特的重要贡献。更重要的是，希

---

① 20世纪50年代初，王寿仁得出两项次序统计量的联合极限分布。1957年他推广了科尔莫戈罗夫关于平稳序列内插问题的基本结果，对存在谱密度的情形证明了相应定理。1958年他又把瑞格列南德关于残差为平稳列的回归模型系数两种线性估计的渐近方差及其比较的优美定理，完整地推广到多维格点平稳场。他还在广义过程理论中解决了一个关于独立增量广义过程的猜想。1962年研究了带非线性参数的随机信号模型，给出了似然方程可解的一组充分条件，以及参数极大似然估计的渐近分布。

② 江泽涵，段学复．深切怀念许宝騄教授．数学的实践与认识，1980，3：1～3.

尔伯特在 1900 年所提出的 23 个数学问题，成为数学家努力的方向和奋斗的目标。

　　一个专题报告后，许宝騄往往还要把内容重新整理再做一次报告，提出一些新的方法和观点及进一步深入研究的方向，逐步把青年人引到学术前沿。在其影响下，一批青年学者，如钟开莱、冷生明、徐利治①、张尧庭（1933~2007）② 和胡迪鹤等，迅速脱颖而出。

　　作为中国第一个概率统计教研室主任，许宝騄制定了该专业的培养计划和教学大纲，对后来的教学产生了深刻影响。北京大学概率统计教研室成立至"文化大革命"先后培养了 8 届学生，他亲自指导了 5 届学生的研论班和毕业论文。

二、加强强大数定理

　　在科尔莫戈罗夫研究的基础上，许宝騄进一步加强了强大数定理的结论。1947 年，许宝騄在与罗宾斯（H. Robbins）合写的论文"完全收敛和大数定理"（*Complete convergence and the law of large number*）中，给出其研究结果。

　　为便于比较，文中首先给出 3 个随机变量序列收敛的定义。

　　定义 1　若对 $\forall \varepsilon > 0$，有
$$\lim_{n \to \infty} P(|X_n| > \varepsilon) = 0$$
则称随机变量序列 $X_1, X_2, \cdots, X_n, \cdots$ 依概率收敛于 0。

　　定义 2　若对 $\forall \varepsilon > 0$，有
$$\lim_{n \to \infty} P(\{|X_n| > \varepsilon\} + \{|X_{n+1}| > \varepsilon\} + \cdots) = 0$$
则称随机变量序列 $X_1, X_2, \cdots, X_n, \cdots$ 依概率 1 收敛于 0。

---

　　① 徐利治致力于分析数学领域的研究，在多维渐近积分，无界函数逼近以及高维边界型求积法等方面取得诸多成果，并在我国倡导数学方法论的研究。

　　② 张尧庭在多元分析理论、部分平衡不完全区组设计、广义相关系数及应用方面取得一系列研究成果。

定义 2 的等价条件为 $P\left(\lim_{n\to\infty}X_n=0\right)=1$，且包含定义 1，但反之不然。

定义 3　若对 $\forall\,\varepsilon>0$，有

$$\lim_{n\to\infty}\left[P(\mid X_n\mid>\varepsilon)+P(\mid X_{n+1}\mid>\varepsilon)+\cdots\right]=0$$

则称随机变量序列 X_1，X_2，$\cdots$，X_n，$\cdots$完全收敛于 0。

显然定义 3 包含定义 2，但反之不然。

概率论中的极限定理研究的是随机变量序列的某种收敛性，对随机变量收敛性的不同定义将导致不同的极限定理。许宝𫘦在"依分布收敛"、"依概率收敛"、"r 阶收敛"和"依概率 1 收敛"的基础上，创造性地提出"完全收敛性"概念，开辟了概率论极限理论研究的新局面。直到今天，对完全收敛性的讨论仍吸引着许多中外学者的研究兴趣，这就足以说明该文的理论价值。正如许宝𫘦所说：

　　一篇论文不能因为获得发表就有了价值。其真正价值要看发表后被引用的状况来评价。①

许宝𫘦十分注重讨论问题的实际存在性。如在给出定义 3 后，立刻给出一个例子：概率空间 $\Omega=\{\omega:0<\omega<1\}$，$P$ 为勒贝格测度，当 $0<\omega<1/n$ 时，$X_n=1$，其他为 0。

文中主要结果为：

定理 7.1（原文定理 1）　设 X_1，X_2，$\cdots$，X_n，$\cdots$是独立同分布均值为零，方差有限的随机变量序列，任给 $\varepsilon>0$，有

$$\sum_{n=1}^{\infty}P\left(\frac{1}{n}\mid X_1+X_2+\cdots+X_n\mid>\varepsilon\right)<\infty$$

其证明是经过卷积的傅里叶逆转，把问题转化为含有特征函数的某积分的分片估计，这需要具有相当深厚的数学功底和敏锐的数学眼光才能完成。从中可看到许宝𫘦对特征函数的应

---

① 吴文俊. 世界著名数学家传记. 北京：科学出版社，1990.

用已达到炉火纯青的境界。[①]

定理结果是对古典大数定理的一个有趣加强。由于推证较为复杂，尽管已经得出关于矩的充要条件，但在刊出时删去了必要性的证明。在证明过程中，也证得结果：

定理7.2（原文定理2）　设 X_1，X_2，$\cdots$，X_n，$\cdots$是独立同分布于 $F(x)$，满足

$$\int_{-\infty}^{\infty} x\mathrm{d}F(x) = 0, \qquad \int_{-\infty}^{\infty} |x|^a \mathrm{d}F(x) < \infty, \qquad \int_{-\infty}^{\infty} x^2 \mathrm{d}F(x) = \infty$$

则对任给 $\varepsilon > 0$，有

$$\sum_{n=1}^{\infty} P\left(\frac{1}{n} |X_1 + X_2 + \cdots + X_n| > \varepsilon\right) < \infty$$

其中，a 为常数，且 $\frac{1}{2}(1 + 5^{1/2}) \leqslant a < 2$。

由此把一元问题推广到了多元，使其具有更一般性意义。

定理7.3（原文定理3）　设随机向量矩阵 $X_n^{(r)}$（$n = 1$，2，$\cdots$; $r = 1$，$\cdots$，n）具有同分布 $F(x)$，且有

$$\int_{-\infty}^{\infty} x\mathrm{d}F(x) = 0, \qquad \int_{-\infty}^{\infty} x^2 \mathrm{d}F(x) < \infty$$

对 $\forall n, X_1^{(n)}, \cdots, X_n^{(n)}$ 相互独立，令 $Y_n = (X_1^{(n)} + \cdots + X_n^{(n)})/n$，则有

$$P(\lim_{n\to\infty} Y_n = 0) = 1 \quad [②]$$

三、改进中心极限定理

许宝騄有一本翻破了的克拉美概率论著作，书上几乎写满了批注。他认为该书包含了所有概率论的基础知识。1945 年，

[①] 徐传胜，曲安京．许宝騄对概率统计所做的卓越贡献．中国科技史料，2006，（4）：340~347.

[②] Hsu P L, Robbins H. Complete convergence and the law of large number. Proc. Nat. Acad. Sci. U. S. A., 1947, 33: 25~31.

许宝骙在"相互独立随机变量的样本均值和方差的近似分布"（*The approximate distribution of the mean and variance of a sample of independent variables*）一文中，改进了克拉美定理和贝莱定理，并给出克拉美定理的一个初等证明。

定理7.4　设 X_i，$i = 1$，2，$\cdots$，n，$\cdots$为独立同分布随机变量序列，概率密度函数为 $p(x)$，其均值为零，标准差为1，且有有限的六阶绝对矩 β_6，$\alpha_4 - 1 - \alpha_3^2 \neq 0$，则有

$$\mid G(x) - \varPhi(x) \mid \leqslant \frac{A}{\sqrt{n}} \left(\frac{\alpha_6}{\alpha_4 - 1 - \alpha_3^2} \right)^{\frac{3}{2}}$$

其中 A 为数值常数，α_k 为密度函数 $p(x)$ 的 k 阶矩。[①]

定理7.5　设 X_i，$i = 1$，2，$\cdots$，n，$\cdots$为独立同分布随机变量序列，密度函数为 $p(x)$，其均值为零，标准差为1，$\alpha_{2k} < \infty$（$k > 3$）。则有

$$G(x) = \varPhi(x) + \chi(x) + R_1(x)$$

其中 $\varPhi(x)$ 为标准正态分布的分布函数，$\chi(x)$ 为导数 $\varPhi'(x)$，$\cdots$，$\varPhi^{(3(k-3))}(x)$ 的线性组合，其系数形式为 $n^{-\frac{1}{2}v}$ 仅依赖于 k，α_3，α_4，$\cdots$，α_{2k-2}，且当 $k = 4$，5，6 时

$$\mid R_1(x) \mid \leqslant \frac{Q_k}{n^{\frac{1}{2}(k-2)}}$$

当 $k \geqslant 7$ 时

$$\mid R_1(x) \mid \leqslant \frac{Q'_k}{n^{k(k-1)/(2k+3)}}$$

这里 Q_k，Q'_k 为仅依赖于 k，$p(x)$ 的常数（这是该文中的定理4，是对克拉美定理的改进）。

许宝骙以特征函数为工具，通过 12 个引理，给出了上述定理的证明。但更深远的结果是将相应的样本均值代之以样本方

---

① 这是原文中的定理3，是对贝莱定理的改进。

差的结果。

　　关于均值的渐近分布，已知结果如此之多。考尼斯（Cornish）和费希尔通过半不变量获得了逐步近似于任何随机变量分布的各项。若把考尼斯和费希尔的形式结果转化为一条渐近展开的数学定理，它能给出剩余项大小的阶。在本文中，样本方差就做到了这一步。[①]

其基本思想为：设

$$X = \frac{1}{n^{1/2}} \sum_{r=1}^{n} \frac{X_r^2 - 1}{(\alpha_4 - 1)^{1/2}}, \qquad Y = \frac{1}{n^{1/2}} \sum_{r=1}^{n} X_r$$

它们与样本方差 η 由

$$\left(\frac{n}{\alpha_4 - 1}\right)^{1/2} (\eta - 1) = X - \frac{1}{[(\alpha_4 - 1)n]^{1/2}} Y^2$$

相联系。由于 X、Y 是高度相关的，许宝騄直接引进了一个新维数，用特征函数来近似随机向量 (X, Y) 的分布。许宝騄所采用的方法具有普遍意义，也可用于解决样本高阶中心矩、样本相关系数及样本 t 统计量的类似问题。

　　此后，许宝騄开始研究费勒对中心极限定理一般形式的充要条件。1947 年 5 月，他得到每行独立的无限小随机变量三角阵列的行和，依分布收敛于其给定的无穷可分律的充要条件。许宝騄的条件与格涅坚科的不同，后者的"两个尾巴"是并在一起的，而许宝騄是应用了核 $(\sin t/t)^3$ 直接证明的。但当得知格涅坚科已发表时，许宝騄立即承认了其优先分明权。[②]

---

　　① Hsu P L. The approximate distribution of the mean and variance of a sample of independent variables. Ann. Math. Statist. , 1945, 16: 1~29.

　　② 当格涅坚科和科尔莫戈罗夫合著的书英译本出版时，添加了许宝騄的论文作为附录。

四、涉足统计推断领域

许宝騄在内曼（J. Neyman, 1894 ~ 1981）和皮尔逊《统计研究报告》的第 2 卷发表了关于数理统计学的第一篇论文"Student t 分布理论应用于两样本问题"（*Contributions to the two-sample problem and the theory of the "Student's" t-test*），研究了所谓 Behrens-Fisher 问题。[①]

设 X_i, Y_j（$i=1, 2, \cdots, m$; $j=1, 2, \cdots n$）表示分别来自正态总体 $N(\mu_1, \sigma_1^2)$ 和 $N(\mu_2, \sigma_2^2)$ 的样本，μ_1, μ_2, σ_1^2, σ_2^2 皆未知，许宝騄考察了检验问题：

（1）$\mu_1 = \mu_2$, $\sigma_1^2 = \sigma_2^2$

（2）$\mu_1 = \mu_2$

（3）$\mu_1 = \mu_2$（假定 $\sigma_1^2 = \sigma_2^2$ 公共值未知）

记

$$S_1^2 = \sum_{i=1}^{m}(X_i - \bar{X})^2, \qquad S_2^2 = \sum_{i=1}^{n}(Y_i - \bar{Y})^2$$

他创造性地引进统计量：

$$u = \frac{(\bar{X} - \bar{Y})^2}{A_1 S_1^2 + A_2 S_2^2}$$

其中 $A_1 > 0$, $A_2 > 0$ 为常数，来讨论以 $|u| > c$ 为否定域的检验。

当 $A_1 = A_2 = N/[mn(N-2)]$, $N = m + n$ 时，则可导出 u_1, 即 student 的 t 统计量。

当 $A_1 = 1/[m(m-1)]$, $A_2 = 1/[n(n-1)]$ 时，则可导出 Behrens-Fisher 统计量 u_2。

许宝騄通过把 u 的密度函数展开成幂级数，研究了否定域 $|u| > c$ 的势函数对参数

---

① Hsu P L. Contributions to the two-sample problem and the theory of the "Student's" T-test. Statist. Res. Mem. , 1938, 2：1 ~24.

$$\lambda = \frac{(\mu_1 - \mu_2)^2}{(2\sigma^2)}, \qquad \theta = \frac{\sigma_1^2}{\sigma_2^2}, \qquad \sigma^2 = \frac{\sigma_1^2}{\sigma_2^2}$$

的依赖关系。其主要内容是计算上述 U 检验的功效函数,并研究该检验在多种情况下的表现。

这是一个精确的(不是渐进的)分析,当代统计学家谢非(H. Scheffe)称之为"数学严密性的范本"。据许宝騄的研究结果给出的检验方法后被称为"许方法"。

在"方差的最优二次估计"(*On the best quadratic estimate of the variance*)一文中,许宝騄考察了 Gauss-Markov 模型中方差的最优估计问题。[①]

设 $Y = c\beta + \varepsilon$,其中 $\varepsilon = (\varepsilon_1, \cdots, \varepsilon_n)$ 的各分量是相互独立具有零均值和共同方差 σ^2 的随机变量序列。他研究了 $Y = (y_1, \cdots, y_n)$ 的二次型 Q 作为 σ^2 的最优二次估计量的条件:

(1)对任何参数 β,$EQ = \sigma^2$。即为无偏估计。

(2)Q 的方差不依赖于未知参数 β。

(3)对任意满足上述条件的 Q_1,皆有 $VarQ \leqslant VarQ_1$。

由此,许宝騄得到了 s^2 为 σ^2 的最优二次无偏估计的充要条件。后来的研究表明,许宝騄的这篇论文是近年来研究方差分量模型和方差最优二次估计的起点。[②]

在 1938 年发表的第三篇论文中,许宝騄导出了 T^2 检验的势,证明了 T^2 检验在一定意义下是局部最优的。在多元分析假设检验理论中最初讨论了优良性,是内曼-皮尔逊的假设检验理论在多元分析中的先导。

1941 年,许宝騄在"功效函数观点下的方差"(*Analysis of*

① Hsu P L. On the best quadratic estimate of the variance. Statist. Res. Mem. , 1938, 2: 91~104.

② 徐传胜,曲安京. 许宝騄对概率统计所做的卓越贡献. 中国科技史料,2006,(4): 340~347.

variance from the power function standpoint）论文中，首次证明了方差分析中的 F 检验在功效函数观点下的优越性。方差分析中任一个效应有无的检验，都可化为典则形式之下的假设[①]：

$$H: \gamma_1 = \cdots = \gamma_p = 0$$

许宝𬴂证得若假设的水平 α 检验不是 F 检验，其功效函数在任一球面上保持常数，则此检验的功效必小于水平 α 的 F 检验的功效。

这是一元线性假设似然比检验的第一个优良性质，其本质上是对任何特定多于一个参数值假设的第一个非局部的优良性质。许宝𬴂证明了似然比检验在所有功效函数仅依赖于一个非中心参数的所有检验中是一致最强的。这个条件等价于势函数在某类自然变换下的不变性。该文开创了两个发展方向：

（1）将所得的形式推广到多元问题（郝太林的 T^2 及多元相关系数）。

（2）提供了获得所有相似检验的新方法。

正是在许宝𬴂的建议下，其学生席玛卡（J. B. Simaika）和莱曼（E. L. Lehmann）将这个方法用于其他问题，后来莱曼和谢飞形成了完备性的概念。

五、推动多元分析发展

自 20 世纪 30 年代，费希尔、郝太林、许宝𬴂和罗伊等对多元统计分析理论作出了一系列奠基性研究。1938～1945 年，许宝𬴂所发表的相关论文一直处于多元统计分析理论的前沿，极大地推进了矩阵论在数理统计理论中的应用。

费希尔创立的"n 维几何"方法，获得了一些重要统计量的精确分布。典型例子是 1928 年维夏特（J. Wishart）导出了任

---

① Hsu P L. Analysis of variance from the power function standpoint. Biometrika, 1941, 32: 62～69.

意维正态样本全体二阶矩的联合分布——威沙特（Wishart）分布。

1939 年，许宝騄利用数学归纳法推导出威沙特分布。他假定对 $n-1$、$p-1$ 成立来推导对 n、p 的密度函数。除了密度函数中的矩阵外，还需要一个 $(p-1)$ 维的正态向量和一个 n 维的正态变量，在证明过程中所需的分析推导仅仅是 n 维向量模的平方是 χ_n^2 分布。[①]

多元分析中基本分布是关于随机正定阵相对特征根的分布。线性模型中线性假设的检验问题，都与这些特征根有关。假定正定随机矩阵 A 和 B 相互独立，各自服从威沙特分布 $W(m, \underset{p \times p}{\sum})$ 和 $W(n, \Sigma)$，且 $m \geqslant p$，$n \geqslant p$，$\theta_1 \geqslant \cdots \geqslant \theta_p \geqslant 0$ 表示

$$|A - \theta(A + B)| = 0$$

的 p 个根，确定 θ_1，$\cdots$，θ_p 的联合密度是一个重要研究课题。在 20 世纪 30 年代末，一些著名的统计学家，都在研讨这一分布的形式。许宝騄以矩阵微分为工具，计算了一些复杂变换的雅克比行列式，就导出了相应的分布。其结果为：

对半正定的 A，正定的 B，θ_1，$\cdots$，θ_p 的联合分布为

$$c \prod_{i=1}^{p} \theta_i^{\frac{1}{2}(m-p-1)} \prod_{i=1}^{p} (1 - \theta_i)^{\frac{1}{2}(n-p-1)} \prod_{i=1}^{p} \prod_{j=i+1}^{p} (\theta_i - \theta_j)$$

该中 c 是常数。[②]

该方法的难点是计算雅可比行列式，许宝騄给出了任意阶的雅可比行列式结果，并证明了 3 阶行列式情形。把矩阵论的方法引进数理统计学，实为长方阵在某变换群下的标准型。有了线性模型的法式，使估计和假设检验问题都变得十分简明。

许宝騄的另一个杰作就是得到现今称之的许氏公式：当 $n \geqslant$

① 吴文俊. 世界著名数学家传记. 北京：科学出版社，1990.

② 徐传胜，曲安京. 许宝騄对概率统计所做的卓越贡献. 中国科技史料，2006，(4)：340~347.

$p \geqslant 1$ 时，有

$$\int \cdots \int_{n \times p} f(x'x) \, \mathrm{d}x = \frac{\pi^{\frac{np}{2} - \frac{p}{4}(p-1)}}{\prod_{j=0}^{p-1} \Gamma\left(\frac{n-j}{2}\right)} \int \cdots \int_{A > 0} |A|^{\frac{n-p-1}{2}} f(A) \, \mathrm{d}A$$

这个公式是处理椭球等高分布统计量的有力工具。①

许宝騄的科学研究都是"从零开始"的，这就意味对先行者极少依赖。他把不依赖性作为数学研究的一种优美性。他总是用简明、初等的方法推导相关问题，认为这比高深的方法更具有理论意义。他追求问题的彻底解决，追求一般性，因而其研究成果具有较广泛的推广价值。

第三节　当代概率学者的研究动态

一、王梓坤对马尔可夫过程的研究

王梓坤是我国概率论研究的先驱和主要领导者之一，1991年当选为中国科学院院士（学部委员）。1958年毕业于莫斯科大学数学力学系，获副博士学位，师从科尔莫戈罗夫和多布鲁申（R. L. Dobrushin），其学位论文"生灭过程的分类"彻底解决了生灭过程的构造问题，创造了马尔可夫过程构造论中的极限过渡法。

王梓坤对马尔可夫过程的理论研究和应用都作出了很大贡献：将差分方法和递推方法应用于生灭过程的泛函和首达时分布的研究，得到一系列深刻结果，并将此应用于排队论、传染病学等研究；在国内最早研究随机泛函分析，得到广义函数空间中随机元的极限定理；对布朗运动与位势理论的关系做了大量研究，求得高维布朗运动及对称稳定过程未离球面的时间分

---

① 吴文俊. 世界著名数学家传记. 北京：科学出版社，1990.

布、位置分布和极大游程分布；获得马尔可夫过程的常返性、零一律等成立的条件；在国际上最先引进多参数有限维 Ornstein-Uhlenbeck 过程的严格数学定义，并取得对三点转移、预测问题、多参数与单参数关系等系列研究成果；创造了多种统计预报方法及供导航的数学方法。

20 世纪 90 年代至今，王梓坤所领导的研究集体致力于对测度值马尔可夫过程（超过程）的研究，其研究成果已达到国际先进水平。若马尔可夫过程描述的为"单个粒子"随机运动规律，超过程刻画地则为"一团粒子云"的随机漂移规律。

王梓坤所翻译的邓肯著作《马尔可夫过程论基础》总结了当时莫斯科概率学派在马尔可夫过程的最新研究，极大地推动了我国学者在该领域的研究。他在概率论方面已著书 9 部，其中《概率论基础及其应用》（1976 年）、《随机过程论》（1965 年）和《生灭过程与马尔可夫链》（1980 年）等 3 部著作从学科基础到研究前沿构成完整理论体系，对我国概率论与随机过程的教学和研究工作影响很大。

二、马尔可夫过程北京学派

马尔可夫过程北京学派系由严士健（1929～）和陈木法[①]领导的无穷粒子系统研究集体。其主要研究方向为粒子系统、谱理论与流形上的扩散过程研究、测度值过程、稳健统计、统计模型及相关领域的研究。

1958 年，严士健创建了北京师范大学概率统计教研室。20 世纪 60 年代，严士健与王隽骧（1931～）和刘秀芳在平稳过程

---

① 陈木法曾说，就像解题一样，工作中碰到困难，学习数学的人会非常自然地分析困难在哪些方面，该如何解决？所以数学好的人，分析和解决问题的能力都特别强，看问题能够迅速抓住要领。他还开玩笑地说，女孩子找对象，找数学系的最保险，因学数学的人逻辑比较简单，心无旁骛，不会想更复杂的东西。

方面取得一些研究成果。70 年代末，严士健在国内倡导粒子系统和随机场的研究方向，与陈木法在国际上首次引进反应扩散过程这一非平衡粒子系统的典型模型，并建立了相关理论体系。自 1988 年始，陈木法确定了"马尔可夫过程的遍历速度与谱理论"的研究方向，并与王凤雨在国际上首创用概率方法估计第一特征值的研究方法。目前，国际上中、美、俄、法、德等国家的几个数学学派在该方向的研究已形成激烈的竞争局面。

陈木法于 2003 年当选为中国科学院院士。他对概率论及相关领域作出了突出贡献：将概率方法引入第一特征值估计研究并找到了下界估计的统一变分公式，使得三个方面的主特征值估计得到全面改观；找到了诸不等式的显式判别准则和关系图，拓宽了遍历理论，发展了谱理论；最早研究马尔可夫耦合，更新了耦合理论，取得了一系列应用成果；第一个从非平衡统计物理中引进无穷维反应扩散过程，解决了过程的构造、平衡态的存在性和唯一性等课题，今已成为粒子系统研究的重要分支；完成了一般或可逆跳过程的唯一性准则并找到唯一性的充分条件；彻底解决了"转移概率函数的可微性"等难题，建立了跳过程的系统理论。

马尔可夫过程北京学派以泛函不等式、半群性质和算子谱为研究对象，综合运用概率论、微分几何、泛函分析等分支的知识和技巧，获得了一系列全新的研究成果。

三、严加安对概率论的研究

严加安[①]是我国概率论和随机分析领域的学术带头人之一，1999 年当选为中国科学院院士。严加安在概率论、鞅论、随机分析和白噪声分析等领域作出了重要贡献：所证局部鞅分解引

---

① 严加安用一首《悟道诗》总结了自己在概率统计领域多年研究工作的心得："随机非随意，概率破玄机；无序隐有序，统计解谜离。"

理被国外专家称为"严引理";所给出的一类 L 凸集刻画,成为近年来金融数学研究中"资产定价基本定理"的主要工具,被称为"严定理",有关结果被称为"Kreps-Yan 定理";所给出的半鞅随机积分"初等"定义为研究随机积分的性质提供了简单途径;推广了无穷维分析中著名的 Gross 定理和 Minlos 定理;与 Meyer 合作提出的白噪声分析数学框架被称为"Meyer-Yan 空间",并被国际《数学百科全书》引述。

四、马志明对概率论的贡献

马志明[1]在概率论与随机分析领域作出了重要贡献。1995年当选为中国科学院院士。马志明研究狄氏型与马尔可夫过程的对应关系取得了重要进展,建立了拟正则狄氏型与右连续马尔可夫过程——对应的新框架,并在马尔可夫过程理论、无穷维分析、量子场论、共形空间等领域获得应用成果,他与 Rockner 合写的专著已成为该领域重要文献。在 Malliavin 算法方面,他与合作者证明了维纳空间的容度与所选取的可测范数无关。在无穷维分析领域,他与合作者得到紧 Riemann 流形的环空间上带位势项的对数索伯列夫不等式,这是目前国际上该研究方向的最佳结果。他还在奇异位势理论、费曼积分、薛定谔方程的概率解、随机线性泛函的积分表现、无处 Radon 光滑测度等方面获得多项研究成果。

五、陈希孺对数理统计学的研究

陈希孺是中国线性回归大样本理论的开拓者,在数理统计学基础理论方面作出了重要贡献。1997 年当选为中国科学院院士。

---

① 马志明认为"数学在现代社会生活中的任何地方都有用,数学与应用的结合也是数学发展的一个重要的趋势,跟实际相结合,了解社会上的需求,真正作出一些有贡献的东西,这是我们要做的"。

其研究领域涉及大样本理论、线性模型、非参数统计、回归分析与贝叶斯统计学。先后出版了《数理统计理论》、《线性模型参数估计的理论》、《非参数统计》、《近代回归分析》等著作。

陈希孺在参数统计领域和非参数统计领域都作出了贡献：解决了在一般同变损失下位置——刻度参数的序贯 Minimax 同变估计的存在和形式问题；给出了在抽样机制（固定、两阶段和序贯）下，作为分布泛函的一般参数存在精确区间估计条件，否定了国外学者的某些猜测；研究了 U 统计量逼近正态分布的非一致收敛速度课题，其成果被 "Encylopedia of Statistical" 所引用，并被苏联学者的专著 "Theory of U-Statistics" 做了详细论述；对自变量带误差的线性回归模型和广义线性模型的研究获得若干重要成果。

六、侯振挺对马尔可夫过程的研究

侯振挺自 20 世纪 60 年代始研究马尔可夫过程，在齐次可列马尔可夫过程、可逆马尔可夫过程、无穷粒子系统等领域作出了一系列重要的研究工作。侯振挺对 Q 矩阵问题的研究卓有成效，尤其是 1974 年发表在《中国科学》第 2 期的论文 "Q 过程唯一性准则"，成功解决了 Q 过程的唯一性问题。该成果被概率界称为 "侯氏定理"，他因此而获得 1978 年度戴维逊奖①。近年来，侯振挺又研究了马尔可夫决策过程，同时提出马尔可夫骨架过程新理论。最近他将马尔可夫骨架过程理论应用于排队论的研究，解决了排队论中几十年来悬而未决的 GI/G/N 排队系统和更为复杂的排队网络的队长瞬时分布等问题。

---

① 英国青年概率学家洛勒·戴维逊去世后，1976 年始以其名字设立 "戴维逊奖"，奖励在概率研究中取得卓越成绩的青年数学家。我国概率论专家侯振挺、邹捷中与余耀都曾获得此奖。

第八章　概率论发展的新时代

概率论是生活真正的领路人，如果没有对概率的某种估计，我们就寸步难行，无所作为。

——杰文斯

20 世纪以来，概率论的发展也同其他数学分支一样，一方面分化出许多新分支，而另一方面又与不同学科互相结合渗透，从而创立了许多学科增长点。当代概率论的研究方向主要是随机过程论。随机过程与其他学科相结合，产生了一些新的分支。这样，概率论逐步形成了若干主流的研究方向，如极限理论、鞅论、点过程、平稳过程、随机分析等。

极限理论是研究随机变量序列或随机过程序列的收敛性有关理论。20 世纪 30 年代后，有关随机变量序列极限理论的研究，是将独立序列情形的结果推广到鞅差序列和更一般的弱相依序列等情形。近年来，由于统计力学的需要，开始研究强相依随机变量序列的非中心极限定理。自 1951 年唐斯克提出不变原理后，有关随机过程序列的弱收敛研究成了极限理论的中心课题。1964 年斯特拉森的工作引起了有关随机过程序列的强收敛研究，即强不变原理。

自 20 世纪 30 年代始，莱维①等就研究鞅序列，把其作为独立随机变量序列之部分和的推广。后来杜布对鞅进行了较为系统的研究，得到著名的鞅不等式、停止定理和收敛定理等重要结果。1962 年，迈耶解决了杜布提出的连续时间的上鞅分解为鞅及增过程之差的问题。鞅论的研究丰富了概率论的内容，并引起用它所提供的新方法、新概念对概率论中许多经典的内容重新审议，把过去认为较为复杂的东西纳入鞅论框架而加以简化。此外，利用上鞅的分解定理，可把伊藤清对布朗运动的随机积分推广到对一般鞅乃至半鞅的随机积分。因而，更一般的随机微分方程的研究也随之发展。随机微分方程理论不仅可研究马尔可夫过程，还是解决滤波问题的必要工具。

点过程由计数过程发展而来，其特点是用落在不相重叠集合上的随机点数目的联合概率分布来刻画整个过程的概率规律。1943 年，帕尔姆将其作为最简单的输入流应用于研究电话业务

---

① 莱维重新发现并完善了特征函数理论，给出逆转公式和连续性定理（现称莱维连续性定理），发展了中心极限定理，提出古典中心极限定理收敛于稳定律，他提出无穷小三角序列的极限律类为无穷可分分律类（辛钦证明）。他提出的分布律的莱维距离、散布函数和集结函数等概念已成为研究分布律收敛的工具。他独创从样本函数角度研究随机过程，研究一般可加过程的样本函数结构，得到无穷可分分布的明显表达式。他还用随机微分方程尝试了概率方式的研究，引进鞅的概念，证明了鞅的一些性质，并进而研究大数定理的推广。他还对布朗运动及可加过程都进行了深刻的研究，导出了一维布朗运动关于反正弦分布律的重要性质；在研究二维空间布朗运动曲线和其中一条弦围成的面积时，引进了由布朗运动定义的随机积分。他还引进了依赖于一个在任意有限维空间以至在可分希尔伯特空间变动的参数的布朗运动。虽莱维成果累累，但直至 1964 年他 78 岁时才当选为巴黎科学院院士。芒德勃罗深感不平地评论道："历史告诉我，人类不断地产生一些数学天才，不屈服于一些常规压力，如果他们被压倒了，他们会离开数学——对所有人都是巨大的损失。""我的第一个证人是莱维，那时的法国数学家'警察'一直谴责莱维没有充分地给出证明（有时是初等计算笔误）。他无法从那些数学家'警察'手中逃脱，但他绝不改变初衷。他继续着，一直到 70 岁时，还在提供精彩绝伦和让人吃惊的直觉'事实'——这些也许是'不完备的'，却不断地为许多人提供了极有价值的工作。然而，当他 71 岁时仍被禁止教授概率论课程。"

问题；1955 年，辛钦又以严密的数学观点做了整理和发展。由于大量实际问题的需要以及随机测度论和现代鞅论的推动，进一步把实轴上的点过程推广到一般的可分完备度量空间上，在内容和方法上都有根本性的进展。

我们可从国际数学家大会的报告中进一步感受概率论的活力和魅力。在 ICM2006，4 位菲尔兹奖得主中，至少有奥昆科夫（A. Окункоẞ，1969 ~ ）和维尔纳（Wendelin Werner，1968 ~ ）的工作直接与概率论相关。奥昆科夫的主要贡献是把概率论、代数表示论和代数几何学联系起来。而维尔纳对发展随机共形映射、布朗运动二维空间的几何学以及共形场理论作出了突出贡献。因此，概率论学科的发展现状可概括为：

（1）概率论几乎与科学和工程的每个分支都有着密切联系，并不断相互推动而向前发展。

（2）概率论不仅像几何、代数和分析一样是一门核心数学学科，更是观测世界的一种基本方法。

第一节　现代概率论的主要研究方向

一、随机分析

随机分析学是微积分在随机条件下的推广，主要研究随机过程（特别是鞅）泛函的微分和积分运算。经过半个多世纪的发展，随机分析已被成功应用于诸如偏微分方程、调和分析、控制论、量子力学、金融数学等领域，也为工程技术中数学模拟提供了理论基础。随机分析方法还是研究支配复杂系统（即含有数目巨大的子系统或含有大量不确定因素的系统）的微观机制与其宏观行为之联系的有效工具。

例　考虑狄利克雷问题：

$$\begin{cases} \Delta u(x) = 0, & x \in G \\ u(x) = \varphi(x), & x \in \partial G \end{cases}$$

求函数 $u(x)$，使其在 G 内调和，在 $G\cup\partial G$ 连续，且当 x 趋于边界点 $x_0\in\partial G$ 时，有 $u(x)\to\varphi(x_0)$。[1]

设 $x\in G$，τx 为自 x 出发的 d 维布朗运动 $x+B(t)$ 首次达到边界 ∂G 的时刻，则在关于边界及边界函数相当宽的条件下可证，函数

$$u(t,x)\equiv E\big[\varphi(B(\tau_x)+x)\big]$$

是狄利克雷问题的唯一解。此结果揭示了布朗运动和古典位势理论的深刻联系。利用布朗运动的轨道，可构造出与拉普拉斯算子 Δ 有关的许多不同边值问题的显式解。对于一般的二阶椭圆微分算子：

$$L\equiv\frac{1}{2}\sum_{i,j=1}^{m}a^{ij}(x)\partial_i\partial_j+\sum_{i=1}^{m}b^i(x)\partial_i$$

是否有类似的结果？正是该问题导致伊滕清创立随机积分和随机微分方程的一般理论，他把布朗运动推广到一般扩散过程。

伊滕公式相当于通常积分中的变量替换公式，可避免利用定义来计算随机积分。与牛顿－莱布尼茨公式相比，伊滕公式多了一个二阶项，这是鞅波动性量级的体现。经过适当变换，可将该二阶项吸收到所谓的斯特拉托诺维奇（Stratonovich）随机积分中去，而使这种积分的运算与牛顿－莱布尼茨积分运算类似。

随机分析主要研究方向为：

1. 高斯空间上的分析

高斯空间上的分析包括马利亚万（P. Malliavin）分析和白噪声分析。马利亚万分析又称为马利亚万随机变分学，由马利亚万在 1976 年首次提出主要研究框架，实则为无穷维空间上的分析学。由于马利亚万分析理论可以简洁优美的方式陈述和推广，现已成为研究赫尔姆曼德（Hormmander）正则化及阿蒂亚－辛格

---

① 杨向群. 可列马尔可夫过程构造论. 长沙：湖南科学技术出版社，1980.

（Atiyah-Singer）指标定理的概率证明、热核的短时间渐进估计、随机震荡积分的估计、维纳泛函分布关于勒贝格测度的绝对连续性及密度函数的光滑性等问题的重要工具。马利亚万分析还可建立在任何高斯空间上，且保持在某种意义上保持不变。近年来，类似的研究框架已部分建立在路径空间和环空间等无穷维流形上，且被应用于流形上热核的短时间渐进估计、一类流形上费曼积分的数学定义及紧群上杨－米尔斯场的量子化研究中。

　　白噪声是指功率谱密度在整个频域内均匀分布的噪声。白噪声是一种理想化模型，因实际噪声的功率谱密度不可能具有无限宽的带宽。白噪声在数学处理上比较方便，它是系统分析的有力工具。只要一个噪声过程所具有的频谱宽度远远大于它所作用系统的带宽，且在该带宽中其频谱密度基本上可作为常数来考虑，就可把它作为白噪声来处理。例如，热噪声和散弹噪声在很宽的频率范围内具有均匀的功率谱密度，通常认为其是白噪声。

　　1975年，飞田武幸（T. Hida）首次提出白噪声分析概念，其基本思想是把维纳泛函看做白噪声泛函。白噪声分析特别适用于研究某些量子力学和量子场论的问题。如费曼积分有时可看做复值的飞田武幸广义泛函。由于布朗运动也可看做白噪声泛函，因而白噪声分析也可用简洁方式处理随机积分和随机分析理论。现今白噪声分析已被建立在以任何核空间为基础空间的高斯空间上，构成了高斯空间的广义函数理论。

　　2. 狄利克雷型理论

　　近10几年狄利克雷型理论成为随机分析方向发展的一个增长点。该理论由比尔林格（Bearling）和丹尼（J. Deny）于1959年首次提出，是联系位势论与马尔可夫过程理论的桥梁。1971年日本学者 Fukushima 由局部紧距离空间的正则狄利克雷型构造出与之相联系的强马尔可夫过程，从此该理论迅速发展为结合解析位势论与随机分析的数学分支。

以狄利克雷型理论为研究工具的含无限变差可加泛函的费因曼－卡茨（Feynman-Kac）半群的强连续性及其特征问题，一直都是困扰概率学家的课题。马志明与 R. Sckner 使用吉尔萨诺夫（Girsanov）变换、h 变换和费因曼－卡茨变换三种现代随机分析工具，成功地将无限变差问题转化为有限变差问题，从而得到含无限变差可加泛函的费因曼－卡茨半群的强连续性的充要条件，推广了 Q. Chen、T. S. Zhang 和 J. Glover 等的研究结果。他们还将经典的关于对称狄氏型的扰动结果推广到非对称狄利克雷型和广义狄利克雷型的情形，得出非对称狄利克雷型和广义狄利克雷型扰动与费因曼－卡茨半群之间的对应关系，并发现对偶马尔可夫过程经吉尔萨诺夫变换后，其对偶性质可能被改变。目前狄利克雷型已在无穷维分析、量子场论、马尔可夫过程理论、非相对量子力学、欧几里得量子场论、路径空间和环空间上的随机分析学等领域有着重要的应用价值。

3. 大偏差理论

大偏差理论源于统计学中大样本理论，希望从收敛于极限分布的速度来决定取样之大小。在 20 世纪 60~70 年代，瓦拉德汉（Varadhan）和唐斯科（Donsker）创立了大偏差理论的一般框架，并建立了有关马尔可夫过程的大偏差理论，其最大作用就是处理拉普拉斯积分的渐进估计。如瓦拉德汉的"骨架定理"为：若 $\{\mu_\varepsilon,\ \varepsilon>0\}$ 满足以 I 为速率函数的大偏差原理，则有

$$\lim_{\varepsilon\downarrow0}\varepsilon\log\left(\int_E\exp\left(\frac{\Phi}{\varepsilon}\right)\mathrm{d}\mu_\varepsilon\right)=\operatorname*{Sup}_{x\in E}\{\Phi(x)-I(x)\},\qquad\forall\,\Phi\in C_b(E)^{[1]}$$

---

① 徐利治. 现代数学手册(随机数学卷). 武汉:华中科技大学出版社,2000.

4. 倒向随机微分方程

伊藤型随机微分方程理论存在着一个缺陷，即只能根据现在的数据计算将来的可能状态，而不能根据将来进行倒向计算。彭实戈①等创立的"彭氏倒向随机微分方程"弥补了这一缺陷，为将来设定了某个目标，可根据方程逐步向回计算而导出现在状态。倒向随机微分方程可和伊藤型随机微分方程配合起来给出非线性偏微分方程解的概率解释，也可用来研究随机最优控制和推广的动态规划原理，以及非线性数学期望。特别地，它可用来研究金融市场衍生证券的定价和非冯·诺伊曼–摩根斯顿偏好理论。

早在 1973 年，两位美国科学家提出了布莱克–斯科尔斯（Black-Scholes）公式而获诺贝尔经济学奖，并被誉为"华尔街的风暴"。而如今这个每天在世界各地被用来计算数百亿美元风险金融资产的价格公式，却仅是"彭氏"方程的特例。自 Pardoux 和彭实戈于 1990 年首先证明了有限时间区间非线性倒向随机微分方程解的存在唯一性定理以来，有关倒向随机微分方程领域的研究受到了国内外从事数学、经济、金融等诸方面研究专家和学者的关注。彭实戈的理论成果目前已被公认为研究金融市场衍生证券定价理论的基础工具，为"金融数学理论大厦埋下了重要的基石"。

最近，彭实戈又发现应用倒向随机微分方程可自然地引入一种所谓 g 期望的非线性数学期望（非线性概率），并由此可引入相应的条件 g 期望和 g 鞅，该理论的提出不仅为非线性随机分析的建立奠定了基础，且也为经济理论的研究提供了强有力的

---

① 彭实戈认为，"在科学研究中要有一种愿望，不要怕问题难，要有兴趣，而且科学发展的随机性本身是一个有趣的问题，我想任何一个生命体都有随机性，如果没有随机性，世界就不可能有那么美"。

工具。许多经济理论中的悖论（如阿勒斯悖论和埃尔斯伯格悖论）可望通过非线性数学期望加以解释。

5. 量子随机分析

量子随机分析是用概率思想方法研究希尔伯特空间中算子理论的学科，是伊藤随机分析在非交换情形下的推广。现已有多种形式的量子随机分析，如 Ito-Clifford 理论、bosonic 量子随机分析、fermionic 和 quasi-free 量子随机分析及基于自由独立概念的量子随机分析。现今量子马尔可夫过程、算子动态半群、量子噪声、量子随机微分方程等相关研究都方兴未艾。

二、马尔可夫决策过程

人类在征服自然和改造自然的社会实践中，最大愿望就是能对某些系统作出一系列决策，以控制（或影响）系统将来的发展。马尔可夫决策过程（Markov decision process，MDP）就是研究可控随机动态系统序贯决策优化问题而迅速发展起来的学科，主要研究一类可周期性或连续性进行观察的随机动态系统的最优化问题。

1. MDP 的基本思想

为掌握和控制随机动态系统，决策者须在一系列（离散或连续）观测时刻，据观察到的状态，从系统的允许对策（控制、行动、措施等）集合中选用某种决策而决定系统下次的转移规律与相应的运行效果，从而获得一定的性能指标。决策者要依据得到的新信息，再做下一步新的决策。这种序贯决策与系统状态转移规律相互作用决定了系统的发展进程。在各个时刻选取决策的目的，是使系统运行的全过程达到最优运行效果。

MDP 可看做随机对策的特殊情形，在这种随机对策中对策的一方是无意志的。MDP 还可作为马尔可夫型随机最优控制，其决策变量就是控制变量。

2. MDP 模型的发展

MDP 模型是确定性动态规划与马尔可夫过程结合的产物，源于 20 世纪 50 年代。1953 年沙普利（L. S. Shapley）在"随机对策"一文中讨论了对策一方无意志的情形，其实就是一种 MDP 模型。1957 年，贝尔曼（R. E. Bellman）正式提出 MDP 的术语和借助于最优性原理求解最优策略的方法。1960 年，霍华德（R. A. Howard）在动态规划基础上对一类 MDP 模型提出了策略迭代法。1962 年，布列克维尔（D. Blackwell）在较大马尔可夫策略类上探讨了最优策略，并于 1965 年研究了完备可分距离空间中的博雷尔集是可数无限集且转移律是非时间齐次的 MDP 模型。汉德莱尔于 1967 年把此项工作推广到非时间齐次转移律族中，1968 年麦特拉对一般状态空间做了进一步研究。1970 年以来，马尔可夫决策过程理论得到迅速发展，凡是以马尔可夫过程作为数学模型的问题，只要能引入决策和效用结构，均可应用该理论。

目前 MDP 已具有独立发展的趋势，研究者所关注的问题主要有：模型一般化；连续时间模型、状态部分可观察模型、半马氏模型、适应性模型等理论探讨；特殊模型的有效解法；用易处理的模型逼近复杂的模型等。

3. MDP 模型的数学描述

周期性地观察的马尔可夫决策过程可用 5 元组来描述：$\{S, A, q, r, V\}$。其中 S 指系统所有可能的状态空间（非空）；A 为状态的可用行动（措施、控制）集；q 为系统状态的转移律族；r 是报酬函数，为单值实函数；V 是衡量策略优劣的指标。若决策的目标函数为 V，则决策者就是研究制定策略，使得在目标 V 意义下最优。

如通常渔业管理的动态变量满足

$$Z_{t+1} = F(X_t, a_t, \xi_t)$$

其中 Z_t 为状态变量向量，包含 t 时段渔业产量及经济发展水平；a_t 为 t 时段的控制向量，如捕获率；ξ_t 是扰动向量，如随机环境效应、内部生长过程等。最简单的是单变量情形，Z_t 表示产量。此时动态方程为

$$Z_{t+1} = (Z_t - a_t)\exp[\alpha - \beta(Z_t - a_t) + \xi_t]$$

这里 α、β 是正数。决策者的研究目标就是如何确定捕获方案，使其在 V 意义下最佳。[①]

4. MDP 模型的衡量指标

衡量策略优劣的常用指标有折扣指标和平均指标。折扣指标是指长期折扣期望总报酬。平均指标是指单位时间的平均期望报酬。采用折扣指标的马尔可夫决策过程称为折扣模型。现已证明：若策略 β 是折扣最优的，则初始时刻的决策规则所构成的平稳策略对同一 β 也是折扣最优的，且还可分解为若干个确定性平稳策略，它们对同一 β 都是最优的。

采用平均指标的马尔可夫决策过程称为平均模型。业已证得：当状态空间 S 和行动集 A 均为有限集时，对于平均指标存在最优的确定性平稳策略；当 S 和 A 不是有限的情况，必须增加条件，才有最优的确定性平稳策略。

MDP 在林业管理、电话网络、水库调度、设备更新和维修、控制工程等方面都有着重要应用，目前相关理论正在向工程、生物和经济等领域渗透。

三、马尔可夫骨架过程

马尔可夫骨架过程（MSPS）是一类存在有效时间点的随机

---

① 程维虎，来向荣. 随机过程讲义. 北京：北京工业大学出版社，2001.

过程，它在每个这样的时间点上具有马尔可夫性，即如果过程现在的状态已知，则过程将来的结果与过去无关。这类随机过程由侯振挺、刘国欣和邹捷中提出。

最简马尔可夫过程是最小可数马尔可夫过程 $X = \{X(t), t < \tau\}$。设 τ_n 为第 n 个跳跃点 $(n = 1, 2, \cdots)$，τ 是 X 的爆炸点（或生命），且有 $0 \equiv \tau_0 \leqslant \tau_1 \leqslant \tau_2 \leqslant \cdots \leqslant \tau_n \leqslant \cdots$，$\tau_n \uparrow \tau$，则有

(1) $\tau_n (n = 0, 1, \cdots)$ 在每个 τ_n 处具有马尔可夫性。

(2) $X(t) = X(\tau_n)$，$\tau_n \leqslant t < \tau_{n+1} (n = 0, 1, 2, \cdots)$。

(3) $\tau_{n+1} - \tau_n$ 的分布关于 X_{τ_n} 是一个指数分布，使得

$$P(\tau_{n+1} - \tau_n \leqslant t \mid X_{\tau_n} = i) = \begin{cases} 1 - e^{-q_i t}, & t \geqslant 0 \\ 0, & t \leqslant 0 \end{cases}$$

而若上述三个条件同时成立，则 X 必为马尔可夫过程。

大多数情况下，一个随机过程可能具有性质（1）、（2），但不一定满足性质（3）。莱维（1954 年）和斯密斯（1955 年）在舍弃性质（3）的条件下提出了半马尔可夫过程的概念，同时又引入了马尔可夫更新过程的概念，这一概念导致了对马尔可夫更新理论的研究。

Cinlar 提出马尔可夫更新理论的重要性来源于对半再生过程的应用。一般来说，随机过程 $X = \{X(t), t < \tau\}$ 被称为半再生过程是因它存在一列随机时间点和半马尔可夫过程 $Y = \{Y(t), t < \tau\}$ 的一列跳跃点相对应。

半马尔可夫过程显然是马尔可夫骨架过程，而半再生过程不是马尔可夫骨架过程。但对于一个半再生过程 X 及其相关的半马尔可夫过程 Y，其伴随过程 (X, Y) 是 MSPs 过程。虽然半再生过程的想法与马尔可夫骨架过程有些相似，但它们还是有些不同的。后者的将来依赖于自身的状态，而前者则依赖于每一列随机时间点的状态。这一重新排列使得对其理论研究更为

容易。

1984 年，Davis 提出分段确定性马尔可夫过程（PDMPS）。Davis 放松了上述性质（2），条件 $X(t)$ 在区间 $[\tau_n,\ \tau_{n+1})$ 恒等于常数被替换成 $X(t)$ 在区间 $[\tau_n,\ \tau_{n+1})$ 为一确定性光滑曲线，但是在每一随机跳跃时间点仍保持着马尔可夫性。借助补充的变量，他引入了分段确定性马尔可夫过程的概念。PDMPS 被广泛应用于排队理论、保险风险理论和控制理论等。在没有补充变量的帮助下，PDMPS 将会随时失去马尔可夫性；但一般会在跳跃时间点保持马尔可夫性。因此，PDMPS 是 MSPS。

下面通过实例诠释了马尔可夫骨架过程的概念。

1）杜布（Doob）过程

令 $X^{(n)}=\{X^{(n)}(t),t<\tau^{(n)}\}(n=1,2,\cdots)$，对给定的 Q 矩阵且初分布为 $\Pi=(\pi_i)$，$X^{(n)}$ 是一列独立的 Q 过程，其中 $\tau^{(n)}$ 是 $X^{(n)}$ 的爆发时间，假定 $P(\tau^{(1)}<\infty)=1$。现构造如下新过程。定义

$$X(t)=X^{(n)}(t-\tau_{n-1}),\qquad \tau_{n-1}\leqslant t<\tau_n$$

其中 $\tau_n=\sum\limits_{i=1}^{n}\tau^{(i)}$（$n=1,\ 2,\ \cdots$）且有 $\tau_0=0$。这是一类非极小 Q 过程。[①]

若 $\tau_n\uparrow\tau$ 且 $(\tau_n,\ n\geqslant0)$ 就是 MSPS 的一列随机时间点。对有序的 Q 过程事件可得相似情形。[②]

2）GI/G/1 排队

设 $\{V(t),\ t\geqslant0\}$ 为 GI/G/1 的虚构等待过程，其中 $V(t)$ 是 t 时刻到达的顾客在接受服务前等待的时间，$\tau_0\equiv0$，$\tau_n(n\geqslant1)$ 是第 n 个顾客的到达时间，则 $\{\tau_n,\ n\geqslant0\}$ 就是 MSPS $\{V(t),\ t\geqslant0\}$ 的一列随机时间点。但 $\{\tau_n,\ n\geqslant0\}$ 并不是 GI/G/1

---

① 由杜布于 1945 年首先构造出该过程。

② 复旦大学. 随机过程. 北京：人民教育出版社，1983.

的排队时间过程 $\{L(t),\ t\geqslant 0\}$。

设 $L(t)$ 代表在 t 点等待的时间长度，在 t 时该正在接受服务的顾客已用的服务时间为补充变量 $U(t)$，则 $\{\tau_n,\ n\geqslant 0\}$ 仍是双过程 $\{L(t),\ U(t)\}$ 的一列随机时间点。

3）跳跃线性系统

跳跃线性系统（JLS）是一个有许多操纵模式的混杂系统，尽管每种模式对应相应的线性系统，但每种模型的转变由半马尔可夫过程决定。对这一系统及其控制理论在近 10 年得到了广泛深入的研究。JLS 由随机稳定微分方程表示，具有如下形式：

$$\frac{\mathrm{d}X_t}{\mathrm{d}t} = A(r_t)X_t + B(r_t)u(t, r_t), \qquad x_0 = x$$

$X_t \in R^n$ 是系统的状态，$\{r_t,\ t\in R_+\}$ 是半马尔可夫过程并且取值于 $S = \{1,\ 2,\ \cdots,\ N\}$。对于任何给定的 $r\in S$，满足方程

$$\frac{\mathrm{d}X_t}{\mathrm{d}t} = A(r)x_t + B(r)u(t, r), \qquad x_0 = x$$

四、时间序列分析

顾名思义时间序列是被观测到的依时间次序排列而又相互关联的动态数据序列。如按空间的前后次序排列的随机数据或按其他物理量顺序排列的随机数据均可看做时间序列。从广义上讲，任一组有序的随机数据均称为时间序列。按照时间的顺序把随机事件变化发展的过程记录下来就构成了一个时间序列。对时间序列进行观察、研究，发现其变化发展规律，预测其将来的走势就是时间序列分析。

时间序列分析主要研究随机数据序列的统计规律，特别侧重于研究序列前后的相互依赖关系。对时间序列的分析，除包括一般统计分析，如自相关分析和谱分析外，还包括线性模型分析、非线性模型分析和预报分析等。

最早的时间序列分析可追溯到 7000 年前的古埃及。古埃及

人把尼罗河涨落的情况逐天记录下来，就构成了时间序列。长期的观察使他们发现了尼罗河的涨落规律，利用这些规律使得古埃及的农业迅速发展，从而创建了古埃及灿烂的史前文明。

第二次世界大战后，电子技术的蓬勃发展，特别是现代控制论的迅速发展，推动了时间序列分析的飞速发展。其中对平稳时间序列的谱分析、线性时间序列的模型分析等理论的研究和应用，已达到日趋完善的程度。

近10余年来，由于非线性随机动力系统、非线性随机微分方程都与时间序列有着密切联系，因而对非线性时间序列分析的研究越来越受到概率界的关注。关于非线性时间序列的理论和统计方法的研究，正处于不断发展和完善之中。

现今时间序列分析已渗入到交通运输、智能控制、神经网络、模拟生物、医学、水文气象、经济学、空间科学等自然科学与社会科学领域之中，并发挥着无可比拟的重大作用。

研究分析时间序列就是为了从中提取有关的信息揭示时间序列本身结构与规律，从而认识产生时间序列系统的固有特性，掌握数据内部系统与外部的联系规律，从系统的过去数值来预测与控制将来发展。一般来讲，时序分析的应用为以下4个方面：

（1）预报分析。据对某变化量的一般观测数据建立统计预测模型从而预报该变量在未来时刻的取值问题即为预报问题。如预报明日某支股票股价、下年水产品总产量、下时段化工生产的浓度读数、下日的日平均气温、下月臭氧每小时读数等。

（2）控制分析。据若干量观测结果的分析建立适当的统计控制模型寻求对某些量进行优化控制属于控制分析内容或最佳控制设计内容。如由记录的过去若干小时用电负荷量数据可分析得出供电系统和发电系统的某种最优控制方法。

（3）诊断分析。据两个时间序列的记录数值建立统计模型分析，判断它们是否具有相同属性或根据一个时间序列的记录值分析判断其是否具有某些指定的属性，谓之诊断分析，亦称为识别诊断。如为预报地震的发生情况，需从地下水位时间序列数据中分析是否处于正常状态；了解某人两次脉搏之间时间间隔的时间序列数据是为了诊断其心跳是否正常。

（4）频谱分析。对时间序列的周期谐波分量或频率特性进行统计分析称为频谱分析。如某机械的振动中会有周期分量就需要对其进行频谱分析。

时间序列分析常用方法有描述性时序分析、统计时序分析、频域分析方法、时域分析方法。

通过直观的数据比较或绘图观测，寻找序列中蕴含的发展规律，这种分析方法称为描述性时序分析。描述性时序分析方法具有操作简单、直观有效的特点，它通常是进行统计时序分析的第一步。

早期的频域分析方法借助傅里叶分析从频率的角度揭示时间序列的规律，借助傅里叶变换，用正弦、余弦项之和来逼近某个函数。20世纪60年代，引入最大熵谱估计理论，进入现代谱分析阶段。

事件发展通常都具有一定惯性，这种惯性用统计语言来描述就是序列值之间存在着一定的相关关系，这种相关关系通常具有某种统计规律。时域分析方法的目的就是寻找序列值之间相关关系的统计规律，并拟合适当的数学模型来描述这种规律，进而应用这个拟合模型预测序列未来的走势。

时域分析方法的发展过程为：1927年 G. U. Yule 给出 AR 模型；1931年 G. T. Walker 建立 MA 模型；1970年 G. E. P. Box 和 G. M. Jenkins 出版《时间序列分析预测与控制》（*Time Series Analysis Forecasting and Control*），提出 ARIMA 模型（Box-Jenkins 模型）；1982年 R. F. Engle 建立 ARCH 模型；1985年 Bollerslov 建立 GARCH 模型；1987年 C. Granger 提出了协整（co-integration）理论。

时间序列分析预测法的哲学依据：时间序列分析预测法是

据市场过去的变化趋势预测未来的发展，其前提是假定事物的过去同样延续到未来。事物的现实是历史发展的结果，而事物的未来又是现实的延伸，事物的过去和未来是相互联系的。时间序列分析预测法是唯物辩证法中的基本观点，即认为一切事物都是发展变化的，事物的发展变化在时间上具有连续性。

时间序列分析预测法的不足：该方法仅突出了时间因素在预测中的作用，而暂不考虑外界具体因素的影响。虽预测对象的发展变化受很多因素影响，但运用时间序列分析进行量的预测，实际上将所有的影响因素都归结到时间因素上，只承认所有影响因素的综合作用，并在未来对预测对象仍然起作用，并没有分析探讨预测对象和影响因素之间的因果关系。时间序列预测法因突出时间序列暂不考虑外界因素影响，因而存在着预测误差的缺陷，当遇到外界发生较大变化，往往会有较大偏差，时间序列预测法对于中短期预测的效果要比长期预测的效果好。因客观事物，尤其是经济现象，在较长时间内发生外界因素变化的可能性加大，它们对市场经济现象必定要产生重大影响。

五、决策分析

决策是政治、经济、技术中普遍存在的一种选择方案的行为。研究决策原理、决策程序和决策方法的理论称为决策科学。决策科学的内容相当广泛，包括决策心理学、决策数量化方法、决策评价、决策支持系统和决策自动化等。决策分析主要指决策的数量化方法，是决策科学的核心。

决策分析是为复杂的和结果不肯定的决策问题提供旨在改善决策过程合理的系统分析方法，其任务是为了达到某种预定目标，在可选择的若干方案中决定合适方案并分析选取各种方案的可能后果。

在决策分析的过程中，不仅需要用概率论和数理统计理论对客观存在的各种不确定因素进行定量描述和分析，还需要对决策者本身的价值结构（偏好）等主观因素进行定量描述，故在形式上决策分析方法不再是纯粹的数学分析方法。决策分析的主要功能是提供一套规范的理性思维方法，·而不是建立完整的定量模型来代替人们作出正确的决策。

圣彼得堡悖论是决策分析发展史上典型事例，它引导丹尼尔在 1738 年提出效用和期望效用的概念和原理。1931 年拉姆齐（F. P. Ramsey）从合理决策角度，最先讨论了主观概率。1937 年德·芬尼提（de Finetti）对主观概率的结构作出重要贡献。1944 年冯·诺依曼①和摩根斯顿在《对策论和经济行为》（*The Theory of Games and Economic Behavior*）中为期望效用原理建立了严格的逻辑基础，此即决策分析中的经典效用理论，被称为线性效用理论。1954 年萨凡奇（L. Savage）在其《统计学基础》（*The Foundations of Statistics*）中把效用和主观概率结合起来，统一在同一组合理行为假设下，为统计决策理论建立了严格的公理基础，这标志着决策分析的理论基础已初步完备。因此，萨凡奇被认为是期望效用理论的主要奠基者之一，决策分析中所说的主观期望效用理论都是指萨凡奇所建立的理论。但决策理论界一直没有停止对其质疑和批评，这对经典的效用理论产生了很大的冲击。

在 20 世纪 60 年代开创的统计决策理论，形成了丰富和有效的决策方法体系，并广泛应用于经济、生产、技术、教育、国防及社会公用事业等领域。1988 年，斐斯伯恩（Fishburn）总结了以前的各种非线性效用理论。90 年代后，决策分析的几个重要问题引起关注，它们是多属性问题，即多目标问题、时间偏好问题、

---

①　鉴于冯·诺依曼在发明电子计算机中所起到关键性作用，他被西方人誉为"计算机之父"。而在经济学方面，他也有突破性成就，被誉为"博弈论之父"。在物理领域，冯·诺依曼在 20 世纪 30 年代撰写的《量子力学的数学基础》已经被证明对原子物理学的发展有极其重要的价值。在化学方面他也有相当的造诣，曾获苏黎世高等技术学院化学系大学学位。

集体决策问题等。现在大多数复杂问题的难点已得以克服，且形成软件系统，正应用于各种有意义的实际问题中去。

决策问题通常分为确定型、风险型（又称统计型或随机型）和不确定型。

确定型决策是研究环境条件为确定情况下的决策。如某工厂每种产品的销售量已知，研究生产哪几种产品获利最大，其结果是确定的。确定型决策问题通常存在着确定的自然状态和决策者希望达到的确定目标（收益较大或损失较小），以及可供决策者选择的多个行动方案，且不同的决策方案可计算出确定的收益值。这种问题可用线性规划、非线性规划、动态规划等方法求得最优解。

风险型决策是研究环境条件不确定，但以某种概率出现的决策。风险型决策问题通常存在着多个可用概率预先估算出来的自然状态，及决策者的一个确定目标和多个行动方案，且可计算出这些方案在不同状态下的收益值。决策准则有期望收益最大准则和期望机会损失最小准则。

不确定型决策是研究环境条件不确定，可能出现不同的情况，而情况出现的概率也无法估计的决策。不确定型决策问题的方法有乐观法、悲观法、乐观系数法、等可能性法和后悔值法等。乐观法是对效益矩阵先求出在每个行动方法中的各个自然状态的最大效益值，再确定这些效益值的最大值；悲观法是先求出在每个方案中的各自然状态的最小效益值，再求这些效益值的最大值；乐观系数法是乐观法乘以某个乐观系数；等可能性法是在决策过程中不能肯定何种状态容易出现时假定它们出现的概率是相等的，再按矩阵决策计算；后悔值法是先求出每种自然状态在各行动方案中的最大效益值，再求出未达到理想目标的后悔值，从而确定决策方案。

决策过程以某些决策公理为依据，只要决策者接受这些公理，就应在备择的行动方案中选取最大期望效果方案作为最优方案。此外，对不同决策方案的优劣进行比较时，还要用效用理论来评定偏好程度，并用主观概率判定采用某方案可能出现的不同结果。

关于期望效用理论有两个著名的悖论。

1）阿勒斯悖论

为了证实期望效用理论与实际决策行为有较大差距，巴黎大学经济学家阿勒斯在 1952 年巴黎举行的决策学会议上提出两个简单的问题，请与会代表作答。

问题 1　A_1 表示稳得 1 000 000 美元，记为 $A_1 = \delta_{\$1000000}$；$B_1$ 表示一个抽奖，以 10% 的概率得 5 000 000 美元，89% 的概率得 1 000 000 美元，1% 的概率得 0 美元。记此抽奖为

$$B_1 = 0.1\delta_{\$5000000} + 0.89\delta_{\$1\,000\,000} + 0.01\delta_{\$0}$$

如何选择 A_1 和 B_1？

问题 2　如何选择 A_2 和 B_2？其中

$$A_2 = 0.11\delta_{\$1000000} + 0.89\delta_{\$0}, \qquad B_2 = 0.1\delta_{\$5000000} + 0.90\delta_{\$0}$$

大多数与会者，包括萨凡奇的选择都是在问题 1 中选择 A_1 而不去冒险；在问题 2 中却冒险选择 B_2，这正好违背了期望效用理论。按其理论，若选择 A_1 而不去冒险就应选择 A_2。[①]

2）埃尔斯伯格悖论

A、B 两罐各装 100 只球，其中 A 罐中红、白球数目各占 50%，而 B 罐中也仅装有红、白球，但比例不知。参赛者先认定一种颜色，然后在选择的罐中任取一球，若所取球的颜色与认定的相同，则获奖 100 美元，否则无奖，应如何选择？

从概率意义上讲，选择罐和球的颜色应该无差别。实验证实，选择者对颜色的选择无差别，但在选择罐时却偏向于 A 罐，即倾向于已知球颜色比例的罐。而这种选择违背了萨凡奇的肯定原理。

---

① 林元烈，梁宗霞. 随机数学引论. 北京：清华大学出版社，2004.

以这些悖论为出发点，许多经济学家、保险学家、决策理论家及心理学家等分别从合理行为途径和描述途径两个方向系统地研究了应用效用理论并取得突破性进展。

六、可靠性理论

随着科学技术的飞速发展，现代化机器、技术装备、交通工具和探索工具越来越复杂。这些机器和设备的可靠性受到了广泛重视。系统愈复杂，则出故障的可能性愈大，造成的损失也愈大。现代化管理可提高工作效率和质量，当然也应包括可靠性，但处理不当，系统可靠性没得到足够保证，则会带来严重的影响和经济损失。

产品寿命的评定与预测是现代可靠性研究的主要对象，生物和人的寿命的评估与预测是生物和医学的重要研究内容。在相关研究中，数学方法特别是概率统计方法起着重要的指导作用。17世纪出现的寿命表就是研究人口寿命预测的统计方法，可看成是这种研究的最早范例。

1956年，香农①（Claude Elwood Shannon，1916～2001）研究了可靠性系统和冗余理论，奠定了可靠性理论基础。由于当时电力系统规模扩大，联网增多，单机容量越来越大，系统安全可靠性问题日益突出。加之美国、英国、日本等国家相继发生多起大停电事故，造成极大的经济损失，促使各国都高度重视系统的可靠性问题。1968年美国成立了电力可靠性协会。苏联、英国、法国、日本等国家也相继成立了专门机构，拟订可靠性准则，陆续建立可靠性数据库。同时以工程为背景的可靠性理论和以生物医学为背景的生存分析得到了迅速发展，形成许多共同的数学理论和方法，且新的方法还在不断涌现。这些理论和方

---

① 香农明确地把信息量定义为随机不定性程度的减少。这就表明了他对信息的理解：信息是用来减少随机不定性的东西。或香农逆定义：信息是确定性的增加。

法对工程实践、医疗实践及其他领域（如经济预测、环境保护）有很大的实用价值。

提高系统的可靠性，一方面要提高构成系统各元件本身的可靠性，如要提高飞机的可靠性，首先要提高发动机、控制系统、导航系统的可靠性；另一方面还要提高系统承受误操作的可靠性。如在 1991 年的海湾战争中，美国的"爱国者"导弹不仅能准确可靠地在空中击毁敌方导弹，且在没有发现目标时，将在空中自行销毁，不造成误击。因此，系统可靠性的提高要从设计着手，使系统的元器件工作在正常状态下，没有过载超负荷等现象的发生，使系统即使有个别元器件或设备出现故障仍能正常工作，如大型客机拥有四个发动机，中型客机拥有两个发动机。即使有一个设备出现故障，另一个设备可代之而正常工作。当然冗余设备会增加系统的复杂性和成本，但若设计合理，在成本增加的情况下，仍可使系统的可靠性有很大提高。

可靠性理论的基本问题之一：如何根据数据来恰当估计或推断系统的生存函数、平均寿命和危险率等指标？

以人的寿命为例，危险率的性态大致可分为三个阶段：从出生到青年，随着身体发育成长，抵抗疾病的能力逐步增强，危险率逐步下降；青壮年时期身体发育基本完善，是一生中精力最充沛时期，危险率可看成常数；到了老年，人的各种机能逐渐衰退，危险率是增函数。故整个人生的危险率图形大致呈浴盆形。不同问题其寿命分布一般也不同，最常见的寿命分布有指数分布、韦布尔分布、对数正态分布和 Γ 分布等。

可靠性理论的研究方法主要有：当对总体知之甚少或毫无所知时，采用非参数方法；当总体的分布类型已知，只有其中若干参数未知时，采用参数方法。此外还有半参数方法，近年来贝叶斯方法也得以应用。

下面以电力系统的可靠性说明有关方法。电力系统可靠性是指该系统按规定的电能质量保证向用户连续供电的概率。分析电力系统可靠性就是要对电力系统各个环节和侧面研究使系统丧失正常功能的因素，提出定量的评价准则，寻求提高电力系统可靠性的途径和方法。

提高电力系统可靠性的根本对策在于整个系统的正确规划与设计，保证合理的冗余度，精心的运行、操作与维护，减少发生故障的可能性，以求尽可能地提高设备的可用率。这将有助于提高系统的安全运行水平，促进可靠性管理，求得管理目标定量化、综合化和规律化，有利于提高电力系统的经济效益。2008 年中国内地的发电量达 34 268 亿千瓦·时（美国 1993 年发电量就达 33 915 亿千瓦·时），若能提高发电设备的可靠性，使其可用率提高 1%，将多发电 342 亿千瓦·时。

电力系统可靠性主要研究：发电容量可靠性估计；互联系统可靠性估计；发电和输电组合系统可靠性估计；配电系统可靠性估计；发电厂、主接线可靠性估计及继电保护可靠性估计等。另外，建立基本设备的可靠性数据库也是研究的重要内容。

（1）发电容量可靠性估计。在不考虑输电系统可靠性约束的条件下，研究电力系统容量的逾度。当电力系统的可用发电容量大于负荷容量，电力系统容量是充裕的；否则，电力系统将发生电力不足。发电容量可靠性估计广泛应用于运行管理，其可靠性估计的方法主要有电力不足概率法、电能不足期望值法、频率和持续时间法。

（2）互联系统可靠性估计。互联系统指用具有一定输送能力的输电线把两个或多个彼此独立的发电系统联系起来的系统。研究互联电力系统可靠性的任务是计算互联系统的可靠性指标，研究合理的互联结构、互联方针及提高互联效益的措施。主要研究方法有：LOLP 法，包括二维概率阵列法和支援容量概率法、网络流法、频率期间法、模拟法等。

（3）发电和输电组合系统可靠性估计。发电厂及把电厂发出的电能输送到主要负荷点的输电系统的总和称为发电和输电组合系统，其可靠性受发电系统及输电系统两方面的制约。它要求估计主要负荷点的可靠性指标，既要考虑输电线的正常限制和临时性限制，还要考虑输电系统的部分受扰动而扩展为大范围的系统故障。该系统的可靠性包含逾度和安全性。逾度按静态或事故后停运状况分析，分析电源的可用容量是否满足负荷需要及输电线是否能在发热容限内承载负荷，某些中枢点电压波动是否超限。逾度不足可能引起局部电力不足，须对用户削减电力供应或削减电量供应。安全性指分析系统是否会产生过负荷连锁反应和电压崩溃。安全性不足将导致停电的蔓延或整个系统解列。

（4）配电系统的可靠性估计。配电系统包括一次配电线路、配电站、二次配电线路等。配电系统的主要可靠性指标为平均故障率、平均停运持续时间和年平均停运时间。它们是在某种概率分布下的期望值。分析配电系统可靠性的基本方法有故障模式及后果分析，即查清每个基本故障事件及其后果，然后加以综合。可靠性判据主要是供电的连续性。可分析单一故障，也可分析双重故障或故障与计划检修的重叠。

（5）发电厂、变电所主接线可靠性估计。发电厂和变电所的主接线包括发电机、变压器、断路器、母线、互感器、隔离开关等。研究其可靠性时，一般以电源为起点，以负荷母线为终点，分析计算由起点到终点的可靠性指标。一般电气主接线的可靠性准则主要是供电连续性，即不停电为正常，停电为故障。对发电厂，还要求计算发出给定电力的概率。可靠性指标包括故障概率、频率及平均无故障工作时间、平均停电时间等。

七、蒙特卡罗法

蒲丰于1777年所提出的投针实验，通常被认为是蒙特卡罗方法的起源。蒙特卡罗法也称统计模拟方法，是由冯·诺依曼在20世纪40年代中期为研制核武器而首次提出的。在第二次世界大战中，蒙特卡罗曾被用作绝密计算方法的某代号，该计算目的是预测原子弹中的中子通量，因数以百万计的中子，沿着大量铀分子中的随机通道辐射的情况，只能在计算机上模拟而无法进行理论上的预测。蒙特卡罗（Monte Carlo）是摩纳哥的著名赌城，蒙特卡罗方法借用该城市的名称来象征性地表明其特点：一是由于通道的变化是随机的；二是生产原子弹具有高度的冒险性，本身就是一次大赌博。

蒙特卡罗方法的基本思想为：首先建立概率模型或随机过程，再通过对模型或过程的观察或抽样试验计算所求参数的统计特征，并用算术平均值作为所求解的近似值。对于随机性问题，有时还可据实际物理背景的概率法则，应用电子计算机直接进行抽样试验。

在解决实际问题时，应用蒙特卡罗方法主要包括两个部分工作：模拟某随机过程时，需要产生各种概率分布的随机变量；用统计方法把模型的数字特征估计出来，从而得到实际问题的数值解。如使用蒙特卡罗方法进行分子模拟计算的步骤为：

（1）使用随机数发生器产生随机分子构型。

（2）对此分子构型的粒子坐标做无规则的改变，产生新分子构型。

（3）计算新分子构型的能量，比较新分子构型与改变前的分子构型的能量变化，判断是否接受该构型。

（4）若新分子构型能量低于原分子构型的能量，则接受新构型，使用这个构型重复再做下一次迭代。

（5）若新分子构型能量高于原分子构型的能量，则计算玻耳兹曼常量，同时产生一个随机数，若这个随机数大于所计算出的玻耳兹曼因子，则放弃这个构型，重新计算。

（6）若该随机数小于所计算出的玻耳兹曼因子，则接受这个构型，使用该构型重复做下一次迭代。

如此迭代计算，直至得出低于所给能量条件的分子构型。

　　关于蒙特卡罗方法的计算程序现已有很多，如 ETRAN、ITS、NCNP、FLUKA、EGS4、GEANT 等。除欧洲核子研究中心（CERN）发行的 GEANT 主要用于高能物理探测器响应和粒子径迹的模拟外，其他程序都深入到低能领域。

　　ETRAN（for Electron Transport）由美国国家标准局辐射研究中心开发，主要模拟光子和电子，能量范围为 $1keV \sim 1GeV$。

　　ITS（The Integrated Tiger Series of Coupled Electron/Photon Monte Carlo Transport Codes）是由美国圣地亚哥国家实验室在 ETRAN 的基础上开发的一系列模拟计算程序，包括 TIGER、CYLTRAN 、ACCEPT 等，其主要差别在于几何模型的不同。TIGER研究的是一维多层的问题，CYLTRAN 研究的是粒子在圆柱形介质中的输运问题，ACCEPT 是解决粒子在三维空间输运的通用程序。

　　NCNP（Monte Carlo Neutron and Photo Transport Code）是由美国橡树岭国家实验室开发的一套模拟中子、光子和电子在物质中输运过程的通用 MC 计算程序。

　　FLUKA 是可模拟包括中子、电子、光子和质子等30 余种粒子的大型 MC 计算程序，把 EGS4 容纳进来以完成对光子和电子输运过程的模拟，且对低能电子的输运算法进行了改进。

　　蒙特卡罗方法可用计算机针对某种概率模型进行数以千计，甚至数以万计的模拟随机抽样。该模拟方法无需了解计算值的分布，即可构造出一种概率模型，使其某些参数恰好重合于所需计算的量，还可通过实验用统计方法求出这些参数的估值，而把这些估值作为要求量的近似值。

　　由于实际工作中可获得的数据量有限，它们往往是以离散型变量的形式出现的。如对于某物的成本，只知道最低价格、最高价格和最可能价格；对于某项活动的用时，往往只知道最少用时、最多用时和最可能用时三个数据。经验告知，这些变量服从某些概率模型。蒙特卡罗技术则提供了把这些离散型的随机分布转换为预期的连续型分布的可能，通过将这些随机变量变成某种规律的分布，来把握项目的风险和不确定因素。

蒙特卡罗方法具有很强的适应性，几何形状的复杂性对其影响不大。该方法的收敛性是概率意义上的收敛，故维数的增加不会影响其收敛速度，且存储单元也很省。因此，随着电子计算机的发展和科学技术问题的日趋复杂，蒙特卡罗方法在近十余年得以迅速发展和普及。它不仅较好地解决了多重积分计算、微分方程求解、积分方程求解、特征值计算和非线性方程组求解等高难度和复杂的数学计算问题，且在统计物理、核物理、真空技术、系统科学、信息科学、公用事业、地质、医学、粒子输运计算、量子热力学计算、空气动力学、可靠性等诸多领域都得到成功的应用。我国从 1955 年始开展随机仿真的研究工作。

八、质量控制

产品质量是文化教育、科学技术水平的综合反映，是精神文明、物质文明的具体体现，也是企业经营水平、经济实力的重要标志。提高产品质量，不断开发高新技术产品，已成为当今企业发展的主要特点。

质量管理的对象是质量，而"质量"指产品质量和工作质量。质量管理是指用经济的方法生产出符合规格和用户要求或期望产品的各种活动，在活动的全过程中适时采用度量、比较、纠正和复证的概率统计方法来实施监督进行。随着现代管理科学的发展，质量管理已发展成为独立的管理科学——质量管理工程。

自人类历史上有商品生产以来，就开始了以商品成品检验为主的质量管理方法。随着社会生产力的发展，质量的含义不断丰富和扩展，从实物产品质量发展为产品或服务满足规定和潜在需要的特征和特性之总和，再发展到当代实体，即可单独描述和研究的事物质量。按照质量管理所依据的手段和方式，可将其发展历史划分为四个阶段。

1. 传统质量管理阶段

受小生产经营方式或手工业作坊式生产经营方式的影响，产品质量主要依靠工人的实际操作经验，靠感官估计和简单度量衡器测量而定。工人既是操作者又是质量检验、质量管理者，且经验就是"标准"。质量标准的实施是靠"师傅带徒弟"方式口授手教进行。《考工记》开头就写道："审曲面势，以饬五材，以辨民器。"所谓"审曲面势"，就是对当时的手工业产品做类型与规格的设计，"以饬五材"是确定所用的原材料，"以辨民器"就是对生产出的产品要进行质量检查，合格者才能使用。

这些质量标准基本上是实践经验的总结，产品质量主要依靠工匠的实际操作技术，可质量管理却是严厉的，历代封建王朝对产品都规定了一些成品验收制度和生产劣质产品的处罚。

2. 质量检验管理阶段

资产阶级工业革命成功后，机器工业生产取代了手工作坊式生产，劳动者集中到一个工厂内共同进行批量生产劳动，于是产生了企业管理和质量检验管理。即通过严格检验来控制和保证出厂或转入下道工序的产品质量。检验工作是这一阶段执行质量职能的主要内容。质量检验所使用的手段是各种各样的检测设备和仪表，其方式是严格把关，进行百分之百的检验。

1940年前后，由于企业的规模扩大，大多数企业都设置专职的检验部门并直属厂长领导，负责全厂各生产单位和产品检验工作。专职检验的特点是"三权分立"，即专职制定标准、专职负责生产制造、专职按照标准检验产品质量。

专职检验既是从生产成品中挑出废品，保证出厂产品质量，又是一道重要的生产工序。通过检验，反馈质量信息，从而预防以后出现同类废品。其弱点表现在：缺乏系统优化观念，需要经济和科学地制定质量标准；属于"事后检验"，废品一旦发现，就难以补救，需要防止在制造过程中生产不合格品；要求对成品进行百分之百的检验，经济上既不合理（它增加检验费用，延误出厂交货期限），技术上又不可能（如破坏性检验），在生产规模扩大和大批量生产的情况下，这个弱点尤为突出。

抽样检查方法可减少检验损失费用，但片面认为样本和总体是成比例的，故抽取的样本数总是和检查批量数保持规定的比值，实际上存在着大批严、小批宽，以致产品批量增大后，抽样检验越来越严格的情况，使相同质量的产品因批量大小不同而受到不同的处理。

3. 质量控制管理阶段

1917 年，美国贝尔电话研究所的休哈特运用数理统计原理方法，为美国国防部准确地解决了第一次世界大战参战部队的军服尺寸规格问题。1924 年，他又提出了控制不合格产品的 6σ 方法，并亲临现场指导使用由他创立的预防不合格产品的控制图。1931 年，他出版了《工业产品质量的经济控制》，对统计质量控制做了系统的论述。同时，贝尔电话研究所成立了检验工程小组，其研究成果之一就是提出抽样检验的概念，其成员道奇和罗密戈联合创立了抽样检验表，随后瓦尔又提出序贯检验法。

第二次世界大战后，美国为了支持西欧各工业国家和日本，大规模组织物质出口，除军用产品外，民用产品也获得很大发展。由于采取质量控制的统计方法给企业带来了巨额利润，统计质量控制在美国得到迅速普及和发展。其他国家（如日本、墨西哥、印度、挪威、瑞典、丹麦、联邦德国、荷兰、比利时、法国、意大利和英国等）为了恢复和发展生产以及增加本国产品在国际市场上的竞争能力，都相继从美国引进了统计质量控制的理论和方法。从此，统计质量控制在世界各工业国风行一时，竞相推行。

统计质量控制的特点是：在指导思想上，由原来的事后把关，转变为事前预防；在控制方法上，广泛深入地使用数理统计的抽样方法和检验方法；在管理方式上，从专职检验人员把关转移给专业质量工程技术人员控制。

4. 现代质量管理阶段

最早提出全面质量管理概念的是美国通用电气公司质量经理菲根堡姆，1961 年其著作《全面质量管理》问世，该书强调执行质量职能是公司全体人员的责任，应该使企业全体人员都具有质量意识和承担质量的责任。菲根堡姆认为，全面质量管理是为了能够在最经济的水平上并考虑到充分满足用户要求的条件下进行市场研究、设计、生产和服务，把企业各部门的研制质量、维持质量和提高质量的活动构成一体的有效体系。

菲根堡姆的全面质量管理概念逐步被世界各国所接受，并在运用时各有所长。在日本被称为全公司的质量控制（CWQC）或一贯质量管理（新日本制铁公司），在加拿大总结制定为四级质量大纲标准（CSAZ299），在英国总结制定为三级质量保证体系标准（BS5750）等。1987 年，国际标准化组织（ISO）又在总结各国全面质量管理经验的基础上，制定了 ISO 9000《质量管理和质量保证》系列标准。

我国自 1987 年推行全面质量管理以来，在实践和理论上都发展较快。全面质量管理正从工业企业逐步推行到交通运输、邮电、商业企业，甚至有些金融、卫生等方面的企事业单位也已积极推行全面质量管理。质量管理的一些概念和方法先后被制定为国家标准。1992 年等同采用了 ISO 9000《质量管理和质量保证》系列标准，在认真总结全面质量管理经验与教训的基础上，通过宣贯 GB/T 19000 系列标准，以进一步全面深入地推行现代国际通用质量管理方法。

九、排队论

排队论又称为随机服务系统理论，源于 20 世纪初对电信的研究。1909 年丹麦数学家埃尔朗（A. K. Erlang）发表题为"概率论与电话会话"的论文，标志着对排队现象平稳态研究的开始，直到 20 世纪 50 年代才进入瞬时态的研究和逼近、优化的讨论。现今相关研究无论在理论和应用方面都得以很大发展。例如，对基本过程、极限性质、排队网络、应用排队论以及决策等方面的研究出现不少新成果，同时这些研究成果在电信、运输、维修服务、存储管理、纺织、矿山、交通、机器维修、可靠性、军事领域及计算机设计等领域得到成功的应用。

排队论的研究内容主要有 3 个方面：系统性态，即与排队有关的数量指标的概率规律性；系统的优化问题；统计推断，即根据资料合理建立模型。主要目的是正确设计和有效运行各个服务系统，使之发挥最佳效益。

随机服务系统由 3 部分组成：①输入过程，即顾客到达的规律，如有定长输入、泊松输入、埃尔朗输入、独立输入等；②排队规则，如有损失制、等待制、混合制等；③服务机构，包括服务台设置、服务方式及服务时间等。

随机服务系统的常见模型有：

（1）M/M/1 排队模型。M/M/1 模型即指顾客到达时间服从泊松分布，服务时间服从负指数分布，单服务台的情形。由于一个城市或任何地区的所有人都被认为是可能"顾客"，这样大的数目可认为是无限的。有些服务系统的容量是有限的，如某医院规定一天门诊挂 100 个号，则第 101 个患者就会被拒绝。对于标准型而言，其输入过程为：患者源是无限的，单个到来且相互独立，一定时间的到达数服从泊松分布，到达过程已是平稳的（到达间隔时间及期望值、方差均不受时间影响）。排队规则：单队，且对队长没有限制，先到先服务。服务机构：单服务台，各病人的诊治时间是相互独立的，服从相同的负指数分布。

（2）M/M/1/k 排队模型。顾客到来时间间隔服从某参数的负指数分布，服务员为顾客服务时间服从某参数的指数分布，且相互独立，1 个服务台，系统容量为 k 的等待制排队模型。因是单服务台，系统容量为 k，即排队等待的顾客最多为 $k-1$，在某时刻一顾客到达时，如系统中已有 k 个顾客，则该顾客就被拒绝进入系统，故当系统已满时，顾客的实际到达率为零。

（3）M/M/n 排队模型。假定有参数为 λ（$\lambda > 0$）的最简单流到达具有 n（$n \geqslant 1$）个服务台的服务系统。若顾客到达时有空的服务台则立即接受服务；若所有的服务台均在忙，则顾客排成一队等待服务，服务次序任意，服务时间与到达时间间隔独立，且服从负指数分布。

（4）M/M/n/N 排队模型。假定有参数为 λ（$\lambda > 0$）的最简单流到达具有 n（$n \geqslant 1$）个服务台的服务系统。若顾客到达时有空的服务台，则立即接受服务；若顾客到达时所有服务台均在服务，则当系统中的顾客数（含正在接受服务的顾客数）小于指定数 N，新来顾客排入队伍等待服务，而当系统中的顾客数为 N 时，新来的顾客就会被拒绝服务而受损失。

此外，排队论模型还有 GI/E_K/1、E_K/G/1、GI/M/n、GI/M/n/n、GI/M/∞、M/G/∞、GI/G/1 等，排队网络现也成为研究焦点。

随着计算机科学、信息科学的发展，排队论的内容也日臻完善。矩阵解析方法是计算技术与排队理论相结合的产物，它架起了计算机计算与排队理论研究的桥梁，使排队论的研究更为活跃。而不断更新和丰富的排队理论，又使得其应用更为广泛。因此，排队论从创立至今，一直根植于实际问题，并以之为沃土不断发展和丰富相关理论。

十、随机游动与随机分形

分形（fractal）理论创始人是美籍法国数学家芒德勃罗（B. B. Mandelbrot，1924～）[1]。为了给自己的研究对象，即那些极不规则、破碎不堪、不光滑、不可微的东西命名，1975 年冬他创造了 fractal 一词。分形研究自然界中没有特征长度而又具有自相似开头的几何体。自然界中的许多体系、现象和过程都具有分数维数构造，如星云的分布、海岸线的形状、山形的起伏、地震、河网水系、湍流、凝聚体、相变、人体血管系统、肺膜结构、城市噪声、股票的变动、抽筋时大脑的活动等。大量事实说明，分数维结构是介于无序和有序之间的状态，该状态不稳定且非常不规则，而这正是自然界运动、发展和演化的根本原因。

Menger 海绵是著名随机分形事例：将一正方体等分为 27 块，挖掉中心位置上的小块及 6 个面上中心位置的小块，将剩下的 20 个小块的每一块按相同的方法处理，这样无限继续下去。实际中的海绵和岛的边界并不具有无限精细的自相似构造，而只有一种近似的或称为统计上的自相似结构，这种具有统计自相似结构的图形称为随机分形。

自然界中的许多具有分数维结构的图形都可看做随机分形。诸如河流网状分布、动物毛细血管分布、石板被敲破后的裂纹、植物的根系、闪电图形、松花蛋中的松花、电解过程中生成的金属粒子聚集分布等。

正态分布之所以被冠以"正态分布"，言外之意是不满足相

---

① 芒德勃罗对中国人民的印象是：我觉得你们是东欧人甚至西欧人的极接近亲戚，甚至比日本人、马来西亚人和印度人更接近于欧洲人。当然，中国的传统建筑不同于欧洲。北京故宫的巨大规模、香港的繁荣经济都超出了我的想象（《中华读书报》1998 年 02 月 11 日）。

关性质的分布都不是标准的。特别是20世纪初对布朗运动的大量研究，更加深了人们对这种完美分布的向往。在相当程度上正态分布被看做是唯一有用和方便的工具。然而芒德勃罗发现这种流行观念是错误的。他大约在1960年真正意识到非正态、稳定分布的意义，从此坚定信念，不为外界各种反对、批评所动，连续将这种思想应用于经济学、流体力学以及天文学。其主要科学贡献为：

（1）发现莱维稳定分布的重要性，并应用于经济学、布朗运动、星系分布等领域。

（2）用自相似观点研究噪声和湍流的阵发过程。

（3）重新发现 M 集合，推动了复迭代的复兴和计算机图形学的发展。

（4）扩展了维数概念，并使科学家广泛理解。

（5）提出"分形"概念和"多分形"（multifractal）思想。

（6）促进了科学的统一和数学的普及，有力推动了科学与艺术的结合。

数学家用随机游动解释了许多随机分形产生的机理。将粒子的随机游动形象地比作醉汉的随机行走，假设醉汉已完全没有方向感，每步沿8个方向中的任一方向行走，且沿每个方向行走的概率相等，这是一种简单的随机游动模型，据不同的目的，设计了几种游动模型：

（1）非回避式随机游动，也称布朗运动。1827年苏格兰植物学家布朗用显微镜观察悬浮在水中的花粉颗粒时，发现颗粒在做快速的不规则运动，进一步实验表明，其他物质的粒子也以同样的方式运动，这种不规则且难以预测的运动是由于微粒受到悬浮液中分子的不规则碰撞所致。有趣的是，爱因斯坦在对布朗运动全然不知的情况下，用数学方法推测出这种运动的存在。芒德勃罗创立分形几何理论也是从布朗运动中受到了很大启发。这种随机游动模型可用于研究物质的扩散问题、原子晶格中电子运动问题、热传导问题等。

（2）回避式随机游动，即醉汉不能折回或越过他已走过的路径。这种模型可用于研究小分子随机碰撞产生大聚合分子链的生长结构。

（3）带陷阱的随机游动，即在醉汉附近有一些陷阱，醉汉掉入后就不能动弹。在对固体中能量传输问题的研究中，做无规则游动的光子有时可能被随同吸收掉，通过对这种模型的研究，可以估算系统平均数要花多长时间才能将醉汉吸收掉，或估算醉汉在逃逸中被捕获的概率有多大。

（4）带吸引点的随机游动，即在醉汉附近有一个或多个迷人的吸引点，当醉汉游荡到此点时被吸附，一个醉汉如果在到达吸引点前碰到另一个醉汉，他将以这个醉汉为依靠，这样两个醉汉作为一个整体随机行走。吸引点也称为核中心或种子，科学家将这种有核生长称为受限扩散凝聚。这种模型可用于研究电解物的沉积、粉尘的扩散凝聚、植物根系的生长等问题。

如果随机行走发生在分形体上，则运动行为不同于一般的布朗运动，运动由于空间背景的不同可时快时慢，表现出不均匀跳跃。H 的取值可分成两类：当 H 小于 $1/2$ 时，均方根位移慢于线性增长；当 H 大于 $1/2$ 时，均方根位移快于线性增长。其中后者非常有趣，涉及著名的"莱维飞行"。

莱维飞行的轨线是典型的分形，虽不是处处不可微，但跳跃的步长可以变化。经过一番处理，均方位移的发散性可以回避掉。特别的，一个随机变量具有无穷方差，并不能否定其以概率1取有限值。莱维飞行的宏观轨迹是一系列折线或孤立的康托尔尘埃点集。一般情况下不考虑粒子在两个端点之间飞行的中间过程，如果考虑两次跳跃之间具有某种速度，这种过程又称为莱维行走。在不同的飞行片段中，在时刻 t 粒子的飞行速度是多少，是与时间有关的有限值，但是平均飞跃状况却是发散的。

从 1977 年的《分形》一书可知，芒德勃罗已经自如地将莱维飞行运用于各种场合，包括布朗运动、分形集团和星际物质分布，并且给出占 7 页篇幅的图形说明。遗憾的是，科学界直到 20 世纪 90 年代才认识到其工作的重要性。

第二节 概率论与其他学科的交叉融合

电子计算机的产生和发展，为较复杂的计算问题提供了有力工具，为概率论的进一步发展开辟了领域。现代概率论不断与复杂网络、临床医学、认知理论、遗传学、生物学、经济学、计算机科学、地球科学、神经学、信息论、控制论和核反应堆安全等学科交叉融合，形成了一些新的学科分支和学科增长点。仅以概率论与统计物理、金融学和人工智能为例来说明概率论学科向其他学科的渗透。

一、概率论与统计物理学

统计物理学与概率论的内在联系，逐渐使得相变数学理论成为统计物理学严格数学基础的核心问题之一。概率论与统计物理的联系可追溯到统计物理建立之时，到 20 世纪 60 年代中期，苏联的多布鲁申用现代概率论的方法研究了伊辛（Ising）模型的相变问题，后来多布鲁申（1968 年）、兰福特（Lanford）与吕埃尔（Ruelle）（1969 年）相互独立地提出了无穷粒子系统的吉布斯随机场，使得概率论与统计物理进一步联系起来。概率论与统计物理的交叉融合而产生出一些新的学科分支，其中最具有代表性的是随机场、交互作用粒子系统、渗流理论和测度值随机过程。

1. 随机伊辛模型

1920 年德国物理学家威廉·愣次提出一理论模型，其目的是给出铁磁体简化的物理图像。伊辛是其博士生，以该模型作为博士学位论文题目，研究了该模型在一维条件下的相变和有序行为，证得一维铁磁模型只考虑最近邻交互作用是不可能有相变的。虽然他也将此结论推广到三维情况，但其结论错了。

伊辛模型的基本单元是电子自旋。所谓自旋是一种空间的转动，在该模型中，若用箭头表示自旋，这个箭头只可指向"上"或"下"。若很多箭头排列在一个点阵或者网格上，格点处是箭头的位置，则这些箭头的组合行为就构成了磁性体系：如果所有箭头取向看起来皆由自己决定，而与周围的箭头无关，点阵就可以类比为顺磁体；否则，就将点阵与铁磁、反铁磁之类的状态类比起来。

在铁磁体系，自旋箭头倾向于和周围平行排列，即两个相邻的箭头如果平行排列，体系能量就较低；反之能量就较高。伊辛模型还假定，一个箭头只是与其周围最近的有关系，与更远一些的互不来往。奇怪的是，只要温度合适或外场合适，即使是这种短距离的关系却可以导致全部箭头相互间有很好的同步和协调。

伊辛模型可用来发现物理世界的原则。它不仅可描述晶体磁性，还可用来描述较广泛的一类现象，如合金中的有序－无序转变、液氦到超流态的转变、液体的冻结和蒸发、晶格气体、玻璃物质的性质、森林火灾、城市交通、蛋白质分子进入它们的活性形式的折叠等。三维伊辛模型可研究从无限高温度到热力学零开相互作用的粒子（或原子或自旋）系统的演变过程，若将热力学中的温度作为动力学中时间来考量，它不仅可理解热力学平衡的无限系统，还可帮助理解我们的宇宙。

另外，平衡相变理论可用来研究连续的量子相变、基本粒子的超弦理论、在动力学系统到混沌的转变、系统偏离平衡的长时间行为和动力学临界行为等。由于伊辛模型中的粒子（或原子或自旋）具有两种可能的状态，它实际上可对应黑白、上下、左右、前后、对错、是非、满空、正负、阴阳……所以，原则上，伊辛模型可以描述所有具有两种可能状态的多体系统，描述两种极端条件间的相互竞争。

伊辛在 1925 年解出的精确解表明一维伊辛模型中没有相变发生；昂萨格（Onsager）于 1944 年获得二维伊辛模型的配分函数和比热容的精确解；杨振宁于 1952 年求出二维伊辛模型的自发磁化强度；杨振宁和李政道合作于 1952 年提出了杨 – 李相变理论，严格证明了解存在的条件。至今没有被学术界公认的三维伊辛模型的精确解，甚至有人证明无法解出三维伊辛模型的精确解，因三维伊辛模型存在拓扑学的结问题。

无法精确地理解三维世界的自然奥秘，这对于生活在三维世界的人们是个遗憾。通常用分子场理论及其改进理论、高温级数展开、低温级数展开、重整化群理论、蒙特卡罗模拟等近似计算三维伊辛模型的居里温度和临界指数。威尔逊（Wilson）于 1971 年发展的重整化群理论可以较高的精度计算三维伊辛模型的近似结果，这是统计物理领域的重大进展。

2. 无穷粒子系统

无穷粒子马尔可夫过程不仅可作为平衡态统计物理的动态模型，且可作为非平衡统计物理的模型。因此它不但是研究平衡系统的数学工具，且提出了研究非平衡统计物理的一个数学工具。

无穷粒子系统的重要应用是其与近代力学的联系。一些力学模型，如金兹堡 – 朗道模型、流体力学的纳维 – 斯托克斯（Navier-Stokes）方程、多孔介质力学方程（porous media equation）等都是从建立偏微分方程来研究的。近年发展起来的流体动力学极限，其特点是从微观的分子运动和碰撞的概率规律研究和解释这些模型的性质，相应的偏微分方程的解则成为微观模型的某种极限。

流体动力学极限主要是围绕最简单的排他模型发展数学方法，然后拓展到有关模型。排他过程是 F. Spitzer 最早提出的粒子系统模型。该过程的速度函数为 $C(u, v, x)$，其中 u，v 是 d 维整点，x 是系统组态为非负函数，其本质上表示在不同的位置 u，v 上，位置 u（或 v）上的粒子移至位置 v（或 u）的概率速率，且在每个位置上最多只有一个粒子。故它是描述分子运动的恰当数学工具。近年来，对流体力学中的纳维 – 斯托克斯方程的流体动力学极限和相关的大偏差问题取得了一些新进展。

自 1978 年始，严士健和陈木法等对无穷粒子马尔可夫过程的研究取得了一系列成果。对自旋及排他过程的情形得到了简洁、实用的可逆性判别条件，在可逆条件下证明了吉布斯随机场与可逆测度一致。对于过程不可逆情形，证得在一定条件下必出现环流，而且环流对时间演化来说具有稳定性。这可以认为是发生自组织现象的一种理论说明。加拿大的 D. Dowson 认为该结果是近年来非平衡统计物理少有的好结果。

3. 渗流理论

考虑 d 维格点图，给定每边开的概率为 p（闭的概率为 $1 - p$），各边开或闭相互独立。若一条路依次相互连接的边皆开，则称为一个开串。当 $p = 1$ 时，则所有的边都是开的，因而存在无限长的开串，反之则不存在开串。对于 2 维和高维格点图，存在严格介于 $0 \sim 1$ 的临界值 p_c，这里

$$p_c = \inf\{p : 存在包含原点的无穷开串的概率大于 0\}$$

该领域的基本问题为确定 p_c。对于二维情形，已知 $p_c = 1/2$。但当 $d \geqslant 3$ 时，p_c 却至今尚未确定。

1982 年，H. Kestend 的专著《数学观点下的渗流理论》（*Percolation Theory for Mathematicians*）从数学上系统总结了已有的成果。此后，渗流理论成为概率学家的研究领域。20 世纪末，以渗流为基本工具，解决了交互粒子系统的一个难题。

2001 年，S. Smirnov 利用布朗运动和共性映照解决了物理学家 J. L. Cardy 基于共性场论的猜想，荣获 Clay 研究所大奖。随之而来，可确定三角格点上的临界指数。这方面的进展使得普适性问题成为研究的焦点之一。

2006 年菲尔兹奖得主维尔纳的研究发展了一个新的基本概念、以认识渗流系统出现的新问题，这些理论思想对数学和物理类都产生了重大影响。

4. 相变问题

相变是统计物理的基本问题，超导就是一种相变。多布鲁申应用现代概率论定义所有 d 维整点上的粒子系统的吉布斯态。吉布斯测度可直接刻画相变，而不依靠伊辛模型的参数。对以 β 为参数的 d 维伊辛模型，若存在与 d 有关常数 $\beta(c) > 0$，使当 $\beta < \beta(c)$ 时，其吉布斯测度唯一；而当 $\beta > \beta(c)$ 时，其吉布斯测度不唯一，则具有相变。

吉布斯测度给出了使大部分统计物理的平衡态模型都纳入现代概率论框架。可讨论变分原理、遍历性、相对熵和比熵、自由能和比能、压力和温度、相图、相变以及亚稳态等。

近年来，以第一特征值来刻画相变成为研究相变的新方法。1994 年，R. A. Minlos 和 A. G. Trisch 应用第一特征值和第二量子化技术，构造出伊辛模型的 L^2 空间与圆周上的 L^2 空间所生成的反对称福克空间之间的酉空间。

对于一维伊辛模型无相变，而对于高维情形，随着温度的下降，第一特征值应由正数变为零。业已证得：在温度较低时，边长为 L 的正方体格子区域内的伊辛模型，当 L 趋于无穷时，其第一特征值有渐近式 $\exp[-c(\beta) L^{d-1}]$，这里 $c(\beta)$ 是与维数 d 无关的常数。

二、概率论与金融学

概率论在金融业的应用使之发生了革命性的变化。在过去的 20 年间，数百亿美元的衍生证券市场的出现使得资本在世界范围内流通，由此而提高了国际商贸交易额度和生产效率。没有概率模型为衍生证券提供可靠的定价和引导相关风险的管理，这些市场就不会存在。应用概率理论来精确计算金融衍生物的价格，可使得贸易公司通过金融证券降低风险，保护其不发生可能的小概率灾难性事件。同样可给证券购买者解释说明，以避免在买卖过程中所招致的风险。

诺贝尔经济学奖获得者莫顿（R. C. Merton, 1944 ~ ）认为，金融数学的大多数内容可追溯到巴夏里埃（L. Bachelier, 1870 ~ 1946）的论文"投机理论"（*Théorie de la spéculation*），并称该文标志着连续时间随机过程的数学理论的诞生及连续时间期权的经济的诞生。

巴夏里埃的博士学位论文"投机理论"给出了连续随机过程的 CK 方程、布朗运动过程的推导，并把股票价格的涨跌看做随机运动。他定义了独立增量马尔可夫过程，还得到了奥恩斯坦－乌伦贝克过程。其方法可看做是用赌博语言来发展随机微分方程理论。巴夏里埃的《概率计算》（1912 年）是第一部超过拉普拉斯《分析概率论》的概率专著。

至 19 世纪 60 年代末，金融经济学经莫迪利亚尼（Modigliani）、米勒（Miller）、马科维茨（Markowitz）、夏普（Sharpe）等的研究而奠定了坚实基础。这些数理经济学家后来皆因此而获得诺贝尔经济学奖。

1973 年，金融经济学出现了重大突破。布莱克和斯科尔斯为期权定价（option pricing）提出了著名的布莱克－斯科尔斯公式。他们从证券价格的随机模型出发，用几何布朗运动期导出了期权定价公式。该理论不但在金融界，乃至在工业界的各个领域都有着广泛的应用。

金融学研究不确定性条件下的决策，利用理论模型从一种期望变成另一种期望——如股票定价、期权定价模型的参数分别是期望红利和期望收益变动率，永远是一个不确定性。故金融理论的核心是从空间、时间上研究经济代理商在不确定环境下，分配、部署资源的行为。时间和不确定性是影响金融行为的中心元素。

金融经济学在国际上通常是指研究证券交易的经济学。证券交易是市场经济中最重要的交易。现在，经济景气的最重要晴雨表已不是年度产值、产量之类的统计，而是每天的股市行情、期货牌价、证券指数等。

金融数学是通过建立证券市场的数学模型，研究证券市场的运作规律。金融数学研究的中心问题是风险资产（包括衍生金融产品和金融工具）的定价和最优投资策略的选择，其主要理论有资本资产定价模型、套利定价理论、期权定价理论及动态投资组合理论。金融数学不仅对金融市场的实际运作产生直接的影响，且在工商业界的投资决策分析和风险管理中有着广泛的应用。期权定价理论在金融领域的广泛应用促进了金融工具的不断创新，并导致了金融工程、数理金融学等交叉学科的诞生。

阐述金融思想的工具从日常语言发展到概率语言，具有理论的精神与抽象，是金融学的进步。如使用差分、偏微分方程和随机积分等数学工具描述股票走势、收益率曲线等。金融数学的主要工具是随机分析和数理统计（特别是非线性时间序列分析）。据 Lawrence Gality 的定义，金融工程是将已存在的金融内容（finance profile）重新组合为所期望的金融工具或直接创造新的金融工具。它可用于制度创新、金融创新、风险分解、风险转移等。

金融数学研究最初是成功的，给出了较典型的数学模型，且公式与实际工作者的想法基本相吻合。随着社会经济的不断发展，金融产业需要更高级的数学模型，故不可能再有公式化的解，且答案是通过数值来计算的。这就导致了对随机数值分析和相应模拟问题的研究，进一步的研究则是设计有效方法来模拟随机过程，对多重、相依过程，怎样进行假设检验和构造置信区间也是有待解决的研究课题。

中国资本市场作为新兴市场的发展也提出了许多具有中国特色的金融工程难题。今后主要研究方向为：

（1）衍生产品的复制和逼近及其经济效用分析，如应用组合保险（portfolio insurance）的动态资产配置技术等。

（2）非完备（incomplete）市场条件下的资产定价模型（包括消费版的定价模型和流动性风险约束下的定价模型）、套利模型研究和投资组合理论。

（3）金融产品设计，包括各种风格、增型被动型、ETF 等股权和债权投资金融产品和银行外汇和利率的结构性（structured）金融产品。

（4）风险管理，包括条件 value-at-risk、copula 等风险测量模型的研制，流动性风险管理以及风险预算管理（risk budgeting management）及其经济学效用分析。

（5）公司财务学，主要研究非完备市场条件下公司财务结构理论、资本理论、francise value 估值模型及价值和成长理论。

（6）信用衍生产品定价理论和信用风险管理，包括泊松和考克斯（Cox）随机点过程的统计估计理论。

（7）银行按揭的定价和风险分析、可转化债券的定价和风险分析、利率的期限结构和利率衍生产品的定价、市场风险因素和 VAR（风险值）分析、资产证券化等。

三、概率论与人工智能

人工智能被称为 20 世纪后期的世界三大尖端技术（空间技

术、能源技术、人工智能）之一，也被认为是 21 世纪三大尖端技术（基因工程、纳米科学、人工智能）之一，因而研究人类智力是科学发展中最有意义和最富有挑战性的课题之一。

人脑具有感知、识别、学习、联想、记忆和推理等智能，其思维方式正在从线性思维转向非线性思维。人工智能是研究用计算机来模拟人类的某些思维过程和智能行为的学科，主要包括计算机实现智能的原理、制造类似于人脑智能的计算机，使计算机实现更高层次的应用。现今概率论应用已渗透到语言、思维研究领域，其推理理论在人工智能的研究中起着重要作用，尤其是贝叶斯理论一直是处理不确定性的重要工具。

人工神经网络（artificial neural network）是模仿动物神经网络行为特征，进行分布式并进行信息处理的算法数学模型，该网络依靠系统的复杂程度，通过调整内部大量节点之间相互连接的关系，从而达到处理信息的目的。

动物在处理感官材料，如听觉和视觉信号时，能够非常迅速准确地确定范围并找到周围环境中的声音和目标。大脑用什么来表示和使用推断方法？此外，不管生物是怎样完成这些任务的，一个人如何构造人工系统来完成类似任务，如理解口语或认识景色？

为更好理解困难的本质所在和不确定因素所起的作用，可考虑对自然景色的语意解释。尽管对人类来说毫不费力，但它是人工识别的主要课题。特别是搜索多个具有不熟悉的形状、随意装饰的零乱背景的不同目标时。自然景色从局部来看是非常模糊的——打开一扇小窗口，确定你要看什么。然而，若从整体来看，基本上是清晰的，因在分析中综合了各种关系和可能性，无形中对相应的解做了一些加权处理，和原始数据相吻合。这样就达成了广泛共识：随机建模、分析和计算是至关重要的。从而，概率推理渗透到理论神经科学，与信息提取、计算机识别和语音识别等学科密切相关。

计算机接受符号输入，进行编码，对编码输入加以决策、存储并给出符号输出，这可类比于人脑如何接受信息、如何编码和记忆、如何决策、如何变换内部认知状态、如何把这种状态编译成行为输出。计算机与人类认知过程的这种类比，只是一种水平上的类比，即在计算机程序水平上描述内部心理过程，主要涉及的是人和计算机的逻辑能力，而不是计算机硬件和人脑的类比。

人类如何建立学习过程模型，或者基于先验知识作出推断？如物体识别必须关于各种图片和几何变换是不变的，这些变换不改变物体的名称。怎样从学习过程中收集到的证据来估计将来犯错误的概率？关于图像函数，什么样的概率分布有一种足够丰富的相依性结构来捕捉到真实世界的格局和相关性，但同时又便于分析和计算？在神经编码中也出现类似的困境：为大脑功能建立可处理的模型，来解释"由下而上"（从数据出发）和"由上而下"（从假设出发）的思考过程与决策方式。关于事件的可能性做怎样的假设可使得由粗到细的搜索变成一种有效的方法，即从寻找所有的每件东西开始，逐渐获得越来越精确的解释？

对于机器识别，有效途径是利用贝叶斯原理建模和推断，其目标就是把语意解释 D 安排给图像数据 I。定义概率分布：$P(D)$、$P(I/D)$。其中 $P(D)$ 定义在所有可能的解释上，用来反映关于目标雏形的相对可能性的先验知识；$P(I/D)$ 定义在所有可能的、给定某种解释的图像上（如灰色水平像素），对所有可能来自 D 的图像进行加权。给定图像 I，所给解释 $D^*(I)$ 可能是后验分布 $P(D/I)$ 的众数。这自然导致对如语法和图类似的复杂结构，构造概率测度的问题，这无疑在模拟和优化方面提出了挑战。

贝叶斯网用图形模式表示随机变量间的依赖关系，提供了一种框架结构来表示因果关系。贝叶斯网还可表示各个关节点的条件独立关系，可直观地从中得到属性间的条件独立及其依赖关系。贝叶斯理论给出了事件的联合概率分布，据网络结构及条件概率表可得到每个基本事件的概率。应用先验知识和样本数据来获得对未知样本的估计，而概率是先验信息和样本数据信息在贝叶斯理论中的表现形式。这样贝叶斯理论就使得不确定知识表示和推理在逻辑上非常清晰且易于理解。

一个特殊且麻烦的情况是构造真实的"零乱模型"——与某种特定解释"背景"相一致的图像上的分布。从这样分布抽取的样本图片应该有一种真实的视角特点。这就排除了非常简单的分布，如白噪声、伊辛模型，它们缺少足够的结构。显然不希望模型的典型实现对真实景色是错误的，模型至少应该抓住自然界的局部统计量并且融合进如尺度不变形的程度等其他观察到的性质。

早在 1943 年，心理学家 W. S. Mculloch 和数理逻辑学家 W. Pitts 就建立了神经网络和数学模型，称之为 MP 模型。通过 MP 模型提出了神经元的形式化数学描述和网络结构方法，证明了单个神经元能执行逻辑功能，开创了人工神经网络研究的时代。

20 世纪 60 年代，人工神经网络得到进一步发展，更完善的神经网络模型被提出，其中包括感知器和自适应线性元件等。M. Minsky 的著作《感知器》（*Perceptron*）指出感知器不能解决高阶谓词问题，加之当时串行计算机和人工智能所取得的成就，掩盖了发展新型计算机和人工智能新途径的必要性和迫切性，使人工神经网络的研究处于低潮。

1982 年，美国加州理工学院物理学家 J. J. Hopfield 提出了 Hopfield 神经网格模型，引入了"计算能量"概念，给出了网络稳定性判断。1984 年，他又提出了连续时间 Hopfield 神经网络模型，为神经计算机的研究做出开拓性的工作，开创了神经网络用于联想记忆和优化计算的新途径，有力地推动了神经网络的研究。1985 年，学术界提出了玻耳兹曼模型，在学习中采用统计热力学模拟退火技术，保证整个系统趋于全局稳定点。1986 年进行认知微观结构的研究，提出了并行分布处理的理论。

现今人工智能的主要研究方向有：

（1）专家系统。依靠人类专家已有知识而建立起来的知识系统，广泛应用于医疗诊断、地质勘探、石油化工、军事、文化教育等方面。

（2）机器学习。该研究是信息科学、脑科学、神经心理学、逻辑学、概率论和数理统计、模糊数学等多种学科的交叉融合，依赖于这些学科而共同发展。目前已取得很大进展，但尚未能完全解决问题。

（3）模式识别。研究如何使机器具有感知能力，主要研究视觉模式和听觉模式的识别。如识别物体、地形、图像、字体（如签字）等。在日常生活及军事上有着广泛用途。

（4）理解自然语言。计算机如能"听懂"人的语言（如汉语、英语等），便可以直接用口语操作计算机，这将给人类带来极大便利。研究计算机进行文字或语言的自动翻译，尚未找到最佳方法，有待于进一步深入探索。

（5）机器人学。机器人是一种能模拟人行为的机械，对其研究已经历了程序控制机器人、自适应机器人、智能机器人三代发展过程。目前研制的智能机器人大都只具有部分的智能，和真正的意义上的智能机器人，还相差甚远。

（6）智能决策支持系统。将人工智能中特别是智能和知识处理技术应用于决策支持系统，扩大了决策支持系统的应用范围，提高了系统解决问题的能力。

（7）人工神经网络。试图用大量的处理单元（人工神经元、处理元件、电子元件等）模仿人脑神经系统工程结构和工作机制。在人工神经网络中，信息的处理是由神经元之间的相互作用来实现的，知识与信息的存储表现为网络元件互联分布式的物理联系，网络的学习和识别取决于与神经元连接权值的动态演化过程。

综上，概率论与现实社会有着密切的联系，这就是其产生、发展，不断得以推进和创新的重要原因。由于物理学、生物学以及工程技术（如自动电话、无线电技术）发展的推动，概率论思想渗入其他学科已成为近代科学发展明显的特征之一。

现今概率论的应用已突破了传统范围而向人类几乎所有的知识领域渗透。研究化学反应的时变率及相关因素，自动催化反应、单分子反应、双分子反应及一些连锁反应的动力学模型，皆以生灭过程来描述；在生物学中研究群体的增长问题时提出了生灭型随机模型，传染病流行问题要用到多变量非线性生灭过程；高能电子或核子穿过吸收体时，产生级联（或倍增）现象，在研究电子-光子级联过程的起伏问题时，常以泊松过程、波利亚过程作为近似，有时还要用到更新过程的概念；星云密度起伏，探讨太阳黑子的规律及其预测时，时间序列方法是常用的工具；气象、水文、地震预报、人口控制及预测都与概率论紧密相关；产品的抽样验收、新研制的药品能否在临床中应用，均需要用到假设检验；寻求最佳生产方案要进行实验设计和数据处理；火箭卫星的研制与发射都离不开可靠性估计；许多服务系统，如电话通信、船舶装卸、机器维修、患者候诊、存货控制等需用排队论模型来描述；若无概率论的支撑，博弈论根本不可能问世；在经济学中研究最优决策和经济的稳定增长等问题，大量应用概率论方法等。

目前，概率论进入其他科学领域的趋势还在不断发展。正如拉普拉斯曾说："生活中最重要的问题，其中绝大多数实质上只是概率问题。"英国的逻辑学家和经济学家杰文斯曾对概率论大加赞美："概率论是生活真正的领路人，如果没有对概率的某种估计，那么我们就寸步难行，无所作为。"笔者坚信，概率论将会以其特有的魅力激励着更多的科学技术工作者不断创造、不断创新、不断进取，使之在更多的研究领域中发挥越来越重要的作用，解决越来越多的理论问题和实际问题，以实现人和自然和谐相处的理想社会。

附录　概率论发展大事记

约公元前 3500 年　古埃及人在"猎犬与豺狼"游戏中以距骨作为骰子

约公元前 1200 年　刻有标记的立方体骰子诞生

约公元前 300 年　亚里士多德给出事件的分类

约公元前 63 年始　罗马人盛行赌博

约公元 10 年　犹太文献《塔木德经》记录了拉比们在犹太法律方面所做的讨论，其中应用加法定理和乘法定理确定复合事件的概率

约公元 960 年　怀特尔德大主教计算出掷 3 颗均匀骰子时，不计次序可能出现的组合数为 56 种

14 世纪　用骰子作为赌博工具在欧洲蔚然成风

1494 年　意大利数学家帕乔利出版《算术、几何、比与比例集成》，其中提出"点数问题"并给出错误解答

1539 年　卡尔达诺通过实例指出帕乔利的分配方案是错误的，其《论机会游戏》是关于概率论的第一部著作，但直到 1663 年才出版

1556 年　塔塔利亚出版《论数字与测量》，其中认为应由法官来裁定"点数问题"

1613～1623 年　伽利略撰写《有关骰子点数的一个发现》，这是关于概率论的第二篇著述

1654 年　帕斯卡和费马以通信方式圆满解决了"点数问题"，概率史家认为他们之间的第三封通信标志着概率论的诞生，时间为 1654 年 7 月 29 日

1657 年　荷兰科学家惠更斯出版《论赌博中的计算》

1662 年　英国商人约翰·格朗特发表伦敦死亡统计表，公布了其相关研究结果

1693 年　英国数学家、天文学家哈雷对德国布雷斯劳的死亡率进行了研究

1705 年　雅各布·伯努利去世，其著作《猜度术》于 1713 年出版

1718 年　法国数学家棣莫弗出版《机会学说》

1726 年　尼古拉·伯努利提出"圣彼得堡悖论"

1730 年　丹尼尔·伯努利出版《赌博新论》，研究了人寿保险和健康统计问题

1755 年　辛普森在向皇家学会宣读的文章"在应用天文学中取若干观测平均值的好处"中第一次从概率角度严格证明了算术平均值的优良性

1760 年　丹尼尔·伯努利发表论文"试用新方法分析天花的死亡率和种牛痘的好处"

1761 年　英国神学家、数学家托马斯·贝叶斯去世

1765 年　孔多塞出版《概率计算》，首倡概率论与社会科学的结合

1769 年　欧拉发表论文"对概率计算中一些困难问题的解答"，他还对彩票问题进行了研究

1777 年　蒲丰发表"或然性试验"，提出并解决了"投针问题"，奠定了几何概率的基础

1805 年　勒让德发表论文"确定彗星轨道的新方法"，其中首次给出最小二乘法的论述

1809 年　高斯出版《天体运动理论》，其中由误差理论导出正态分布

1812 年　拉普拉斯出版《分析概率论》

1816 年　法国数学家拉克鲁瓦出版《初等概率演算》，该书于 1818 年被译成德文

1828 年　苏格兰植物学家罗伯特·布朗发表论文"显微镜观测结果的简短说明"，首次描述了布朗运动

1835 年　比利时统计学家凯特勒出版《论人类》，该书提出"平均人"的独特统计思想

1837 年　泊松出版《关于犯罪和民事判决的概率研究》，其中给出泊松大数定理

1846 年　布尼雅可夫斯基出版《数学概率论基础》，该书是俄罗斯第一部概率论的著作

1859 年　麦克斯韦提出空气中分子的速率分布模型

1866 年　切比雪夫发表"论均值"的文章，推广了大数定理的有关理论，得出切比雪夫不等式和切比雪夫大数定理

1887 年　切比雪夫发表论文"论概率论中的两个定理"，其中应用矩方法试图证明中心极限定理

1896 年　《决疑数学》刊刻出版

1898 年　马尔可夫应用矩方法第一次严格证明了中心极限定理

1899 年　法国学者贝特朗提出"贝特朗悖论"

1900 年　李雅普诺夫以特征函数为工具严格证明了中心极限定理，并得到李雅普诺夫定理

1905 年　博雷尔首次将测度论引入概率论问题的研究

1906 年　马尔可夫发表论文"大数定理关于相依变量的扩展"，其中给出最简单的马尔可夫链，并由此开始了马尔可夫链的研究

1907 年　马尔可夫发表论文"大数定理对非独立随机变量的推广"，得到马尔可夫大数定理

1913 年　马尔可夫在俄罗斯发起纪念大数定理诞生 200 周年的学术活动

1917 年　伯恩斯坦发表论文"论概率公理化基础"，拉开了概率论公理化的序幕

1922 年　林德伯格得到林德伯格条件

1924 年　皮尔逊出版《正态曲线史》

1926 年　科尔莫戈罗夫推导出弱大数定理的充要条件

1928 年　米泽斯出版《概率、统计和真理》，其中建立了频率的极限理论

1929 年　科尔莫戈罗夫发表论文"一般测度论和概率论"，第一次把概率论建立在公理化基础上。辛钦证得辛钦大数定理

1933 年　科尔莫戈罗夫以德文出版《概率论基础》，该书给出较为圆满的概率论公理化体系

1934 年　莱维给出无穷可分分布律的刻画和描述。辛钦引入平稳过程理论

1937 年　辛钦提出"分布律运算"问题，即概率分布可分解为某些分布的组合

1941 年　伯恩斯坦建立了马尔可夫过程和随机微分方程的联系

1942 年　日本数学家伊藤清引进随机微分和随机微分方程，并由此获得 1987 年的沃尔夫奖

1948 年　莱维出版《随机过程与布朗运动》，提出独立增量过程的一般理论

1950 年　美国概率论学派的代表人物杜布开始研究鞅，使其成为一门独立的概率论分支

1953 年　杜布出版《随机过程论》，系统而较全面地叙述了随机过程的基本理论

1954 年　费勒将半群方法引入马尔可夫过程的研究

1970 年　我国概率论与数理统计先驱许宝騄先生去世

1978 年　我国概率论学者侯振挺获首届戴维逊奖

1981 年　哈里森和普利斯卡提出等价鞅测度

1990 年　彭实戈证明了有限时间区间非线性倒向随机微分方程解的存在唯一性定理

1991 年　王梓坤当选为中国科学院院士

1995 年　马志明当选为中国科学院院士

1997 年　陈希孺当选为中国科学院院士

1999 年　严加安当选为中国科学院院士

2003 年　陈木法当选为中国科学院院士

2005 年　彭实戈当选为中国科学院院士。陈希孺于 8 月 8 日逝世

2006 年　随机分析创立者伊藤清被授予第一届高斯奖

2007 年　国际概率论及其应用学术研讨会在长沙理工大学举行

2008 年　伊藤清 11 月 10 日逝世

2009 年　世界知名概率学家、华裔数学家、斯坦福大学数学系前系主任钟开莱于 6 月 2 日在菲律宾辞世

2010 年　彭实戈应邀在国际数学家大会作 1 小时的报告

参 考 文 献

一、中文参考文献

中文著作

陈希孺.2005.数理统计学简史.长沙：湖南教育出版社

程维虎，来向荣.2001.随机过程讲义.北京：北京工业大学出版社

复旦大学.1983.概率论基础.北京：人民教育出版社

复旦大学.1983.数理统计.北京：人民教育出版社

复旦大学.1983.随机过程.北京：人民教育出版社

格涅坚科.1957.概率论教程.丁寿田译.北京：人民教育出版社

胡迪鹤.2000.随机过程论.武汉：武汉大学出版社

华蘅芳，傅兰雅.1897.决疑数学.上海：上海飞鸿阁石印

侯振挺，郭青峰.1978.齐次可列马尔可夫过程.北京：科学出版社

蒋庆琅.1987.随机过程与生命科学模型.方积乾译.上海：上海翻译出版公司

贾俊平等.2002.统计学.北京：中国人民大学出版社

克莱因 M.2004.西方文化中的数学.张祖贵译.上海：复旦大学出版社

李文林.2000.数学珍宝——历史文献精选.北京：科学出版社

李文林.2004.数学史教程.北京：高等教育出版社

李文林.2005.数学的进化.北京：科学出版社

李迪.1993.中外数学史教程.福州：福建教育出版社

李仲来.2002.北京师范大学数学系史.北京：北京师范大学出版社

林元烈，梁宗霞.2004.随机数学引论.北京：清华大学出版社

梁宗巨.2005.世界数学通史.大连：辽宁教育出版社

科尔莫戈罗夫等.1965.四十年来的苏联数学.陈翰馥译.北京：科学出版社

吴文俊.1990.世界著名数学家传记.北京：科学出版社

吴天滨.1981.概率论与数理统计.济南：山东人民出版社

王梓坤.1976.概率论基础及其应用.北京：科学出版社

王梓坤.1980.生灭过程与马尔可夫链.北京：科学出版社

王梓坤.1993.科学发现纵横谈.北京：北京师范大学出版社

魏宗舒.2005.概率论与数理统计教程.北京：高等教育出版社

徐利治. 2000. 现代数学手册（随机数学卷）. 武汉：华中科技大学出版社

亚历山大洛夫. 2005. 数学——它的内容方法和意义（第 2 卷）. 北京：科学出版社

杨向群. 1980. 可列马尔可夫过程构造法. 长沙：湖南科学技术出版社

张奠宙. 2000. 中国近现代数学的发展. 石家庄：河北科学出版社

中文论文

陈木法. 2005. 谈谈概率论与其他学科的若干交叉. 数学进展, 34（6）：661~672

贾小勇, 徐传胜. 2006. 最小二乘法的思想及其创立. 西北大学学报（自然科学版）, 36（3）：339~343

江泽涵, 段学复. 1980. 深切怀念许宝騄教授. 数学的实践与认识, 10（3）：1~3

曲安京. 2005. 中国数学史研究范式的转换. 中国科技史杂志, 26（1）：50~58

苏淳, 刘钝译. 1988. Bernolli 们：一个学者家族. 数学译林, 7（3）：227~235

徐传胜. 2004. 概率论简史. 数学通报,（10）：36~39

徐传胜. 2005. 切比雪夫的概率思想及数学文化背景. 自然辩证法研究, 21（7）：29~33

徐传胜, 吕建荣. 2006. 棣莫弗的概率思想与正态概率曲线. 西北大学学报（自然科学版）, 36（2）：339~343

徐传胜, 曲安京. 2006. 拉普拉斯的《分析概率论》研究. 自然科学史研究, 25（3）：227~237

徐传胜, 曲安京. 2006. 惠更斯和概率论的奠基. 自然辩证法通讯, 28（6）：76~80

徐传胜, 曲安京. 2006. 许宝騄对概率统计所做的卓越贡献. 中国科技史杂志, 27（4）：340~347

徐传胜. 2007. 雅各布的《猜度术》研究. 数学研究与评论, 27（1）：212~218

徐传胜, 郭政. 2007. 数理统计学的发展历程. 高等数学研究, 10（1）：121~125

徐传胜, 潘丽云. 2007. 惠更斯的 14 个概率命题研究. 西北大学学报（自然科学版）, 37（1）：165~170

徐传胜, 张梅东. 2007. 正态分布两发现过程的数学文化比较. 纯粹数学与应用数学, 23（1）：138~144

肖果能. 2001. 概率论的莫斯科学派. 数学译林, 20（2）：158~166

二、西文参考文献

原始文献

Bernoulli D. 1754. Exposition of a New Theory on the Measurement of Risk. Econometrica, 22（1）：23~36

Bernoulli J. 1995. Ars Conjectandi. New York：Chelsea

Bienaymé I J. 1838. MÉMoire Sur La Probabilité Des Résultats Moyens Des Observations; DÉmonstration Directe De La REgle De Lapulace. MéM. Acad. R. Sci. Inst. Fr. , 5: 513 ~558

Bienaymé I J. 1839. Théoréme Sur La Probabilité Des Résultats Moyens Des Observations. Soc. Philomat. Paris Extr. , 5: 42 ~49

Bienaymé I J. 1852. Sur La Probabilité Des Erreurs D'Aprs La Methode Des Moindres Carrés. Liouville's J. Math. Pures Appl. , 17: 33 ~78

Bienaymé I J. 1853. Sur Les DifféRences Qui Distinguent L'Interpolation De M. Cauchy De La MÉthode Des Moindres Carrés, Et Qui Assurent La Supériorit De Cette Méthode. C. R. Hebd. Sé Ances Acad. Sci. , 37: 5 ~ 13

Bienaymé I J. 1867. ConsidéRations A l'Appui De La Dé Couverte De Laplace Sur La Loi De Probabilité Dans La Méthode Des Moindres Carrés. C. R. Hebd. Sé Ances Acad. Sci. , 37, 309 ~ 324; Liouville's J. Math. Pures Appl. , 12: 158 ~ 176

Bunyakovskiĭ V Ya. 1837. On the Application of the Analysis of Probabilities to Determining the Approximate Values of Transcendental Numbers. MÉM. Acad. Sci. , 1 (5): 36 ~47

Bunyakovskiĭ V Ya. 1846. The Principles of The Mathematical Theory of Probability. Petersburg: Acad. Sci. St. Pétersbourg

Chebyshev P L. 1899 ~ 1907. Oeuvres De P. L. Tchebychef (A. Markov and N. Sonin Eds.) , Vols. 2; 1952. French Translation of Russian Edition. Reprinted: New York: Chelsed

Chebyshev P L. 1845. Essay on the Elementary Analysis of the Theory of Probability. Reprinted 1951 in Vol. 5 of the Author's Complete Works, 26 ~ 87

Chebyshev P L. 1846. DÉmonstration Élémentaire D'Une Proposition Générale De La Théorie Des Probabilités. J. Reine Angew. Math. , 33: 259 ~267

Chebyshev P L. 1855. Sur Les Fractions Continués. 1858. In Russian. French Transl, In J. Math. Pures Et Appl. , t. 3: 289 ~323

Chebyshev P L. 1858. Sur Une Nouvelle Série. Bull. -Phys. Math. Acad. Sci. St. Pétersbourg, 17: 257 ~261

Chebyshev P L. 1859. Sur l'Interpolation Par La Méthode Des Moindres Carrés. MÉM. Acad. Sci. St. Pétersbourg, 1 (15): 1 ~24

Chebyshev P L. 1859. Sur Le DÉVeloppement Des FonctionsÀ Une Seule Variable. Bull. - Phys. Math. Acad. Sci. St. Pétersbourg, 1 (1): 193 ~201

Chebyshev P L. 1864. Sur l'Interpolation. Proc. Acad. Sci. St. Pétersbourg, 4 (5): 193 ~200

Chebyshev P L. 1867. Des Valeurs Moyennes. Liouville's J. Math. Pures Appl. , 12 (2): 177 ~184

Chebyshev P L. 1875. Sur l'Interpolation Des Valeurs ÉQuidistantes. Proc. Acad. Sci. St. Pétersbourg, 25 (5): 186 ~ 195

Chebyshev P L. 1887. Sur Deux Théorémes Relatifs Aux Probabilités. Bull. Phys. - Math. Acad. Sci. St. Pétersbourg, 55; 1891. Acta Math. , 14: 305 ~315

Davidov A Yu. 1886. On Mrotality In Russia. Izv. Obshch. Liubitelei Estestv. Anthropol And Ethnogr. , 49 (1): 46 ~66

Ellis R L. 1863. Remark on an Alleged Proof of the Method of Least Squares. In: Math. and Other Writing of R L Ellis. Cambridge: Cambridge University Press

Huygens C. 1657. De Ratiociniis In Ludo Aleae. Elsevirii Leiden; 1692. English Translation, Arbuthnott

Laplace P S M De. 1812. Theorie Analytique Des Probabilités. Paris: Courcier

Laplace P S M De. 1814. Essai Philosophique Sur Les Probabilités. Paris: Courcier

Liapunov A M. 1900. Sur Une Proposition De La Théorie Des Probabilités. IAN, 13 (4): 359 ~386

Markov A A. 1875. Table Des Valeurs De L'IntéGrale $\int_x^\infty \exp(-t^2)\, dt$. Petersburg: Acad. Sci. St. Pétersbourg

Markov A A. 1898. Sur Les Racines De L'ÉQuation $\exp(x^2)\, d^m \exp(-x^2)/dx^m = 0$. IAN, 9 (5): 435 ~446

Markov A A. 1899. Résponse To Nekrasov's Article. Kasan Bull. , 10, (3): 41 ~43

Markov A A. 1900. Sur Une Probabilité A Posteriori. Kharkow Comm. , 7 (1): 23 ~25

Markov A A. 1903. A L'Occasion De La Ruine De Joueurs. Kasan Bull. , 3 (1): 38 ~45

Markov A A. 1910. Recherches Sur Un Cas Remarquable D'éPreuvres Dépendantes (1907). French version: Acta Math. , 33 (1): 87 ~ 104

Markov A A. 1907. Sur Quelques Cas Des Théorémes Sur Les Limites De Probabilité Et Des Espérances Mathématiques. IAN, 1 (16): 707 ~714

Markov A A. 1908. Sur Quelques Cas Du Théorémes Sur La Limite De Probabilité. IAN, 2 (6): 483 ~496

Markov A A. 1910. Recherches Sur Le Cas Général D'ÉPreuves Liées En Chaine. IAN, 4 (5): 385 ~417

Markov A A. 1912. Résponse A M. Nekrassov. MS, 28 (2): 215 ~227

Markov A A. 1913. Essai D'Une Recherche Statistique Sur Le Texte Du Roman "Eugéne Onegin", etc. IAN, 7 (3): 153 ~ 162

Markov A A. 1914. Sur La Probabilité A Posteriori. Kharkow Comm. , 14（3）: 105 ~ 112

Markov A A. 1915. On Teaching Mathematics etc. JMNP, 56（3）: 126 ~ 130

Markov A A. 1915. On P S Florov & P A Nekrasov's Draft. JMNP, 57（5）: 26 ~ 34

Markov A A. 1915. Sur L'Application De La Méthode Des éSperances MathéMatiques Aux Sommes Liées. IAN, 9（14）: 1453 ~ 1484

Markov A A. 1916. Rapport De La Commission Concernant Certaines Questions De L'Enseignement Mathématiques Dans L'ÉCole Secondaire. IAN, 10（2）: 66 ~ 80

Markov A A. 1916. Sur Une Application De La Méthode Statistique. IAN, 10（4）: 239 ~ 243

Markov A A. 1918. Sur Quelques Questions Du Calcul Des Probabilités. IAN, 12（18）: 2101 ~ 2116

Markov A A. 1922. La Difficulté De La Méthode Des Moments, Deux Exemples De Sa Solution Incompléte. IAN, 16（1）: 281 ~ 286

Markov A A. 1924. Sur Les Ellipsoides De Dispersion Et Sur La Corélation. IAN, 18（11）: 117 ~ 126

Ostrogradsky M V. 1848. Sur Une Question Des Probabilités. Petersb. Bull. , 6（21 ~ 22）: 321 ~ 346

Poisson S D. 1837. Recherches Sur La Probabilité Des Jugements En Matiére Criminelle Et En Matiére Civile. Paris: Courcier

研究文献

Bernstein S N. 1964. On Chebyshev's Works on the Theory of Probability. In Author's Collected Works. Moscow: Moskovskogo Universiteta, 4: 409 ~ 433

Bernstein S N. 1920. Chebyshev and His Influence on the Development of Mathematics. Uchenye Zapiski Moskovskogo Universiteta, 91: 35 ~ 45

Butzer P L. 1989. P. L. Chebyshev（1821 ~ 1894）and His Contacts with Western European Scientists. Historia Mathematica, 16: 46 ~ 68

Cramér H. 1976. Half a Centuroy with Probability Theroy: Some Personal Recollections. The Annals of Probability, 4（4）: 509 ~ 546

Dale A I. 1999. A History of Probability from Bernoulli to Karl Pearson. 2nd ed. New York: Spring-Verlag

Gillispie Ch C. 1971. Dictionary of Scientific Biography. New York: Charles Scribner's Sons

Gnedenko B V. 1951. On the Work of M. V. Ostrogradsky in the Theory of Probability. IMI, 4: 99 ~ 123

Gnedenko B V. 1944. Limit Theorems for Sums of Independent Random Variables. Uspehi Mat. Nauk. , 10: 115 ~ 165

Hald A. 1990. A History of Probability and Statistics and Their Applications before 1750. New York: Wiley

Hald A. 1998. A History of Mathematical Statistics from 1750 to 1930. New York: Wiley

Hacking I. 1975. The Emergence of Probability. Cambridge: Cambridge University Press

Hacking I. 1971. Jacques Bernoulli's Art of Conjecturing. British Journal for the History of Science, 22: 209 ~ 229

Hsu P L, Robbins H. 1947. Complete Convergence and the Law of Large Number. Proc. Nat. Acad. Sci. U. S. A. , 33: 25 ~ 31

Hsu P L. 1945. The Approximate Distribution of the Mean and Variance of a Sample of Independent Variables. Ann. Math. Statist. , 16: 1 ~ 29

Hsu P L. 1938. Contributions to the Two-Sample Problem and the Theory of the "Student's" t-Test. Statist. Res. Mem. , 2: 1 ~ 24

Hsu P L. 1938. On the Best Quadratic Estimate of the Variance. Statist. Res. Mem. , 2: 91 ~ 104

Hsu P L. 1941. Analysis of Variance from the Power Function Standpoint. Biometrika, 32: 62 ~ 69

Hsu P L. 1939. A New Proof of the Joint Product Moment Distributions. Proc. Cambrige Philos. Soc. , 35: 336 ~ 338

Kolmogorov A N, Yushkevich A P. 1992. Mathematics of the 19th Century. Vol. 3. Basel, Boston, Berlin: Birkhauser

Kiro S N. 1967. The Scientific and Educational Activities of M. V. Ostrogradsky and V. Ya. Buniakovsky. In: History of National Mathematics, Vol. 2. Kiev, 52 ~ 103

Markov A A. 1951. Selected Works. Leningrad: Yu V Linnik

Moiver De . 1927. The Doctrine of Chances. London: Macmillan

Nekrasov P A. 1898. The General Properties of Mass Independent Phenomena in Connection with Approximate Calculation of Functions of Very Large Numbers. MS, 20: 431 ~ 442

Nekrasov P A. 1900 ~ 1902. New Principles of the Doctrine of Probabilities of Sums and Mean Values. MS, 21: 579 ~ 763; 22: 1 ~ 142; 323 ~ 498, 23: 41 ~ 455

Ostrogradsky M V. 1961. On Insurance (1847) . Complete Works, Vol. 3. Kiev, 238 ~ 244

Sheynin O B. 1973. Finite Random Sums Etc. Arch. History Exact Sci. , 9 (4 ~ 5): 275 ~ 305

Sheynin O B. 1974. On the Prehistory of the Theory of Probability. Ibid, 12 (2): 97 ~ 141

Sheynin O B. 1976. P S. Laplace's Work on Probability. Arch. History Exact Sci. , 16 （2）: 137～187

Sheynin O B. 1977. P. S. Laplace's Theory of Errors. Ibid, 17 （1）: 1～61

Sheynin O B. 1978. S. D. Poisson's Work in Probability. Ibid, 18 （3）: 245～300

Sheynin O B. 1989. A. A. Markov's Work on Probability. Arch. History Exact Sci. , 39 （3）: 337～377

Sheynin O B. 1991. V. Ya Buniakovsky's Work in the Theory of Probability. Arch. History Exact Sci. , 43 （2）: 199～223

Sheynin O B. 1994. Chebyshev's Lectures on the Theory of Probability. Arch. History Exact Sci. , 46 （1）: 321～340

Sheynin O B. 1998. The Theory of Probability: its Definition and its Relation to Statistics. Arch. History Exact Sci. , 52 （2）: 99～108

Sheynin O B. 2003. Nekrasov's Work on Probability: the Background. Arch. History Exact Sci. , 57 （1）: 337～353

Sheynin O B. 2005. Markov and Life Insurance. Math. Scientist, 30 （1）: 5～12

Soloviev A D. 1997. P. A. Nekrasov and the Central Limit Theorem of the Theory of Probability. IMI Ser. 2, 2 （37）: 9～22

Stigler S M. 1986. The History of Statistics: the Measurment of Uncertainty before 1900. Cambridge: Cambridge University

Todhunter I. 1865. A History of the Mathematical of Theory of Probability from the Times of Pascal to That of Laplace. Cambridge, Londun: Macmillan; 1993. New York: Chelsea

Zdravkovska S, Duren P. 1993. Golden Years of Moscow Mathematics. History of Mathematics, 6: 1～33

Коломогоров А Н. 1937. Цепи Маркова Со Счётным Множеств ом Возможных Состояний Бюлл. МГУ, Т. I, Вып. 3

Коломогоров А Н. 1936. Основные Понятия Теории Вероятностей. ОНТИ

Лукомская А М. 1953. Александр Михайлович Ляпунов. Москва: Издательство АН СССР

Ляпунов А М. 1901. Nouvelle Forme Du Théoréme Sur La Limite Des Probabilités. Там Же

Марков А А. 1924. Исчисление Вероятностей. 4-е нзд. ГИЗ

Марков А А. 1907. Исследование Замечательного Случая Зависи мых Испытаний Изв. Рос. Акад. Наук, Т. I

Марков А А. 1951. Биография А. А. Маркова. Москва: Издательство Академии Наук СССР

Крамер Г. 1948. Математические Методы Статистики. ГИИЛ

Бернштейи С Н. 1950. Теория Вероятностей. 4-е hзд. Гостехиздат

Бернштейн С Н О. 1918. Законе Больших Чисел. Сообщ. Харьк. Матем. Об-Ва, Т. XVI

Бернштейн С Н. 1944. Распространение Предельной Теоремы Т еории Вероятностей На Суммы Зависимых Величин. Усп. Матем. Наук, Вып. X

Гнеденко Б В. 1950. Хинчин А Я. Элементарное Введение В Теорию Вероятностей. 2-Е Изд Гостехиздат

Гнеденко Б В. 1948. Развитие Теории Вероятностей В России. Москва: Издательство Академии Наук СССР

Зворыкин А А. 1959. Биографический Словарь Деятелей Естествознания И Техники. Москва: Издательство Академии Наук СССР

Линник Ю В. 1947. О Точности Приближения К Гауссову Распределению Сумм Независимых Случайных Величин. Изв. Акад. Наук СССР, Т. II

Прудников В Е П Л. 1964. Чебышев Ученый И Педагог. Москва: Издательство Академии Наук СССР

Штокало И. В. 1967. История Отечественной Математики. Киев: Издательство Наука Думка